“十三五”普通高等教育本科规划教材

自动控制理论综合实验教程

主编　胡　钋
编写　司马莉萍
主审　华小梅

中国电力出版社
CHINA ELECTRIC POWER PRESS

内 容 提 要

本书为“十三五”普通高等教育本科规划教材。

本书为自动控制理论课程的配套实验教材。全书分为两篇，第1篇为自动控制原理MATLAB实验，包括MATLAB与Simulink基础知识和仿真实验，其内容涵盖了经典控制理论和现代控制理论的基本概念和仿真实验方法。第2篇为自动控制理论硬件模拟实验，共包括15个控制理论基础实验和14个综合创新实验。基础实验既有模拟部分的实验，又有离散部分的实验。综合创新实验涵盖了工程中以转速、温度、液位为控制对象的综合性实验，以及模糊控制、神经元控制、二次型最优控制等智能控制的创新性实验。

本书突出课程的工程实践性，采用“软件仿真＋硬件模拟＋综合创新”循序渐进的实验模式，既紧密结合实际控制问题，又融入控制理论新成果。

本书既可用作高等院校控制理论课程的实验教材，也可供相关工程技术人员参考。

图书在版编目（CIP）数据

自动控制理论综合实验教程／胡钋主编；司马莉萍编写．—北京：中国电力出版社，2018.3
“十三五”普通高等教育本科规划教材
ISBN 978-7-5198-1531-8

Ⅰ．①自…　Ⅱ．①胡…②司…　Ⅲ．①自动控制理论－实验－高等学校－教材　Ⅳ．①TP13-33

中国版本图书馆CIP数据核字（2017）第321730号

出版发行：中国电力出版社
地　　址：北京市东城区北京站西街19号（邮政编码100005）
网　　址：http://www.cepp.sgcc.com.cn
责任编辑：牛梦洁
责任校对：马　宁
装帧设计：张　娟
责任印制：吴　迪

印　　刷：北京雁林吉兆印刷有限公司
版　　次：2018年3月第一版
印　　次：2018年3月北京第一次印刷
开　　本：787毫米×1092毫米　16开本
印　　张：13
字　　数：311千字
定　　价：30.00元

前　言

自动控制理论实验课程是自动化类，电气、电子类等专业的一门理论性和工程应用性较强的基础性实践教学课程。通过本实验课程，可以巩固和深入理解已学的自动控制理论知识，掌握科学实验方法和技能，为后续课程的学习及今后从事相关控制领域的工作奠定良好的基础。

本书为自动控制理论课程的配套实验教材。全书分为两篇，第 1 篇包含 9 章，包括 MATLAB 与 Simulink 基础知识和自动控制原理仿真实验，其内容涵盖了控制理论的基本理论和仿真实验方法。第 2 篇包含 3 章，为硬件模拟实验，共包括 15 个控制理论基础实验和 14 个综合创新实验。基础实验既有模拟部分的实验，又有离散部分实验。综合创新实验涵盖了工程中以转速、温度、液位为控制对象的综合性实验，以及模糊控制、神经元控制、二次型最优控制等智能控制的创新性实验。

本书按照教学规律，从基础到高级，从简单到复杂，以“软件仿真＋硬件模拟＋综合创新”的实验形式，层层递进，软硬件配合，理论联系实际，使学生真正理解和掌握课堂教学中自动控制概念、原理和方法，实现由“理论知识学习”到“综合运用创新”的转变，培养学生分析探究能力、工程实践能力，达到学以致用的目的。本书突出课程的工程性、实践性，实验内容不仅在教学上具有典型性、代表性，而且在工程上具有实用性，尤其是工程中常见的以转速、温度、液位等为控制变量的综合性实验，这些控制方法和实验方案可供工程技术人员开发设计控制系统时借鉴参考。同时，紧跟控制领域前沿科技，紧密结合电气自动化的工程背景，增加了无线电能传输控制等实验，还融入控制理论新的科技发展成果，增加了模糊控制、神经元控制、二次型最优控制等先进控制实验项目。每项实验精心编写，操作性强，有详细的“参考实验步骤”和明确的“实验报告要求”，有助于学生独立完成实验和规范撰写实验报告，“实验思考题”引导学生进行更深入的思考，对实验的数据、现象进行深层次的分析，培养学生的科学研究能力。

本书由胡钋教授任主编，司马莉萍老师任副主编。第 1～9 章由胡钋编写，第 10～12 章由司马莉萍编写，全书由胡钋负责统稿和校订。华小梅副教授任主审。在本书的编写过程中，武汉大学电气工程学院的领导和自动控制理论课程组的全体教师提出了很多宝贵的建议，在此向他们表示衷心的感谢。此外，本书中所用硬件实验平台为浙江天煌科技实业有限公司的 THKKL-B 型模块化自控原理实验系统，部分素材取自该公司友情提供的实验指导书，在此致以深深的谢意。

限于编者水平，书中难免存在不妥之处。衷心希望读者提出宝贵意见。

编　者

2018 年 1 月于珞珈山

目　录

第 2 篇　自动控制理论硬件模拟实验

第1篇　自动控制原理 MATLAB 实验

第1章　MATLAB 的基本操作

MATLAB 编程有两种工作方式，一种称为行命令方式，就是在命令窗口中一行一行地输入程序，计算机对每一行命令做出反应，因此也称为交互式指令行操作方式，另一种是 M 文件的编程工作方式。

1.1 命 令 窗 口

在交互式指令行操作方式的命令窗口下，MATLAB 命令语句能即时执行，只要用回车键确定后，MATLAB 就立即对其处理，并得出中间结果。MATLAB 直接赋值语句的一般形式为

〉〉赋值变量＝赋值表达式

这一过程把等号右边的表达式直接赋给左边的赋值变量，当键入回车键时，该语句被执行。语句执行之后，窗口自动显示出语句执行的结果。如果希望结果不显示，则只要在语句之后加上一个分号即可，此时尽管结果没有显示，但它依然被赋值并在 MATLAB 工作空间中分配了内存。

例如：
```
>> a=5;
>> b=9;
>> c=a*b
```
执行后显示：
```
c=
    45
```

1.2 MATLAB 的工作空间

(1) MATLAB 的工作空间包含一组可以在命令窗口中调整（调用）的参数。MATLAB 的常用帮助命令见表 1-1。

表 1-1　常用帮助命令

命令	功　　能
clear	清除当前工作空间中的所有变量
clear a	清除当前工作空间的指定变量 a
home	清除命令窗口中所有内容并将光标移到左上角

续表

命令	功　　能
clc	清除命令窗口中所显示的所有内容
pack	整理内存碎片以扩大内存空间
exist	检查指定名字的变量或函数文件是否存在
what	按扩展名分类列出指定目录上的文件名
which	列出指定名字文件所在的目录
who	显示当前工作空间中所有变量的一个简单列表
whos	列出变量的大小、数据格式等详细信息

(2) 保存和载入 workplace。MATLAB 工作空间中的变量在退出 MATLAB 时会丢失。可以调用 save 命令将变量保存到文件中。需要时调用 load 命令将变量从文件中调出到工作空间。

格式为 save 文件名 变量；load 文件名 变量

例如：〉〉 save mydate a b c

即将工作空间的 a、b、c 变量存到文件 mydate. mat 中。

1.3 M 文 件

M 文件可分为脚本文件（Script File）和函数文件（Function File）两大类，这两种文件的扩展名相同，都是“. m”，故统称为 M 文件，其特点和适用领域均不同。

1. 脚本文件

脚本文件是由 MATLAB 语句构成的文本文件，以 . m 为扩展名。运行命令文件的效果等价于从 MATLAB 命令窗口中按顺序逐条输入并运行文件中的指令。

脚本文件运行过程所产生的变量保留在 MATLAB 的工作空间中，脚本文件也可以访问 MATLAB 当前工作空间的变量，其他脚本文件和函数可以共享这些变量，因此脚本文件常用于主程序的设计。

【例 1-1】 求函数 $y=\sin(|x|)+x^3$ 在 $x=4$ 时的值。

解 在 MATLAB 的 M 文件编辑器下（左上角有个＋号新建脚本），编辑如图 1-1 所示文本文件 myfun4 _ 1. m。

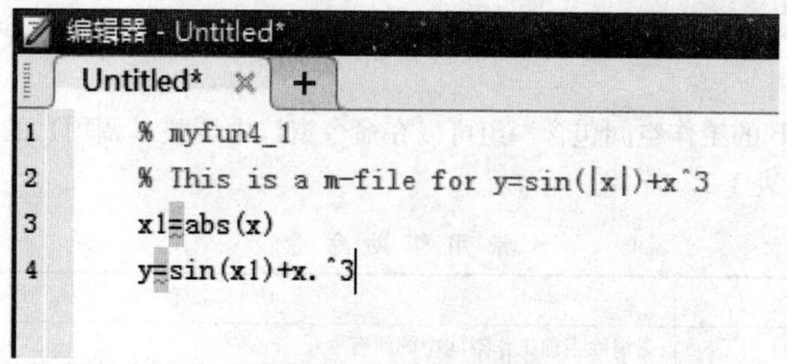

图 1-1 【例 1-1】图

以上脚本文件 myfun4 _ 1. m 建立后，在 MATLAB 命令窗口输入命令

```
>>x = 4;myfun4_1
```

执行后显示

```
x =
     4
y =
    63.2432
```

2. 函数文件

函数文件是 M 文件的另一种类型，它也是由 MATLAB 语句构成的文本文件，并以 . m 为扩展名。函数文件的功能是建立一个函数，它的第一句可执行语句是以 function 引导的定义语句。一般情况下不能单独键入文件名来运行函数文件，必须由其他语句来调用，在函数文件中的变量都是局部变量。

【例 1-2】 建立函数文件求 $y=\sin(|x|)+x^3$ 在 $x=4$ 时的值。

解 在 MATLAB 的 M 文件编辑器下，编辑如图 1-2 所示的函数文件 myfun4 _ 2. m。

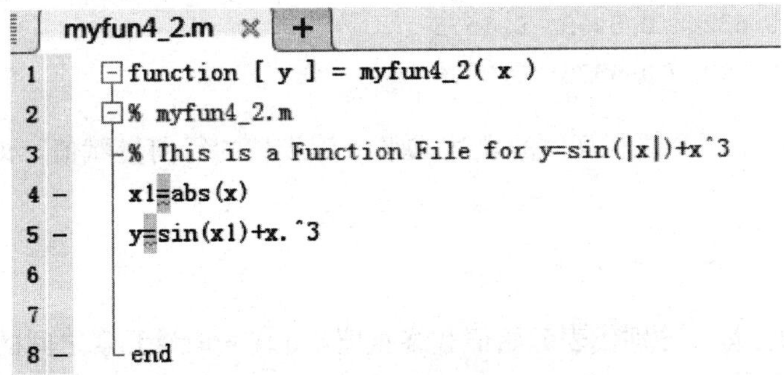

图 1-2 【例 1-2】图

以上文本文件 myfun4 _ 2. m 建立后，在 MATLAB 命令窗口输入命令

```
>>[y] = myfun4_2(4)
```

执行后显示

```
y =
   63.2432
```

说明：符号“%”引导的行是注释行，不予执行，供 help 指令在线查询用。

1.4 矩 阵 运 算

1. 矩阵的表示

矩阵的元素直接排列到方括号中，每行内的元素间用空格或逗号分开，行与行间用分号

隔开。

【例 1-3】 在 MATLAB 中表示矩阵 $A=\begin{bmatrix}1 & 2 & 3\\4 & 5 & 6\\7 & 8 & 9\end{bmatrix}$，$B=[\pi \quad 1+2i \quad 3-4i]$。

解 在 MATLAB 中输入

```
>> A = [1,2,3;4,5,6;7,8,9]
或>> A = [1 2 3;4 5 6;7 8 9]
>> B = [pi 1 + 2i 3 - 4i]
```

【例 1-4】 调用 rand（）函数创建一个 3 行 4 列的随机矩阵。

解 在 MATLAB 命令窗口中输入下面语句并按回车键确认。

```
>>A = rand(3,4)
```

运行结果为

```
A =
    0.8147    0.9134    0.2785    0.9649
    0.9058    0.6324    0.5469    0.1576
    0.1270    0.0975    0.9575    0.9706
```

MATLAB 提供了一个便利高效的表达式来给等步长的行向量赋值，即冒号表达式，它的基本调用格式为

```
X = a:b:c
```

其中：a、c 为标量，分别代表起始值和终止值，b 代表向量元素之间的步长值。

【例 1-5】 输入冒号表达式 $X=0:0.2:1$。

解 在 MATLAB 命令窗口中输入下面语句并按回车键确认。

```
>>X = 0 : 0.2 : 1
```

运行结果为

```
X =
    0    0.2000    0.4000    0.6000    0.8000    1.0000
```

2. 矩阵元素的表示和赋值

矩阵元素的行号和列号称为该元素的下标，通过“()”中的数字来标识，如 $A(i, j)$ 表示矩阵 A 第 i 行第 j 列的元素。

【例 1-6】 取矩阵 $A=\begin{bmatrix}1 & 2 & 3\\4 & 5 & 6\\7 & 8 & 9\end{bmatrix}$ 第二行所有元素。

解 在 MATLAB 命令窗口中输入下面语句并按回车键确认。

```
>> A=[1,2,3;4,5,6;7,8,9];B=[A(2,1),A(2,2),A(2,3)]
```

运行结果为

```
B =
    4   5   6
```

此处冒号有很大用处，如 A(2，：) 表示 A 第二行全部元素，A(：，2) 表示 A 第二列全部元素，A(1，1：2) 表示 A 第 1 行第 1～2 列全部元素。

如在 MATLAB 命令窗口中输入下面语句并按回车键确认。

```
>> A=[1,2,3;4,5,6;7,8,9];B1=A(2,:),B2=A(:,2),B3=A(1,1:2)
```

运行结果为

```
B1 =
    4   5   6

B2 =
    2
    5
    8

B3 =
    1   2
```

1.5　MATLAB 常用常量与常用初等函数

在使用 MATLAB 的过程中，需要记住其中的一些常用常量及常用初等函数。表 1-2 与表 1-3 为 MATLAB 常用常量与常用初等函数。

表 1-2　　MATLAB 常用常量

常量	含义	常量	含义
i，j	虚数单位	Inf	正无穷大的 MATLAB 表示
pi	圆周率的双精度浮点表示	NaN	不定式
eps	机器的浮点运算误差线	lasterr	存放最新的错误消息
realmax	最大的正实数	lastwarn	存放最新的警告信息
reslmin	最小的正实数	nargin	函数的输入变量数目
ans	缺省变量名，以应答最近一次操作结果	nargout	函数的输出变量数目

表 1-3　　常 用 初 等 函 数

sin	正弦函数	real	求复数的实部
cos	余弦函数	image	求复数的实部
tan	正切函数	conj	求复数的共轭

续表

abs	求实数绝对值或复数的模	exp	自然指数函数
sqrt	平方根函数	log	自然对数函数
angle	求复数的幅角	log10	以10为底的对数函数

1.6 实验习题

1-1 在命令窗口中直接计算出$\sqrt{351\times12-64\times5}$的值。

1-2 试编写M文件和函数文件分别求函数$y=\log(|x-3|+1)$在$x=5$时的值。

1-3 有矩阵$A=\begin{bmatrix}2&5&4\\-1&12&3\\2&4&6\end{bmatrix}$，$B=\begin{bmatrix}3&2\\4&4\\5&1\end{bmatrix}$，试取出$A$中第二列全部元素和$B$中前两行的元素。

第 2 章　控 制 系 统 模 型

2.1　连续系统模型的生成

要对系统进行仿真处理，首先要知道系统的数学模型，才能对系统进行分析设计。在线性系统理论中，一般常用的数学模型有传递函数模型（系统的外部模型）、状态方程模型（系统的内部模型）、零极点增益模型和部分分式模型。这些模型之间都有内在联系，可以相互进行转换。控制系统的数学模型按系统性能分为线性系统和非线性系统、连续系统和离散系统、定常系统和时变系统、确定系统和不确定系统。

在 MATLAB 中，用于生成连续线性系统模型的函数有传递函数建模函数 tf()、零极点增益函数 zpk()、状态空间建模函数 ss()。常用连续系统建模的函数命令格式及说明见表 2-1。

表 2-1　常用连续系统建模的函数命令格式及说明

函数命令格式	功能说明
S=tf('s')	生成以 s 为变量的传递函数 s。此时 s 既是传递函数也是制定变量
Sys=tf(num，den)	生成传递函数模型，*num*、*den* 分别为模型的分子和分母多项式系数向量
Sys=tf(num，den，' td'，v)	生成延迟时间 $t_d=v$ 的传递函数模型
Sys=(z，p，k)	生成零极点增益模型，z、p、k 分别为零点、极点和增益向量
[num，den]=rmodel(n，P)	随机生成一个 n 阶连续的传递函数模型，该系统具有 P 个输出
[num，den]=ord2(wn，z)	生成固有频率为 w_n，阻尼系数为 z 的连续二阶系统模型系统
[num，dent]=pade(L，n)	返回延迟环节 $G(s)=e^{-Ls}$近似为 n 阶多项式传递函数的 *num* 和 *den*

2.1.1　有理多项式分式传递函数模型的建立

系统传递函数的有理多项式分式模型通常表示为

$$G(s)=\frac{b_m s^m+b_{m-1}s^{m-1}+\cdots+b_1 s+b_0}{a_n s^n+a_{n-1}s^{n-1}+\cdots+a_1 s+a_0},m\leqslant n \tag{2-1}$$

式（2-1）中，分子和分母均为多项式表达式。对于线性定常系统，s 的系数均为常数，且 $\alpha_n\neq0$。

多项式分式由其分子和分母的各项系数唯一确定，因此在 MATLAB 中，多项式是用其降幂系数的排列构成的数组来表示，称为多项式系数向量。MATLAB 的多项式运算是指对系数向量的运算。

在 MATLAB 中，分子和分母的多项式系数向量分别表示为

$$\text{num}=[b_m,b_{m-1},\cdots,b_1\,b_0]$$

$$\text{den}=[a_n,a_{n-1},\cdots,a_1,a_0]$$

注意：它们都是按 s 的降幂排列，分子为 $m+1$ 项，分母为 $n+1$ 项，在系数向量中的相应位置上用 0 补充。

【例 2-1】 已知系统的分式多项式传递函数为

$$G(s)=\frac{6s^3+2s^2+12s+20}{2s^4+4s^3+6s^2+2s+2}$$

试在 MATLAB 中建立系统的传递函数模型。

解　方法一：直接用分子和分母多项式系数建立传递函数模型。

```
>> clear;
>> num=[6,2,12,20];
>> den=[2,4,6,2,2,];
>> G=tf(num,den)
```

运行结果

```
G=
  6 s^3+2 s^2+12 s+20
 ---------------------
2 s^4+4 s^3+6 s^2+2 s+2
Continuous-time transfer function.
```

方法二：用 s 因子和数学运算符建立传递函数模型。

```
>> s=tf('s');G=(6*s^3+2*s^2+12*s+20)/(2*s^4+4*s^3+6*s^2+2*s+2)
G=
  6 s^3+2 s^2+12 s+20
 ---------------------
2 s^4+4 s^3+6 s^2+2 s+2
Continuous-time fransfer function
```

注意：如果传递函数的分子分母为多个多项式相乘，如

$$G(s)=\frac{(s^2+2s+3)(s^2+0.1s+0.2)}{(s^2+1.1s+2.3)(s^2+4s+1)}$$

可以使用 conv() 函数来解决多项式展开的问题，上述传递函数可用如下所示代码实现

```
>> num=conv([1 2 3],[1 0.1 0.2]);den=conv([1 1.1 2.3],[1 4 1]);sys=tf(num,den)
sys=
s^4+2.1 s^3+3.4 s^2+0.7 s+0.6
------------------------------
s^4+5.1 s^3+7.7 s^2+10.3 s+2.3
Continuous-time transfer function.
```

【例 2-2】 已知系统的传递函数为

$$G(s)=\frac{3(s+3)(s^2+5s+3)^2}{s(s+1)^3(s^3+3s^2+2s+5)}$$

试在 MATLAB 中建立上述系统模型。

解　当传递函数中分子、分母含有多项式混合乘项时，可用以下两种方法处理：

(1) 先利用多项式乘法命令函数 conv() 对分子或分母进行运算，直接得到多项式系数向量，再建立传递函数模型。

(2) 先建立函数模型 s，再对 s 进行传递函数模型 G 的运算。

方法一：

```
>> num = 3 * conv([1,3],conv([1,5,3],[1,5,3]));   % 分子多项式相乘运算
>> den = conv([1,0],conv([1,1],conv([1,1],conv([1,1],[1,3,2,5]))));   % 分母多项式相乘
>> sys2 = tf(num,den)                                  % 建立 MATLAB 模型
sys2 =
  3 s^5 + 39 s^4 + 183 s^3 + 369 s^2 + 297 s + 81
 ---------------------------------------------------
 s^7 + 6 s^6 + 14 s^5 + 21 s^4 + 24 s^3 + 17 s^2 + 5 s
Continuous-time transfer function.
```

方法二：

```
>> s = tf([1 0],1)          % 建立 s 的传递函数模型,并用 s 表示该模型
s =
  s
Continuous-time transfer function.
>> G = 3 * (s + 3) * (s^2 + 5 * s + 3)^2/s/(s + 1)^3/(s^3 + 3 * s^2 + 2 * s + 5)   % 对传递函数 s 进行 G 的运算
G =
3 s^5 + 39 s^4 + 183 s^3 + 369 s^2 + 297s + 81
 ---------------------------------------------------
s^7 + 6s ^6 + 14 s^5 + 21 s^4 + 24 s^3 + 17 s^2 + 5 s
```

或者

```
>> s = tf('s');
>> G = 3 * (s + 3) * (s^2 + 5 * s + 3)^2/s/(s + 1)^3/(s^3 + 3 * s^2 + 2 * s + 5)   % 对传递函数 s 进行 G 的运算
G =
  3 s^5 + 39 s^4 + 183 s^3 + 369 s^2 + 297 s + 81
 ---------------------------------------------------
 s^7 + 6 s^6 + 14 s^5 + 21 s^4 + 24 s^3 + 17 s^2 + 5 s
```

2.1.2　零极点传递函数模型的建立

控制系统的数学模型可用零点、极点和增益来表示，其原理是分别对传递函数的分子和分母进行因式分解处理，以获得系统的零点和极点的表示形式。MATLAB 称这种数学模型为零极点增益模型，即 zpk 模型，并用 zpk () 函数来建立这种数学模型。

零极点传递函数模型一般可表示为

$$G(s) = K\frac{(s-z_1)(s-z_2)\cdots(s-z_m)}{(s-p_1)(s-p_2)\cdots(s-p_n)} \tag{2-2}$$

式 (2-2) 中，K 为增益，z 为零点，p 为极点。

【例 2-3】 已知系统的零极点增益模型为

$$G(s) = \frac{5(s+2)}{s(s^2+2s+2)}$$

试建立零极点增益模型。

解　方法一：直接建立 zpk 模型。

```
>> k = 5;z = [ - 2];P = [0, - 1 + j, - 1 - j];
>> G = zpk(z,p,k)
G =
```

```
 5(s+2)
-------
s(s^2+2s+2)
Continuous-time zero/pole/gain model.
```

方法二：用 s 因子和数学运算符号建立模型。

```
>> s=zpk('s');
>> H=5*(s+2)/(s*(s^2+2*s+10));
```

【例 2-4】 试生成一个零点为 2 和 3，极点为 $-1\pm i$，增益为 5 的零极点增益模型。

解　建立该零极点条件下模型的程序如下：

```
>> z=[2;3];p=[-1;-1+i;-1-i];k=[5];G=zpk(z,p,k)
G=
 5(s-2)(s-3)
----------
(s+1)(s^2+2s+2)
Continuous-time zero/pole/gain model.
```

2.1.3　二阶系统模型

标准二阶系统的规范表示为

$$G(s)=\frac{\omega_n^2}{s^2+2\xi\omega_n+\omega_n^2} \tag{2-3}$$

常用命令格式：[num，den]=ord2(wn，z)；

　　G=wn^2 * tf(num，den)，

其中：wn 为自然振荡角频率 ω_n，z 为阻尼比 ξ。

【例 2-5】 试生成一个自然振荡频率 $\omega_n=3$，阻尼比为 0.45 的二阶系统模型参数。

解

```
>> clear;wn=3;z=0.45;      %设置自然振荡角频率和阻尼比
>> [num,den]=ord2(wn,z)

num=

   1

den=

1.0000   2.7000   9.0000
```

注意：MATLAB 生成的二阶系统模型分子系数为 1，而标准二阶模型的分子为 ω_n^2。所以正确的结果应该使分子乘以 ω_n^2，即可用 G=wn^2tf（num，den）直接的二阶系统的 MATLAB 模型。程序为

```
>> clear;wn=3;z=0.45;
>> [num,den]=ord2(wn,z);
>> G=wn^2*tf(num,den)

G=
```

```
        9
--------
s^2 + 2.7 s + 9

Continuous-time transfer function.
```

【例 2-6】 试随机生成一个 5 阶的单输入单输出分式多项式系统模型。

解　程序为

```
>> clear;
>> n = 5;p = 1;
>> [num,den] = rmodel(n,p)
>> G = tf(num,den)

G =

- 0.1022 s^5 + 0.1821 s^4 + 0.3135 s^3 - 0.6767 s^2 - 0.05657 s + 0.3937
---------------------------------------------------------------------
        s^5 + 10.43 s^4 + 43.91 s^3 + 93.63 s^2 + 101 s + 43.99
Continuous-time transfer function.
```

2.1.4　状态空间模型

状态空间模型是一种应用更广泛的数学模型，它可以用于表示非线性系统、多变量系统，并可以利用计算机方便地求出其数值响应。一个线性定常系统的状态空间模型可表示为

$$\dot{x} = Ax + Bu$$
$$y = Cx + Du$$

式中：① $\dot{x}$ 为状态向量对时间的微分；② A 为系统矩阵；③ x 为状态向量；④ B 为输入矩阵；⑤ u 为输入或控制量；⑥ y 为输出量；⑦ C 为输出矩阵；⑧ D 为前向反馈矩阵。

【例 2-7】 建立一个控制系统的状态空间模型，并实现不同模型之间的转换。

控制系统状态空间模型各个系数矩阵分别为

$$A = \begin{bmatrix} 0 & 1 & 0 \\ 0 & 0 & 1 \\ -1 & -2 & -3 \end{bmatrix}, B = \begin{bmatrix} 0 \\ 0 \\ 1 \end{bmatrix} C = [100], \quad D = 0$$

解　编写 MATLAB 代码为

```
>> A = [0 1 0;0 0 1; - 1  - 2  - 3];
>> B = [0 0 1];
>> A = [0 1 0;0 0 1; - 1  - 2  - 3];
>> B = [0;0;1];
>> C = [1 0 0];
>> D = 0;

>> sys1 = ss(A,B,C,D)
```

显示结果为

```
sys1 =
```

```
a =
      x1   x2   x3
x1    0    1    0
x2    0    0    1
x3   -1   -2   -3

b =
      u1
x1    0
x2    0
x3    1

c =
      x1  x2  x3
y1    1   0   0
d =
      u1
y1    0
Continuous-time state-spqce model
```

再输入 sys2＝tf(sys1)

```
>> sys2 = tf(sys1)
```

显示结果为

```
sts2 =
              1
     ---------------------
     s^3 + 3 s^2 + 2 s + 1
Cont inuous-time transfer functron.
```

再输入 sys3＝ss(sys2)

```
>> sys3 = ss(sys2)
```

显示结果为

```
sys3 =

a =
       x1     x2      x3
x1    -3     -1     -0.5
x2     2      0       0
x3     0      1       0
b =
       u1
x1    0.5
x2     0
x3     0
```

```
c =
      x1  x2  x3
y1    0   0   1
d =
      u1
y1    0
Continuous-time state-space model.
```

最后输入 sys4=zpk(sys1) 和 sys5=sys(sys4)，可得

```
>> sys4 = zpk(sys1)

sys4 =

                 1
  ----------------------------------
(s + 2.325)(s^2 + 0.6753s + 0.4302)
>> sys5 = ss(sys4)

sys5 =

a =
            x1          x2          x3
x1    - 0.3376           1           0
x2    - 0.3162    - 0.3376           1
x3           0           0     - 2.325

b =
      u1
x1    0
x2    0
x3    1

c =
      x1  x2  x3
y1    1   0   0

d =
      u1
y1    0
Continuous-time state-space model.
```

2.2 系统模型转换

1. 常用模型转换的函数命令

在一些场合下需要用到某种模型，而在另一些场合下可能需要另外的模型，这就需要进行模型转换。MATLAB 提供了多项式模型、零极点增益模型和状态空间模型三者之间相互转换的函数命令。常用的模型转换函数命令见表 2-2。

表 2-2 **常用的模型转换函数命令**

函数命令及格式	功能说明
residue()	传递函数模型与部分分式模型互换
ss2tf()	状态空间模型转换为传递函数模型
ss2zp()	状态空间模型转换为零极点增益模型
tf2ss()	传递函数模型转换为状态空间模型
tf2zp()	传递函数模型转换为零极点增益模型
zp2ss()	零极点增益模型转换为状态空间模型
zp2tf()	零极点增益模型转换为传递函数模型
c2d()	将状态空间模型由连续形式转换为离散形式
c2dm()	连续形式到离散形式的转换
d2c()	将状态空间模型由离散形式转换为连续形式
d2cm()	离散形式到连续形式的转换

2. 多项式传递函数模型与零极点增益模型之间的转换

【例 2-8】 已知系统的分式多项式传递函数为

$$G(s)=\frac{s^3+5s^2+12s+3}{6s^4+7s^3+s^2+23s+1}$$

试将其转换为零极点增益模型，然后通过反转换验证所得结果。

解

方法一：输入程序

```
>> num = [1,5,12,3];
>> den = [6,7,1,23,1];
>> [z,p,k] = tf2zp(num,den)
```

得

```
z =

  - 2.3595 + 2.2598i
  - 2.3595 - 2.2598i
  - 0.2811 + 0.0000i


P =

  - 2.0111 + 0.0000i
    0.4440 + 1.3063i
    0.4440 - 1.3063i
  - 0.0435 + 0.0000i


K =

  0.1667
```

验证上述结果

```
>> [num,den] = zp2tf(z,p,k)
```

```
num =

         0    0.1667    0.8333    2.0000    0.5000


den =

    1.0000    1.1667    0.1667    3.8333    0.1667
```

可见，命令 [z，p，k]＝tf2zp(num，den) 给出的是 den 的最高幂系数为 1 的结果。所以应对结果的分子和分母同乘 6。

```
>> num1 = 6 * num;
>> den1 = 6 * den;
>> G = tf(num1,den)

G =

      s^3 + 5 s^2 + 12 s + 3
  ---------------------------
  6 s^4 + 7 s^3 + s^2 + 23 s + 1
Continuous-time transfer function.
```

所得结果与原传递函数模型一致。

方法二：由分式传递函数间接转换。

```
>> num = [1,5,12,3];
>> den = [6,7,1,23,1];
>> G1 = tf(num,den);
>> G2 = zpk(G1)
G2 =

      0.16667(s + 0.2811)(s^2 + 4.719s + 10.67)
  ------------------------------------------------
  (s + 2.011)(s + 0.04354)(s^2 - 0.888s + 1.904)
Continuous-time zero/pole/gain modle.

>> eig(G2)

ans =
  -2.0111 + 0.0000i
   0.4440 + 1.3063i
   0.4440 - 1.3063i
  -0.0435 + 0.0000i
```

2.3　模型的变换与简化

2.3.1　简单模型结构的变换与简化

对于多环节模型的串联、并联与反馈连接，MATLAB 提供了典型结构的简化函数命令。模型连接的常用函数命令格式与说明见表 2-3。

表 2-3　　　　模型连接的常用函数命令格式与说明

命令函数与格式	功能说明
[num，den]=series(num1，den1，num2，den2)	求两模型的串联等效模型。等价格式：G=G1 * G2 或 G=series(G1，G2)。其中，G1=tf(num1，den1)，G2=tf(num2，den2) 下同
[num，den]=parallel(num1，den1，num2，den2)	求两模型的并联等效模型。等价格式 G=G1+G2 或 G=parallel(G1，G2)
[num，den]=feedback(num1，den1，num2，den2，sign)	求以（num1，den1）作为前向通道，以（num2，den2）作为反馈通道时的等效反馈模型。等价格式：G2=feedback(G1，G2，sign)。sign=－1 时采用负反馈，sign=1 时采用正反馈，sign 默认时为负反馈
[num，den]=cloop(num1，den1，sign)	求模型的单位闭环模型

1. 模型的串联等效

在一般情况下，控制系统常由若干个环节通过串联、并联和反馈的方式组合而成，MATLAB控制系统工具箱中提供了对控制系统的简单模型进行连接的函数。

(1) [num，den]=series(num1，den1，num2，den2)　　将串联函数进行相乘。

(2) [a，b，c，d]=series(a1，b1，c1，d1，a2，b2，c2，d2)　　连接两个状态空间系统。

(3) [a，b，c，d]=series(a1，b1，c1，d1，a2，b2，c2，d2，out1，in2)　out1 和 in2 分别指定系统 1 的部分输出和系统 2 的部分输入进行连接。

常用格式：

(1) [num，den]=series(num1，den1，num2，den2)
　　G=tf(num，den)

(2) G1=tf(num1，den1)；G2=tf(num2，den2)；
　　G=G1 * G2 或 G=series(G1，G2)

【例 2-9】 已知传递函数 G_1 和 G_2 分别为

$$G_1(s)=\frac{2s^2+5s+1}{s^2+2s+3},\quad G_2(s)=\frac{5(s+2)}{s+10}$$

试求串联后的等效传递函数 G。

解　有几种方法可以实现串联系统的等效，程序如下。

方法一：多项式系数串联法。

```
>> clear
>> num1 = [2,5,1];
>> den1 = [1,2,3];
>> num2 = [5,10];
>> den2 = [1,10];
>> [num,den] = series(num1,den1,unm2,den2)

num =
    10  45  55  10
den =
```

```
1   12   23   30

>> G = tf(num,den)

G =

10 s^3 + 45 s^2 + 55 s + 10
---------------------------
 s^3 + 12 s^2 + 23 s + 30
Continuous-time transfer function.
```

方法二：传递函数相乘法。

```
>> clear
>> num1 = [2,5,1];
>> den1 = [1,2,3];
>> num2 = [5,10];
>> dem2 = [1,10];
>> G1 = tf(num1,den1);
>> G2 = tf(num2,den2);
>> G = G1 * G2

G =

10 s^3 + 45 s^2 + 55 s + 10
---------------------------
 s^3 + 12 s^2 + 23 s + 30
Continous-time transfer function.
```

方法三：传递函数串联法。

```
>> clear
>> num1 = [2,5,1];
>> den1 = [1,2,3];
>> unm2 = [5,10];
>> den2 = [1,10];
>> G1 = tf(num1,den1);
>> G2 = tf(num2,den2);
>> G = series(G1,G1)

G =

4 s^4 + 20 s^3 + 29 s^2 + 10 s + 1
----------------------------------
 s^4 + 4 s^3 + 10 s^2 + 12 s + 9
```

2. 模型的并联 parallel ()

(1) [num, den]=parallel(num1, den1, num2, den2)　　将并联连接的传递函数进行相加。

(2) [a, b, c, d]=parallel(a1, b1, c1, d1, a2, b2, c2, d2)　　并联连接两个状态空间系统。

(3) [a, b, c, d]=parallel(a1, b1, c1, d1, a2, b2, c2, d2, inp1, inp2, out1, out2)

inp1 和 inp2 分别指两系统中要连接在一起的输入端编号，out1 和 out2 分别指定要作相加的输出端编号。

【例 2-10】 已知传递函数 G_1 和 G_2 分别为

$$G_1(s)=\frac{s+3}{5s^2+7s+1},\quad G_2(s)=\frac{6}{s^4+8s+12}$$

试求并联后的等效传递函数 G。

解

方法一：多项式系数并联法。

```
>> clear
>> num1 = [1,3];
>> den1 = [5,7,1];
>> num2 = 6;
>> den2 = [1,0,0,8,12];
>> [num,den] = parallel(num1,den1,num2,den2);
>> G = tf(num,den)

G =

s^5 + 3 s^4 + 38 s^2 + 78 s + 42
-----------------------------------------
5 s^6 + 7 s^5 + s^4 + 40 s^3 + 116 s^2 + 92 s + 12
```

方法二：传递函数相加法。

```
>> clear
>> num1 = [1,3];
>> den1 = [5,7,1];
>> num2 = 6;
>> den2 = [1,0,0,8,12];
>> G1 = tf(num1,den1);
>> G2 = tf(num2,den2);
>> G = G1 + G2

G =

          s^5 + 3 s^4 + 38 s^2 + 78 s + 42
-----------------------------------------------
5 s^6 + 7 s^5 + s^4 + 40 s^3 + 116 s^2 + 92 s + 12
```

方法三：传递函数并联法。

```
>> clear
>> num1 = [1,3];
>> den1 = [5,7,1];
>> num2 = 6;
>> den2 = [1,0,0,8,12];
>> G1 = tf(num1,den1);
>> G2 = tf(num1,den2);
```

```
>> G = parallel(G1,G2)

G =

         s^5 + 3 s^4 + 38 s^2 + 78 s + 42
  ---------------------------------------------
  5 s^6 + 7 s^5 + s^4 + 40 s^3 + 116 s^2 + 92 s + 12
```

3. 反馈系统的等效

(1) [a, b, c, d]=feedback ((a1, b1, c1, d1, a2, b2, c2, d2)　　将两个系统按反馈方式连接，一般系统 1 为对象，系统 2 为反馈控制器。

(2) [a, b, c, d]=feedback ((a1, b1, c1, d1, a2, b2, c2, d2, sign)　系统 1 的所有输出连接到系统 2 的输入，系统 2 的所有输出连接到系统 1 的输入，sign 用来指示系统 2 输出到系统 1 输入的连接符号，sign 缺省时默认为负，即 sign=−1。

【例 2-11】 已知传递函数 G_1 和 G_2 分别为

$$G_1(s)=\frac{s+1}{s^2+3s+5},\quad G_2(s)=\frac{5s+7}{6s^2+3s+11}$$

试以 G_1 作为前向通道，G_2 作为反馈通道时的负反馈等效闭环模型 G。

解

方法一：多项式系数求解。

```
>> clear
>> num1 = [1,2];
>> den1 = [1,3,5];
>> num2 = [5,7];
>> den2 = [6,3,11];
sign = -1
>> [num,den] = feedback(num1,den1,num2,den2,sign);
>> G = tf(num,den)
G =

      6 s^3 + 15 s^2 + 17 s + 22
  ---------------------------------
  6 s^4 + 21 s^3 + 55 s^2 + 65 s + 69
Contionuous-time transter function.
```

方法二：利用传递函数求解。

```
>> clear
>> num1 = [1,2];
>> den1 = [1,3,5];
>> num2 = [5,7];
>> den2 = [6,3,11];
>> sign = -1;
>> G1 = tf(num1,den1);
>> G2 = tf(num2,den2);
>> G = feedback(G1,G2,sign)
```

```
G =

      6 s^3 + 15 s^2 + 17 s + 22
  -------------------------------
  6 s^4 + 21 s^3 + 55 s^2 + 65 s + 69
```

方法三：利用传递函数及闭环公式求解。

```
>> clear
>> num1 = [1,2];
>> den1 = [1,3,5];
>> num2 = [5,7];
>> den2 = [6,3,11];
>> G1 = tf(num1,den1);
>> G2 = tf(num2,den2);
>> G = G1/(1 + G1 * G2)

G =

        6 s^5 + 33 s^4 + 92 s^3 + 148 s^2 + 151 s + 110
  ---------------------------------------------------------
  6 s^6 + 39 s^5 + 148 s^4 + 335 s^3 + 539 s^2 + 532 s + 345
Continuous-time transfer function.
```

注意：MATLAB 本身不进行零极点对消处理，因此所得结果有时不一定是最简形式。可以根据情况，对结果进行运算处理，得到最简形式。对 MATLAB 传递函数模型 G，可以用简化命令 minireal（ ）进行简化。如

```
>> G = minreal(G)

G =

        s^3 + 2.5 s^2 + 2.833 s + 3.667
  -------------------------------------
  s^4 + 3.5 s^3 + 9.167 s^2 + 10.83 s + 11.5
Continous-time transfer function
```

2.3.2 复杂模型结构的变换与简化

1. 参数确定系统的变换与简化

【例 2-12】 某直流调速系统的结构框图如图 2-1 中的实线所示。

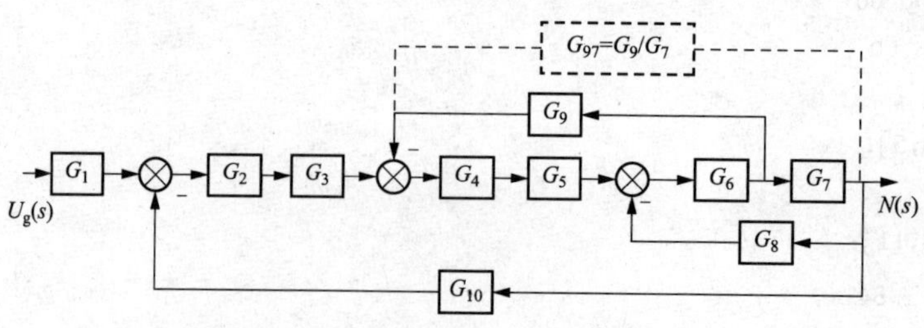

图 2-1 某直流调速系统的结构框图

其中，$G_1=\frac{1}{0.01s+1}$，$G_2=6.1(0.07s+1)$，$G_3=\frac{1}{0.002s+1}$，$G_4=\frac{0.03s+1}{0.03s}$，$G_5=\frac{40}{0.0017s+1}$，$G_6=\frac{2}{0.03s+1}$，$G_7=\frac{1.26}{0.06s}$，$G_8=0.132$，$G_9=\frac{0.05}{0.02s+1}$，$G_{10}=\frac{0.007}{0.01s+1}$。试求该系统的闭环传递函数。

解

方法一：

```
>> clear;
>> G1 = tf(1,[0.01,1]);G2 = tf(6.1 * [0.17,1],[0.17 1]);G3 = tf([1],[0.002,1]);G4 = tf([0.03 1],
[0.03 0]);
>> G5 = tf(40,[0.0017 1]);G6 = tf(2,[0.03 1]);G7 = tf(1.26,[0.06 0]);G8 = 0.132;
>> G9 = tf(0.05,[0.02 1]);G10 = tf(0.007,[0.01 1]);
>> G97 = G9/G7
>> G678 = feedback(G6 * G7,G8);
>> G45697 = feedback(G4 * G5 * G678,G97);
>> G = G1 * feedback(G2 * G3 * G45697,G10)

G =

            0.0007902 s^4 + 0.1495 s^3 + 8.755 s^2 + 178.2 s + 774.7
  -------------------------------------------------------------------
  7.865e-17 s^9 + 1.083e-13 s^8 + 5.026e-11 s^7 + 9.691e-09 s^6 + 1.047e-06 s^5 + 8.23e-05 s^4 +
0.004616 s^3 + 0.1334 s^2 + 1.562 s + 5.423
>> minreal(G)
ans =
                    1.005e13 s^2 + 8.373e14 s + 1.675e16
  ---------------------------------------------------------------
  s^7 + 1272 s^6 + 5.038e05 s^5 + 6.912e07 s^4 + 5.692e09 s^3 + 4.03e11 s^2 + 1.267e13 s + 1.172e14
```

方法二：

```
>> clear
>> G1 = tf(1,[0,01,1]);G2 = tf(6.1 * [0.17,1],[0.17 1]);G3 = tf([1],[0.002,1]);G4 = tf([0.03 1],
[0.03 0]);
>> G5 = tf(40,[0.0017 1]);G6 = tf(2,[0.03 1])G7 = tf(1.26,[0.06 0]);G8 = 0.132;
>> G9 = tf(0.05,[0.02 1]);G10 = tf(0.007,[0.01 1]);
>> G = G1 * (G2 * G3 * G4 * G5 * G6 * G7)/(1 + G4 * G5 * G6 * G9 * G6 * G7 * G8 * G2 * G3 * G4 * G5 * G6 * G7 * G10);
>> G = minreal(G)

G =

  1.005e13 s^5 + 1.842e15 s^4 + 1.34e17 s^3 + 4.837e18 s^2 + 8.683e19 s + 6.202e20
  -------------------------------------------------------------------
  s^10 + 1372 s^9 + 6.343e05 s^8 + 1.238e08 s^7 + 1.433e10 s^6 + 1.221e12 s^5 + 7.45e13 s^4 + 2.938e15 s^3 +
6.888e16 s^2 + 8.599e17 s + 4.341e18
```

2. 参数不确定系统的变换与简化

在实际中，有时需要先对系统进行分析或简化，然后再代入具体参数进行计算与分析，称为参数不确定系统的变换与简化问题。

【例 2-13】 已知

$$G_1=\frac{5(s+1)(s+2)}{(s+2)(s+3)(s+1)},\quad G_2=\frac{2}{(s+5)(s+1)}$$

为参数确定系统，而

$$G_3=\frac{K_3(s+z_1)(s+z_2)}{(s+p_1)(s+p_2)(s+p_3)},\quad G_4=\frac{K_4}{(s+p_4)(s+p_5)}$$

为参数不确定的系统。

解 对于上述参数不确定系统，以下编程错误：

```
>> clear;syms z1 z2 p1 p2 p3 k3                    %定义符号变量
>> G3z = [z1,z2];G3p = [p1,p2,p3];K3 = k3
>> G1 = zpk(G3z,G3p,K3)                    %用符号变量作为参数生成实体系统模型(错误)
```

以下编程正确：

```
>> clear;syms z1 z2 p1 p2 p3 K3 s                  %定义符号变量
>> G3 = K3 * (s + z1) * (s + z2)/(s + p1)/(s + p2)/(s + p3)      %通过符号函数运算得到系统的模型函数

G3 =

(K3 * (s + z1) * (s + z2))/((P1 + s) * (p2 + s) * (p3 + s))
```

进一步，如求 $G_3 \times G_4$ 的单位负反馈的闭环传递函数，程序为

```
>> clear;syms z1 z2 p1 p2 p3 K3 s          %定义符号变量
>> G3 = K3 * (s + z1) * (s + z2)/(s + P1)/(s + p2)/(s + p3)
>> syms p4 p5 K4
>> G4 = K4/(s + p4)/(s + p5);
>> G34 = G3 * G4/(1 + G3 * G4)
```

运行结果为

```
G34 =

(K3 * K4 * (s + z1) * (s + z2))/(((K3 * K4 * (s + z1) * (s + z2))/((p1 + s) * (p2 + s) * (p3 + s) * (p4 + s)
* (p5 + s)) + 1) * (p1 + s) * (p2 + s) * (p3 + s) * (p4 + s) * (p5 + s))
```

当 $z_1=1$，$z_2=2$，$p_1=2$，$p_2=3$，$p_3=1$，$K_3=5$，$p_4=5$，$p_5=1$，$K_4=2$ 时，有

```
>> z1 = 1;z2 = 2;p1 = 2;p2 = 3;p3 = 1;k3 = 5;p4 = 5;p5 = 1;k4 = 2;
>> G34 = (K3 * K4 * (s + z1) * (s + z2))/(((K3 * K4 * (s + z1) * (s + z2))/((s + p1) * (s + p2) * (s + p3)
* (s + p4) * (s + p5)) + 1) * (s + p1) * (s + p2) * (s + p3) * (s + p4) * (s + p5));
>> G = simplify(G34)
```

输出结果为

```
G =

10/(s^3 + 9 * s^2 + 23 * s + 25)
```

2.4　线性系统典型环节的数学模型

一个物理系统由多个元件、部件组成。研究物理系统运动规律和在一定条件下数学模型的共性，可以将其划分成为数不多的几种典型环节。线性系统可以看成是由各种典型环节按一定的信息传递规律组成的。当各典型环节的数学模型已知时，系统的数学模型就不难求得。

典型环节的概念对系统建模、分析和研究很有用，但应特别强调指出，这些典型环节的数学模型都是对各种物理系统元件、部件的机理和特性高度理想化以后的结果。它形式简单，适于控制理论的应用。

控制系统可视为由若干一、二阶环节组成。这些基本环节，根据其微分方程形式的不同，有不同的动态特性，常称为各种典型环节。下面简要介绍各类典型环节的传递函数。

（1）比例环节。比例环节又称放大环节，是一种输出量与输入量成正比，既无失真也无延时的环节，其传递函数为

$$G(s)=K \tag{2-4}$$

（2）微分环节。微分环节的输入量与输出量的一阶导数成正比，其传递函数为

$$G(s)=s \tag{2-5}$$

（3）积分环节。积分环节的输出量是输入量对时间的积分，其传递函数为

$$G(s)=\frac{1}{s} \tag{2-6}$$

（4）一阶微分环节。该环节的输出等于输入与其一阶导数的加权和，其传递函数为

$$G(s)=\tau s+1 \tag{2-7}$$

（5）惯性环节。该环节的输出与其变化率的加权和等于输入，其传递函数为

$$G(s)=\frac{1}{Ts+1} \tag{2-8}$$

（6）振荡环节。二阶环节，它的传递函数为

$$G(s)=\frac{1}{T^2s^2+2\xi Ts+1}=\frac{\omega_n^2}{s^2+2\xi\omega_n s+\omega_n^2} \tag{2-9}$$

式中：ω_n 为无阻尼自然振荡角频率；ξ 为阻尼比，$0<\xi<1$ 。

（7）二阶微分环节为

$$G(s)=\tau^2s^2+2\xi\tau s+1 \tag{2-10}$$

二阶微分环节有一对共轭复零点。

（8）延迟环节。延迟环节是输入信号加入后，其输出端要隔一段时间才能复现输入信号的环节。它的时间特性表示为

$$y(t)=u(t-\tau) \tag{2-11}$$

其拉氏变换

$$Y(s)=e^{-\tau s}U(s) \tag{2-12}$$

由此得延迟环节的传递函数为

$$G(s)=e^{-\tau s} \tag{2-13}$$

因为延迟环节是系统产生振荡的原因，所以系统中如有延迟环节，对系统的稳定性是不利的。

2.5 实验习题

2-1 已知系统的传递函数模型为$G(s)=\dfrac{s^3+3s+4}{s^4+2s^3+4s^2+3s+1}$，试在 MATLAB 中创建系统的传递函数。

2-2 已知系统的传递函数模型为$G(s)=\dfrac{(s^2+2s+3)(s-1)}{s^4+4s^3+5s^2+7s+2}$，试在 MATLAB 中创建系统的传递函数。

2-3 已知系统的传递函数模型为$G(s)=\dfrac{5\ (s-2)\ (s+3)}{(s+4)(s+2)(s+1)}$，试在 MATLAB 中创建系统的零极点增益模型。

2-4 试生成一个自然振荡频率$\omega_n=5$，阻尼比为 0.5 的二阶系统模型参数。

2-5 已知系统的分式多项式传递函数模型为$G(s)=\dfrac{7s^2+14s+7}{s^3+4s^2+3s}$，试将其转化为零极点增益模型和状态空间模型。

2-6 已知传递函数G_1和G_2分别为

$$G_1(s)=\frac{5}{s+6},\quad G_2(s)=\frac{9}{s^2+4s+3}$$

试求串联后的等效传递函数G_3、并联后的等效传递函数G_4。

2-7 已知传递函数G_1和G_2分别为

$$G_1(s)=\frac{s^2+6}{s^3+3s+7},\quad G_2(s)\ \frac{4s+1}{5s^2+6s+13}$$

试以G_1作为前向通道，G_2作为反馈通道时的负反馈等效闭环模型G。

2-8 现有某系统的结构框图如图 2-2 所示，其中$G_c(s)=\dfrac{3s+4}{2s^2+4s+1}$，$G_0(s)=\dfrac{3(s+4)}{s^2+2s+3}$，$H_c(s)=5s+1$，$H(s)=\dfrac{1}{4s+1}$，试求系统的闭环传递函数。

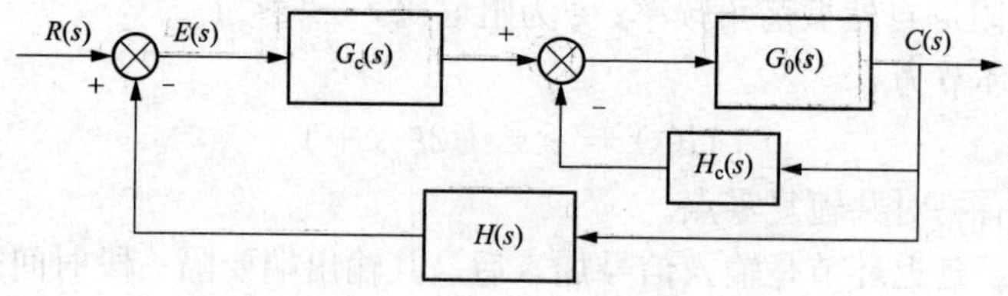

图 2-2 某系统的结构框图

第 3 章 线性系统的时域分析

在 MATLAB 中对线性系统进行时域分析有三种方法：一为拉氏变换法，二为函数命令法，三为 Simulink 建模的方法。本章主要介绍前两种方法，利用 Simulink 进行建模的方法将在第 9 章中讲述。

3.1 拉氏变换法

利用拉氏变换对系统进行时域分析的步骤为首先对系统的传递函数模型进行部分分式展开，将其变为简单传递函数之和；再利用拉氏反变换，得到系统的输出时间响应函数。最后绘制系统的响应曲线。通过改变系统的参数，观察系统时域输出响应的变化，由此对系统的时域特性进行分析。

1. 连续函数的拉氏变换

拉氏正变换的定义为

$$F(s)=\int_{0}^{+\infty} f(t)\mathrm{e}^{-st}\,\mathrm{d}t \tag{3-1}$$

拉氏反变换的定义为

$$f(t)=\frac{1}{2\pi j}\int_{\sigma-j\omega}^{\sigma+j\omega} F(s)\mathrm{e}^{-st}\,\mathrm{d}s \tag{3-2}$$

式中：$F(s)$ 为复变量 s 的复变函数。MATLAB 中常用拉氏变换与反变换的函数命令格式及功能说明见表 3-1。

表 3-1 常用拉氏变换与反变换的函数命令格式及功能说明

命令函数及格式	功能说明
F=laplace(f)	对 $f(t)$ 进行拉氏变换，其结果为 $F(s)$，即默认变量为 s
F=laplace(f，v)	对 $f(t)$ 进行拉氏变换，并用 v 代替 s，其结果为 $F(v)$
F=laplace(f，v，u)	对 $f(v)$ 进行拉氏变换，并用 u 代替 v，其结果为 $F(u)$
F=ilaplace(F)	对 $F(s)$ 进行拉氏反变换，其结果为 $f(t)$，即默认变量为 t
F=ilaplace(F，u)	对 $F(s)$ 进行拉氏反变换，并用 u 代替 s，其结果为 $f(u)$
F=ilaplace(F，v，u)	对 $F(v)$ 进行拉氏反变换，并用 u 代替 v，其结果为 $f(u)$

【例 3-1】 试求函数 $f(t)=A\sin(\omega t+b)$ 的拉氏反变换，并用拉氏反变换观察变换结果。

解
```
>>clear
>>clear;
>> syms t A w b s
>> ft=A*sin(w*t+b);
```

```
>> Fs=laplace(ft)

Fs=

(A*(w*cos(b)+s*sin(b)))/(s^2+w^2)
>> A=1;b=0;w=1;          %设定参数值
>> Fs=(A*(w*cos(b)+s*sin(b)))/(s^2+w^2)

Fs=

1/(s^2+1)
```

用拉氏反变换对上述结果进行检验

```
>> ft = ilaplace(Fs)

ft =

sin(t)
```

【例 3-2】 试求函数 $f(t)=t\cos^2(3t)$ 的拉氏变换。

解 程序为

```
>> clear;syms t s
>> ft = t * cos(3 * t)^2;
>> Fs = laplace(ft)

Fs =

(2 * (s^2 + 18))/(s^2 + 36)^2 - 2/(s^2 + 36) + (s^2 + 18)/(s^2 * (s^2 + 36))
>> simplify(Fs)        % 简化 Fs

ans =

(s^4 + 18 * s^2 + 648)/(s^2 * (s^2 + 36)^2)
>> pretty(ans)       % 转换为手写格式
 4     2
s  + 18s  + 648
---------------
 2  2     2
s (s  + 36)
```

2. 时域函数的拉氏反变换法

利用拉氏反变换可以求出传递函数的时间函数，或系统的时域输出响应。

【例 3-3】 试求传递函数

$$G(s)=\frac{s^2+4s^2+8s+5}{s^2+3s+s}$$

的时间函数 $g(t)$

解

```
>> clear;syms s;
>> Gs = (s^3 + 4 * s^2 + 8 * s + 5)/(s^2 + 3 * s + 4)
>> gt = ilaplace(Gs)
```

```
gt =
dirac(t) + dirac(1,t) + exp( - (3 * t)/2) * (cos((7^(1/2) * t)/2) - (7^(1/2) * sin((7^(1/2) * t)/2))/7)
```

即得
$$g(t)=\delta(t)+\delta'(t)-\frac{1}{7}e^{\left(-\frac{3}{2}t\right)}\sqrt{7}\sin\left(\frac{\sqrt{7}}{2}t\right)+e^{\left(-\frac{3}{2}t\right)}\cos\left(\frac{\sqrt{7}}{2}t\right)$$

上述逆过程为

```
>> syms t
>> laplace(gt)

ans =

s + (s + 3/2)/((s + 3/2)^2 + 7/4) - 1/(2 * ((s + 3/2)^2 + 7/4)) + 1

>> simplify(ans)

ans =

(s^3 + 4 * s^2 + 8 * s + 5)/(s^2 + 3 * s + 4)

>> pretty(ans)
s^3 + 4s^2 + 8s + 5
--------------------
   s^2 + 3s + 4
```

3. 时域函数的部分分式展开法

【例 3-4】 试求下列输出传递函数的时间响应

$$Y(s)=\frac{s-2}{s(s^3+3s^2+3s+1)}$$

解

```
>> clear;num = [1-2];den = [1 3 3 1 0];
>> [r,p,k] = residue(num,den)      %求部分分式参数

r =

    2.0000
    2.0000
    3.0000
   -2.0000

p =

   -1.0000
   -1.0000
   -1.0000
         0

k =

      []
```

可见，系统有 3 个重根 $p_1=p_2=p_3=-1$，$p_4=0$ 则可得

$$Y(s)=\frac{3}{(s+1)^3}+\frac{2}{(s+1)^2}+\frac{2}{(s+1)}+\frac{-2}{s}$$

即可直接写出 $y(t)$ 或继续由 MATLAB 求解。

```
>> syms s
>> ft1 = ilaplace(3/(s+1)^3);ft2 = ilaplace(2/(s+1)^2);
>> ft3 = ilaplace(2/(s+1));ft4 = ilaplace(-2/s);
>> ft = ft1 + ft2 + ft3 + ft4

ft =

2 * exp(-t) + 2 * t * exp(-t) + (3 * t^2 * exp(-t))/2 - 2

>> pretty(ft)

                              3t^2 exp(-t)
2 exp(-t) + 2 t exp(-t) + - - - - - - - - 2
                                   2
```

输入以下程序可求得时间响应曲线如图 3-1 所示。

```
>> t = 0 : 0.1 : 15;
>> ft = 2. * exp(-t) + 2 * t. * exp(-t) + (3 * t.^2. * exp(-t))/2 - 2;
>> plot(t,ft);grid;
```

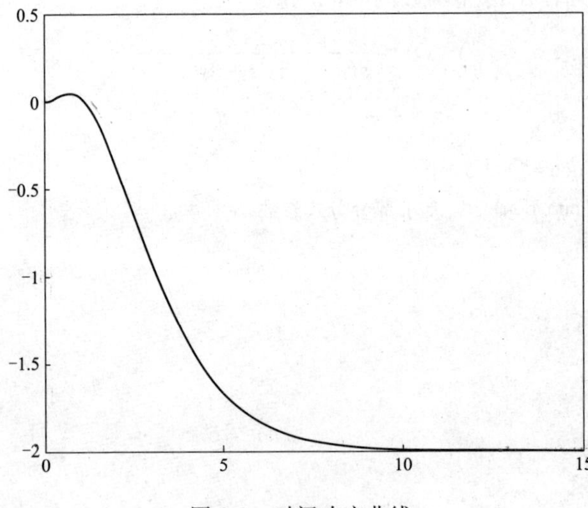

图 3-1 时间响应曲线

3.2 时间响应函数及其说明

本节介绍常用的 MATLAB 线性系统时域分析的函数命令及其使用方法。MATLAB 中使用线性系统时域响应函数可以直接求得系统的时域响应曲线，十分简单方便。常用时域响应函数命令格式及说明见表 3-2。

表 3-2　常用时域响应函数命令格式及说明

函数	说明	函数	说明
covar	连续系统对白噪声的方差响应	lsim	连续系统对任意输入的响应
dcovar	离散系统对白噪声的方差响应	dlsim	离散系统对任意输入的响应
impulse	连续系统的脉冲响应	step	连续系统的单位阶跃响应
dimpulse	离散系统的脉冲响应	dstep	离散系统的单位阶跃响应
initial	连续系统的零输入响应	filter	数字滤波器
dinitial	离散系统的零输入响应		

【例 3-5】 已知系统传递函数 $G(s)=\dfrac{5}{s^2+2s+3}$，试求其单位脉冲响应。

解　使用专用函数命令来实现，程序为

```
>> clear;num=[5];den=[1 2 3];
>> G=tf(num,den);
>> impulse(G)
```

运行结果如图 3-2 所示。

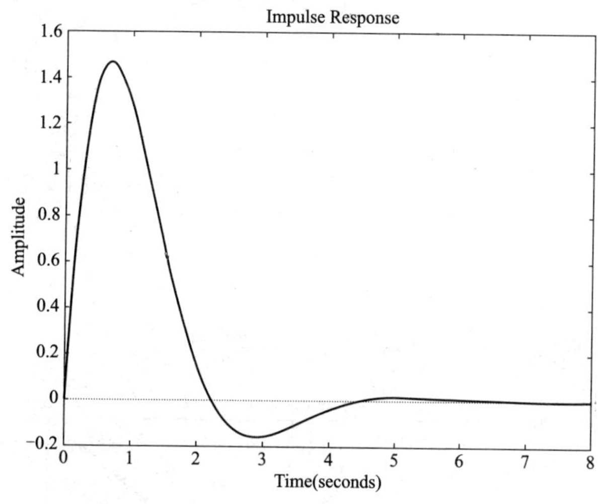

图 3-2　单位脉冲响应曲线

【例 3-6】 已知系统传递函数为 $G(s)=\dfrac{s^2+s+1}{s^3+2s^2+5s+7}$，试求其单位阶跃响应。

解　程序为

```
>> clear;num=[1 1 1];den=[1 2 5 7];
>> G=tf(num,den);
>> step(G)
```

运行结果如图 3-3 所示。

【例 3-7】 已知系统传递函数为 $G(s)=\dfrac{30}{s^2+s+15}$，试求其单位斜坡响应。

解　单位斜坡函数的拉氏变换为 $U_i(s)=1/2s^2$，系统输出为 $Y(s)=G(s)U_i(s)$。由单位阶跃函数与单位斜坡函数的拉氏变换关系，可将输出传递函数改写为

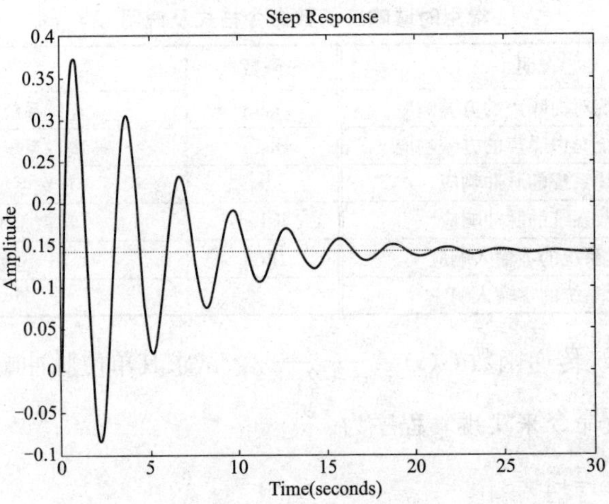

图 3-3 单位阶跃响应曲线

$$Y(s)=\left(\frac{30}{s^2+s+15}\times\frac{1}{2s}\right)\frac{1}{s}=G_1(s)\,\frac{1}{s}$$

所以可将原问题改为对 G_1 求单位阶跃响应，程序为

```
>> clear;
>> n=[15];d=[1 1 15 0];
>> G1=tf(n,d);
>> t=0:0.01:8;
>> step(G1,t);
>> hold on
>> plot(t,t'k-.')
```

运行结果如图 3-4 所示。

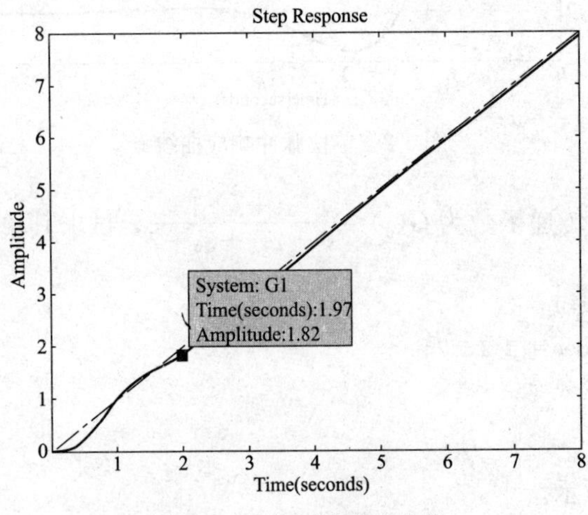

图 3-4 单位斜坡响应曲线

【例 3-8】 已知系统传递函数为 $G_1(s)=\dfrac{15}{s^2+3s+9}$，$G_2(s)=\dfrac{6}{s^2+2s+8}$。试求其脉冲响应及阶跃响应。

解　为便于比较，可将结果绘制于同一张图上，程序为

```
>> clear;n1 = [15];d1 = [1 3 9];
G1 = tf(n1,d1);
n2 = [6];d2 = [1 2 8];
G2 = tf(n2,d2);
impulse(G1,G2)
figpulse(2)
step(G1,G2)
```

可得单位脉冲响应曲线如图 3-5 所示，单位阶跃响应曲线如图 3-6 所示。

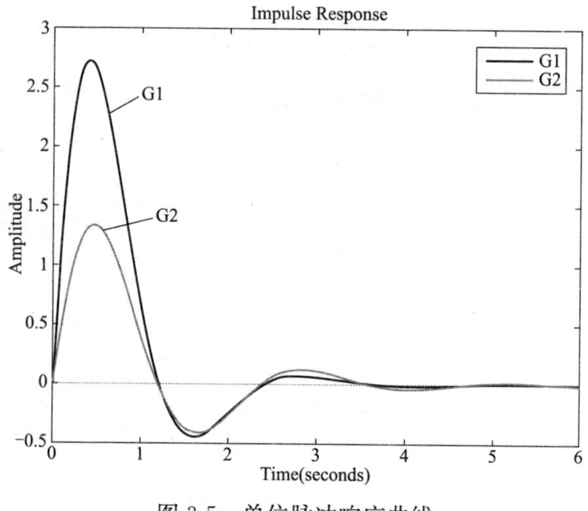

图 3-5　单位脉冲响应曲线

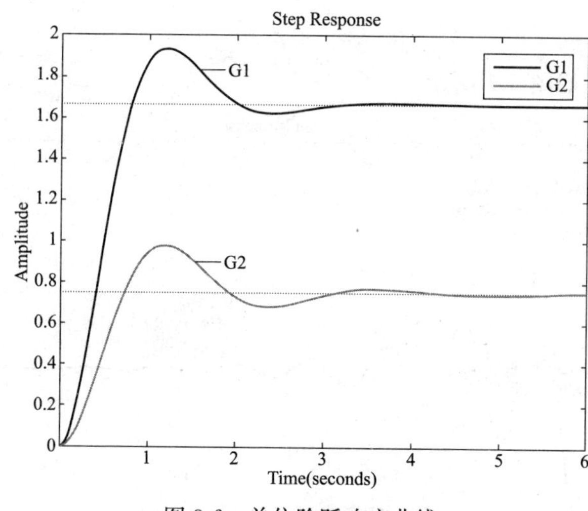

图 3-6　单位阶跃响应曲线

3.3　系统的动态性能指标

系统的动态性能指标有上升时间 t_r、峰值时间 t_p、调节时间 t_s 和超调量 σ_p 等。

(1) 上升时间 t_r 指响应曲线从稳态值的 10%上升到稳态值的 90%所需要的时间。

（2）峰值时间 t_p 指阶跃响应曲线第一次到达最大峰值所需要的时间。

（3）调节时间 t_s 指阶跃响应曲线进入稳态值附近 5%（或 2%）的误差带而不再超出的最小时间。

（4）超调量 σ_p 指阶跃响应曲线中对稳态值的最大超出量与稳态值之比。即

$$\sigma_p = \frac{h(t_p) - h(\infty)}{h(\infty)} \times 100\% \tag{3-3}$$

在二阶系统中，超调量 σ_p 与阻尼比 ξ 之间的关系为

$$\sigma_p = e^{\overline{\frac{\pi\xi}{\sqrt{1-\xi^2}}}} \times 100\% \tag{3-4}$$

【例 3-9】 已知单位负反馈系统前向通道的传递函数为

$$G(s) = \frac{80}{s^2 + 2s}$$

试作出其单位阶跃响应曲线及误差响应曲线。

解 输入程序为

```
clear;
num = 80;den = [1 2 0];
G1 = tf(num,den);G2 = 1;
G = feedback(G1,G2);
figure(1);
step(G);grid;
hold on
t1 = [0 : 5 : 20];[y,t] = step(G);
figure(2);ess = 1-y;
plot(t,ess);
```

单位阶跃响应曲线如图 3-7 所示。

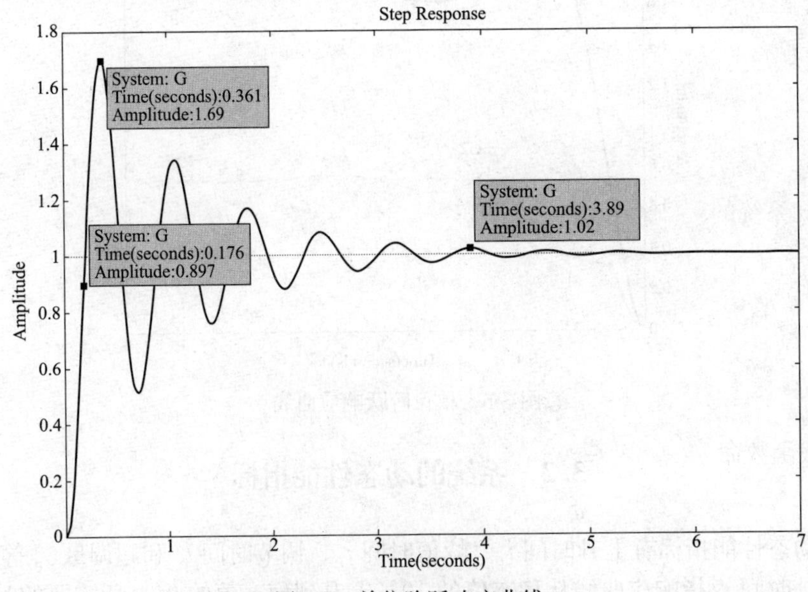

图 3-7 单位阶跃响应曲线

由单位阶跃响应曲线标示，可知 $t_r=0.176s$，$t_p=0.361s$，$t_s=3.89s$，$\sigma_p=69\%$
误差响应曲线如图 3-8 所示。

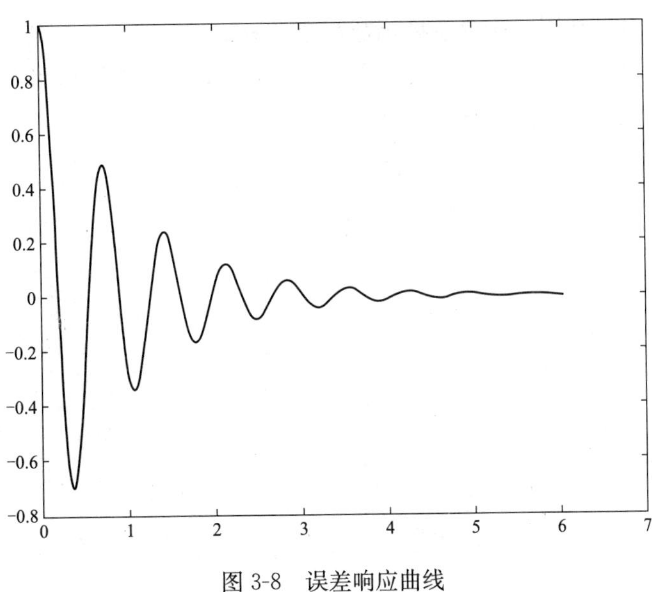

图 3-8　误差响应曲线

3.4 实 验 习 题

3-1　试求下列函数的拉氏变换，并用拉氏反变换进行验证。

(1) $f(t)=t^2$；

(2) $f(t)=\sin(2t+30°)$；

(3) $f(t)=e^{-3t}$。

3-2　试求下列传递函数的拉氏反变换。

(1) $G(s)=\dfrac{2s^2+3s+5}{s^3+2s^2+4s+6}$；

(2) $G(s)=\dfrac{s-1}{(s+1)^2\ (s+2)}$。

3-3　已知系统的传递函数为

$$G_1(s)=\frac{12s^2+50s+49}{2s^3+11s^2+20s+11},\quad G_2(s)=\frac{(s+1)(s+3)}{(s-1)(s-2)(s+2)}$$

试用：

(1) 拉氏变换法求系统的单位脉冲响应和单位阶跃响应。

(2) 时域函数命令求系统的单位脉冲响应和单位阶跃响应。

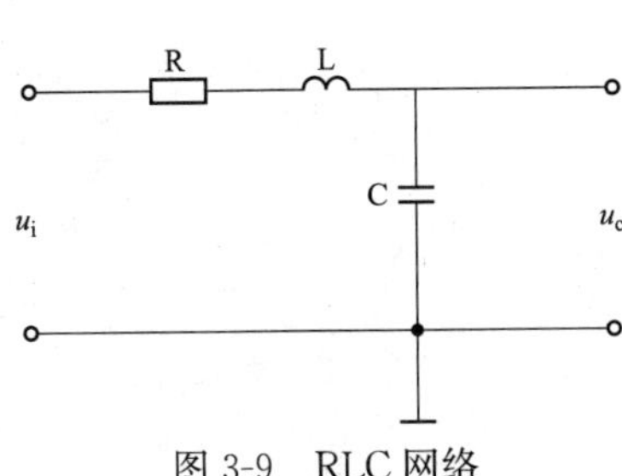

图 3-9　RLC 网络

3-4　已知某 RLC 网络结构如图 3-9 所示，其中 u_i 为输入信号，u_c 为输出信号，网络各变量的初始状态均为零。试求：

（1）建立 RLC 网络的传递函数 $G(s)=\frac{u_c}{u_i}$；

（2）当 $u_i=E\varepsilon(t)$，利用拉氏反变换函数命令求 u_c；

（3）当 $R=1\Omega$，$C=1\mathrm{F}$，$L=1\mathrm{H}$，$E=1\mathrm{V}$ 时，用函数命令方法求出系统阶跃响应曲线。

（4）分析（3）中系统的动态性能指标。

第4章 根 轨 迹 法

4.1 根轨迹概念

控制系统的稳定性和时间响应中瞬态分量的运动模态都由系统特征方程的根即闭环极点决定。因此确定特征根在 s 平面上的位置对于分析系统的性能有重要意义。

在经典系统控制理论的控制系统分析中，为了避开直接求高阶特征方程式的根时遇到的困难，在实践中提出了一种图解求根法，即根轨迹法。所谓根轨迹是指当系统的某一个或几个参数从零变化到无穷时，闭环特征方程的根在根平面上描绘的一些曲线，应用这些曲线可以根据某个参数确定相应的特征根。

根轨迹可以用于研究当改变开环增益时对系统零极点分布的影响，从而提供系统时域与频域响应的分析，对控制器的设计做出明智的选择。

4.2 根轨迹方程

系统闭环特征方程

$$1+G(s)H(s)=0 \tag{4-1}$$

当系统有 m 个开环零点和 n 个开环极点时，有如下轨迹方程

$$G(s)H(s)=K^{*}\frac{\prod_{j=1}^{m}(s-Z_j)}{\prod_{i=1}^{n}(s-P_i)}=-1 \tag{4-2}$$

式中：K^{*} 为系统根轨迹增益，与开环增益 K 成正比；Z_j 为开环传递函数的零点；P_i 是开环传递函数的极点。

增加开环零点，一般可使根轨迹向左半 s 平面弯曲或移动，增加系统的相对稳定性，增大系统阻尼，改变渐近线的倾角，减少渐近线的条数。增加开环极点，一般可使根轨迹向右半 s 平面弯曲或移动，降低系统的相对稳定性，减小系统阻尼，改变渐近线的倾角，增加渐近线的条数。

4.3 根轨迹绘制

在 MATLAB 中可直接使用函数命令来绘制根轨迹，MATLAB 中的根轨迹绘制命令见表 4-1。

表 4-1 **根轨迹绘制命令**

函数命令	功能说明
rlocus (num, den)	开环增益的范围自动设定
rlocus (num, den, k)	开环增益的范围人工设定
rlocus (p, z)	根据零极点做出根轨迹图

【例 4-1】 绘制下述连续系统开环传递函数的根轨迹

$$G(s)=\frac{2s^2+4s}{s^2+5s+7}$$

解 输入程序为

```
>> num = [2 4 0];den = [1 5 7]
>> G = tf(num,den);
>> rlocus(G)
>> grid
```

根轨迹如图 4-1 所示。

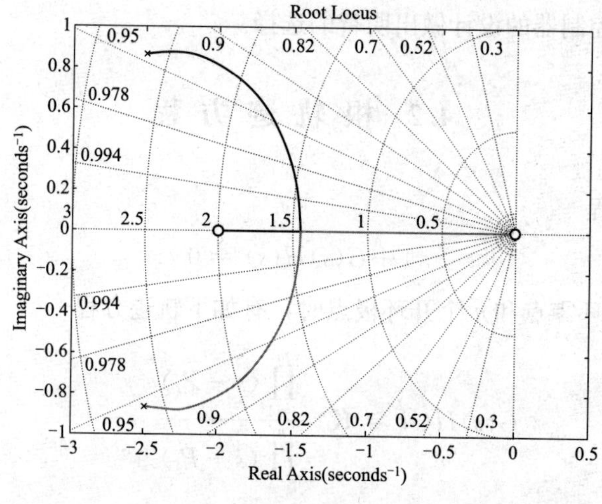

图 4-1 根轨迹图

4.4 根轨迹分析

系统的极点位置可以反映很多的系统性能。因此可以分析参数变化对系统性能的影响。所以：

(1) 如果根轨迹全部位于 s 平面左侧，就表示无论增益怎么改变，特征根全部具有负实部，则系统就是稳定的。

(2) 如果根轨迹在虚轴上，表示临界稳定，也就是不断振荡。

(3) 如果根轨迹全部位于 s 平面右侧，则表示无论选择什么参数，系统都是不稳定的。

也就是说增益在一定范围内变化时，系统可以保持稳定，但是当增益的变化超过这一阈值时，系统就会变得不稳定，而这一阈值出现在根轨迹与虚轴的交点上，在这一点系统临界稳定。最终可由增益的取值范围判断系统的稳定性。

在 MATLAB 中，可以使用函数命令 [k，p]＝rlocfind（num，den）或 [k，p]＝rlocfind(G) 在根轨迹图上确定选定点的增益 K 和闭环极点的值。

【例 4-2】 已知系统单位负反馈系统开环传递函数为

$$G(s)=\frac{K(s+4)}{s(s+2.3)(s+5.6)}$$

试绘制系统的根轨迹，并在根轨迹上选择一点，计算该点对应的增益 K 及其他闭环极点的位置。

解 程序为

```
>> num = [1 1];den = conv([1 0],conv([1 2.3],[1 5.6]));
>> G = tf(num,den);
>> rlocus(G)      % 绘制根轨迹
>> axis equal
>> [k,poles] = rlocfind(G)      % 计算指定点处对应的增益及其他闭环极点
Select a point in the graphics window

selected_point =
   - 3.6480 + 2.7864i
|
k =
    12.5755
poles =
   - 3.6520 + 2.7867i
   - 3.6520 - 2.7867i
   - 0.5959 + 0.0000i
```

根轨迹如图 4-2 所示。

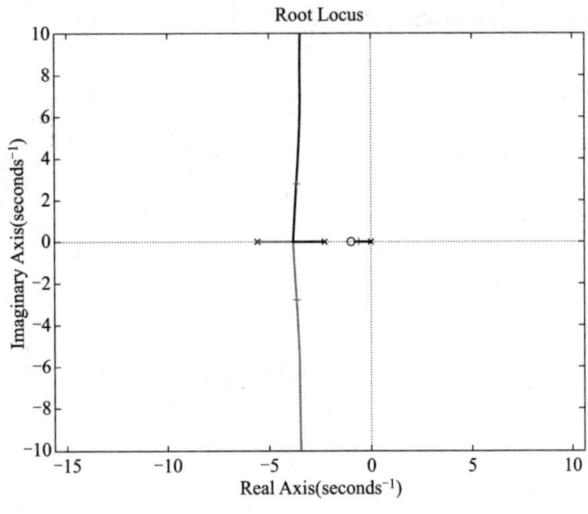

图 4-2 根轨迹图

从计算结果可以看出鼠标选择的极点与计算出来的极点有一定的偏差。

4.5 实验习题

4-1 设单位负反馈系统的开环传递函数为

$$G(s)=\frac{K}{s(0.01s+1)(0.02s+1)}$$

试求：

(1) 绘制系统的根轨迹，并确定系统临界稳定开环增益 K_c；

(2) 确定使系统稳定的 K 的范围。

4-2 已知系统结构图如图4-3所示，试绘制系统的根轨迹图，将曲线保持，并比较和分析原因。

(1) $G_c=1$；(2) $G_c=s+5$；

(2) $G_c=(s+2)(s+3)$；

(3) $G_c=\frac{1}{s+5}$。

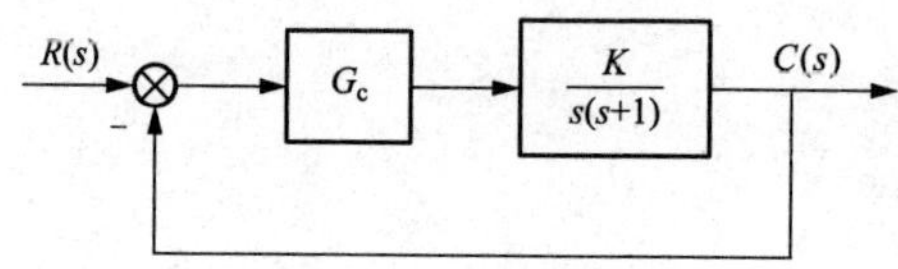

图4-3　系统结构图

4-3 已知两个单位负反馈系统的开环传递函数分别为

$$G_1(s)=\frac{27}{s^3+5s^2+4s},\quad G_2(s)=\frac{17(s^2+s+2)}{s^3+5s^2-4s}$$

(1) 试绘制 G_1、G_2 的根轨迹；

(2) 对 G_1、G_2 进行稳定性分析；

(3) 使用单位阶跃响应曲线检验所得结果。

第 5 章　频 域 分 析 法

本章将介绍在 MATLAB 中利用奈奎斯特图或伯德图对控制系统进行分析的方法。

5.1　奈奎斯特（Nyquist）图

奈奎斯特图是对于一个连续时间的线性非时变系统，将其频率响应的增益及相位以极坐标的方式绘出，常用于控制系统与信号处理。

奈奎斯特稳定判据是利用系统开环频率特性来判断闭环系统稳定性的一个判据。开环系统稳定时，即开环系统没有极点在右半根平面，如果相应于频率 ω 从 $-\infty \to +\infty$ 变化时，开环系统频率特性 $G(\mathrm{j}\omega)H(\mathrm{j}\omega)$ 曲线不环绕（-1，j0）点，那么闭环系统就是稳定的，否则是不稳定的；开环系统不稳定时，即开环系统有 p 个极点在右半根平面，如果相应于频率 ω 从 $-\infty \to +\infty$ 变化时，开环系统频率特性 $G(\mathrm{j}\omega)H(\mathrm{j}\omega)$ 曲线反时针环绕（-1，j0）点的次数 N 等于位于右半根平面内的开环系统的极点数 p，那么闭环系统就是稳定的，否则是不稳定的。

稳定裕量是以 $G(\mathrm{j}\omega)H(\mathrm{j}\omega)$ 轨迹上两个特殊点的位置来度量的，即 A 点规定为 $G(\mathrm{j}\omega)H(\mathrm{j}\omega)$ 的轨迹与单位圆的交点，交点频率设为 ω_c，B 点规定为 $G(\mathrm{j}\omega)H(\mathrm{j}\omega)$ 轨迹和负实轴的交点，交点频率设为 ω_d。

相位裕量定义为向量 OA 与负实轴的夹角，用 γ 表示

$$\gamma = 180 - \phi(\omega_c) \tag{5-1}$$

对于最小相位系统：

（1）$\gamma > 0$ 表示相位裕量为正值，系统趋向于稳定。

（2）$\gamma < 0$ 表示相位裕量为负值，系统趋向于不稳定。

（3）$\gamma = 0$ 表示 A 点在负实轴上，系统临界稳定，这时奈奎斯特曲线穿越（-1，j0）点，通常 γ 的值在 30°～60°。

增益裕量定义为 $G(\mathrm{j}\omega)H(\mathrm{j}\omega)$ 轨迹在 B 点的幅值 $A(\omega_g)$ 的倒数。

$$K_g = \frac{1}{A(\omega_g)} \tag{5-2}$$

式中：$K_g > 1$ 表示系统趋向于稳定；$K_g < 1$ 表示系统趋向于不稳定；$K_g = 1$ 表示奈奎斯特曲线穿越（-1，j0）点，这时系统临界稳定。

在 MATLAB 中，绘制系统奈奎斯特图的函数命令为 nyquist(G)。

【例 5-1】 已知一个典型的一阶惯性环节的传递函数为

$$G(s) = \frac{1}{2s+1}$$

试绘制出该环节的奈奎斯特图。

解　程序为

```
>> clear;
>> num=[1];den=[2 1];
>> sys=tf(num,den);
>> nyquist(sys);
>> grid
```

输出奈奎斯特图如图 5-1 所示。

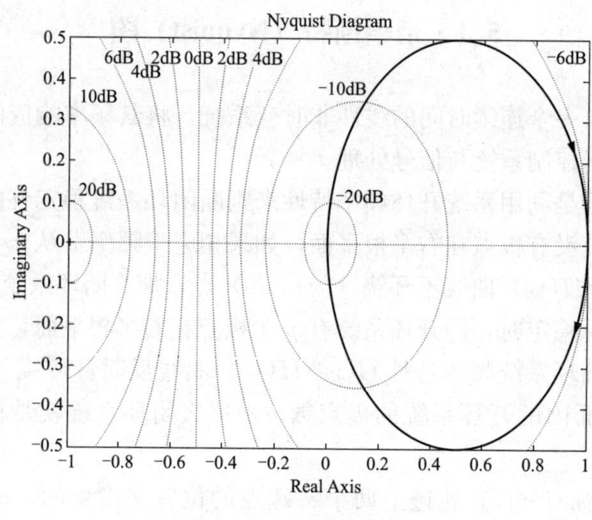

图 5-1　奈奎斯特图

5.2　伯德（Bode）图

将系统的开环频率特性曲线和相频特性曲线分开画，并对幅频特性进行对数运算（相频特性不取对数），横坐标表示频率 ω，纵坐标分别表示对数幅值和相角，分别画出对数幅频特性曲线和相频特性曲线图称为伯德图。

（1）对开环稳定的模型，当且仅当开环对数频率特性大于 0dB 的频域内，相位曲线对于 $-180°$线的正负穿越次数相等，则闭环系统是稳定的。

（2）对含有 p 个不稳定极点的开环对象模型，在开环对数频率特性大于 0dB 的频域内，相位曲线对于$-180°$线的正穿越次数大于负穿越次数 $N/2$，则闭环系统稳定，否则不稳定。

在 MATLAB 中绘制伯德图的函数命令为 bode(G)。

【例 5-2】　已知系统开环传递函数为

$$G(s)=\frac{1}{s(s+1)(2s+1)}$$

试绘制出该系统的奈奎斯特图和伯德图，并分析该系统的稳定性。

解　程序为

```
>> clear;
```

```
>> num = 1;den = conv(conv([1 0],[1 1]),[2 1]));
>> G = tf(num,den);
>> nyquist(G);
>> axis([-2 0 -1 1])
>> figure
>> bode(G);
>> grid
```

奈奎斯特图如图 5-2 所示，伯德图如图 5-3 所示。

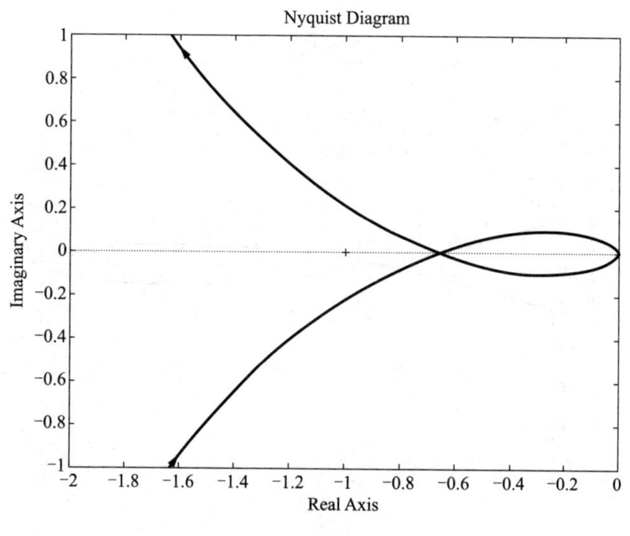

图 5-2 奈奎斯特图

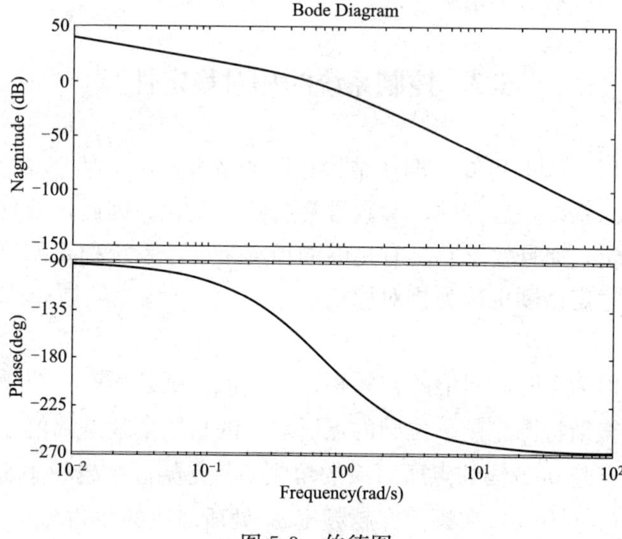

图 5-3 伯德图

由奈奎斯特图可以看出，系统稳定［不包围（−1，j0）点］。同样由伯德图也可看出系统稳定。

【例5-3】 当［例5-2］中$G(s)$的开环增益K由1变为10时，系统还是否稳定？

解　程序为

```
>> clear;
>> num = 10;den = conv(conv([1 0],[1 1]),[2 1]);
>> G = tf(num,den);
>> nyquist(G);
>> axis([-10 0 -10 10])
```

奈奎斯特图如图5-4所示。

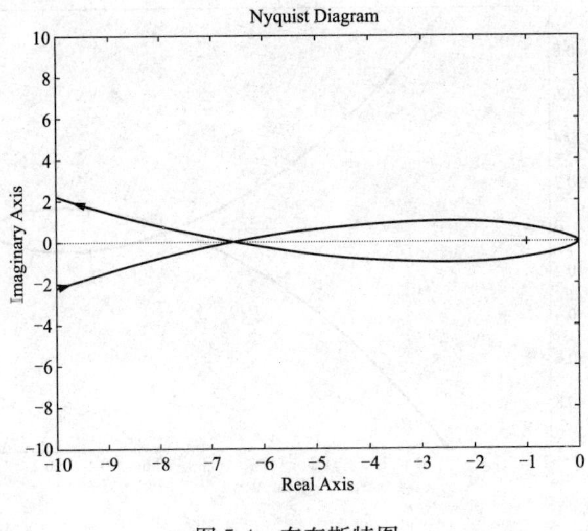

图5-4　奈奎斯特图

由奈奎斯特图可知，系统不稳定。

5.3　控制系统的相对稳定性

由［例5-2］和［例5-3］可知，即使结构相同的系统，由于某些参数发生变化，系统可能由稳定变为不稳定。系统在运行中，参数常常会发生变化。因此，要使系统始终能正常工作，不仅要求系统稳定，而且要求它具有足够的稳定裕度。系统稳定裕度的大小与它的动态性能密切相关。系统稳定裕度也称为相对稳定性。

1. 相位裕度

开环频率特性幅值为1时所对应的角频率称为幅值穿越频率或剪切频率，记为ω_c。在极坐标平面上，开环奈奎斯特图穿越单位圆的点所对应的角频率就是幅值穿越频率ω_c。在伯德图中，开环幅频特性穿越0dB线的点所对应的角频率就是幅值穿越频率ω_c。

开环频率特性$G(j\omega)H(j\omega)$在幅值穿越频率ω_c处所对应的相角与$-180°$之差称为相位裕度，记为γ，按下式计算

$$\gamma = \angle G(j\omega_c)H(j\omega_c) - (-180°) = 180° + \angle G(j\omega_c)H(j\omega_c) \tag{5-3}$$

对于开环稳定的系统，欲使闭环稳定，其相位裕度必须为正，通常要求裕度大于40°。

2. 幅值裕度

开环频率特性相位为$-180°$时所对应的角频率称为相位穿越频率，记为ω_g。在ω_g开环幅频特性幅值的倒数称为控制系统的幅值裕度，记做K_g，即

$$K_g=\frac{1}{|G(j\omega_g)H(j\omega_g)|} \tag{5-4}$$

一般要求系统的$K_g=2\sim3.16$或$20\lg K_g=6\sim10\text{dB}$。

MATLAB函数［kg，r，wg，wc］=margin(g)用来求传递函数g的幅值裕度K_g，相位裕度γ，相位穿越频率ω_g和幅值穿越频率ω_c。函数margin(g)将绘出函数g的伯德图并标出幅值裕度，相位裕度及对应的频率。

【例5-4】 已知传递函数$G(s)=\dfrac{4}{s^3+s^2+3s+2}$，求幅值裕度$K_g$和相位裕度$\gamma$。

解 程序为

```
>> clear;
>> num = 4;den = [1 1 3 2];
>> G = tf(num,den);
>> [kg,r] = margin(G)
```

输出结果如下

```
kg =

    0.2500

r =

  -51.6537
```

5.4 实验习题

5-1 设单位负反馈系统开环传递函数为$G(s)=\dfrac{10(s+1)}{s^2(s-1)}$，试绘制其奈奎斯特图并用奈奎斯特稳定判据判定系统的稳定性。

5-2 已知系统的开环传递函数为

$$G(s)=\frac{22(s+1)}{s(s+2)(s^2+4s+11)}$$

试绘制系统的奈奎斯特图和伯德图，并判断系统的稳定性。

5-3 已知单位负反馈系统的开环传递函数为

$$G(s)=\frac{560(0.1s+1)(0.2s+1)}{s(0.3s+1)(2s+1)(s^2+3s+4)}$$

试求系统的相位裕度和幅值裕度。

5-4 已知系统开环传递函数为

$$G(s)=\frac{K}{s(Ts+1)}$$

试取 K 为学号最后一位（为 0 时取 10），T 为学号最后第二位（为 0 时取 10），绘制系统的奈奎斯特图和伯德图。

5-5 已知单位负反馈系统的开环传递函数为

$$G(s)=\frac{K}{s(0.2s+1)(2s+1)}$$

（1）求使系统相位裕度为 50°时 K 的值，并检验。

（2）求使系统幅值裕度为 10dB 时 K 的值，并检验。

第 6 章　控制系统的设计与校正

控制系统的设计与校正是控制系统分析的逆向问题，是通过设计系统的结构和参数以达到所要求的系统性能指标的过程。

最常用的经典校正的方法为频率法和根轨迹法。最常用的补偿方法是串联补偿和反馈补偿。图 6-1 和图 6-2 分别为串联补偿框图和反馈补偿框图。本章只介绍频率法校正中的串联补偿和反馈补偿。

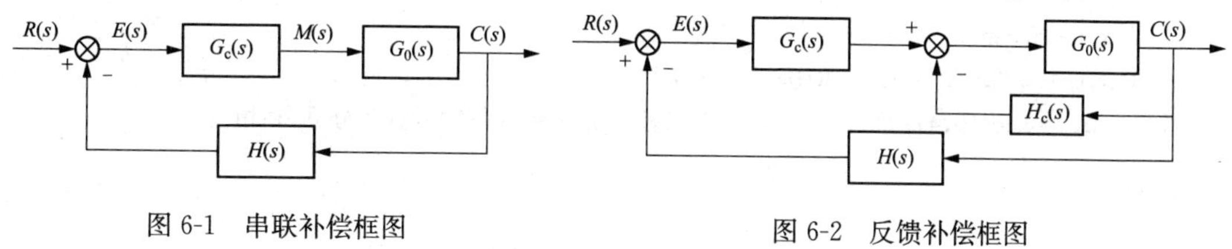

图 6-1　串联补偿框图　　　　图 6-2　反馈补偿框图

6.1　串联超前补偿

如果一个串联补偿网络具有正的相位角，就称为超前补偿网络。PD 控制器就属于超前补偿网络。串联超前校正网络的主要作用是通过其相位超前效应改变频率响应曲线的形状，产生足够大的相位超前角，以补偿原来系统中元件造成的过大的相位滞后。

通常超前补偿网络的传递函数为

$$G_c(s)=\frac{\alpha Ts+1}{Ts+1}\quad(\alpha>1) \tag{6-1}$$

利用频域法进行串联超前补偿网络的设计步骤为：

（1）根据对稳态误差系数的要求确定开环增益 K。

（2）利用开环增益 K 计算校正系统的相位裕度 γ，幅值裕度 K_g。

（3）根据校正后系统的截止频率 ω''_c 计算出 α 和 T，其中

$$\omega''_c=\omega_m \tag{6-2}$$

$$-L'(\omega''_c)=L_c(\omega_m)=10\lg\alpha \tag{6-3}$$

$$T=\frac{1}{\omega''_c\sqrt{\alpha}} \tag{6-4}$$

式中：ω_m 为最大超前角频率；$L'(\omega''_c)$ 为待校正系统的对数幅值特性；$L_c(\omega_m)$ 为校正装置的对数幅值；α 为放大系数；T 为时间常数。

（4）验算已校正后系统的相位裕度 γ'' 为

$$\gamma''=\varphi_m+\gamma(\omega''_c)=\arcsin\frac{\alpha-1}{\alpha+1}+180^\circ+\angle G(j\omega''_c) \tag{6-5}$$

当验算结果 γ'' 不满足要求时，需重选 ω_m 值，再重复以上步骤。

【例 6-1】 已知一单位反馈系统，其开环传递函数为$G(s)=\frac{K}{s(s+2)}$。为了使系统在单位斜坡输入时的稳态误差小于 0.2，开环系统的截止频率大于等于 4rad/s，相位裕度大于 50°，幅值裕度大于 20dB，试确定串联超前校正装置。

解 首先确定参数 K

$$e_{ss}=\lim_{s\to 0}sE(s)=\lim_{s\to 0}s\frac{\frac{1}{s^2}}{1+\frac{K}{s(s+2)}}=0.2\Rightarrow K=10$$

首先输入

```
>> clear;
>> num = 10;den = [1 2 0];
>> G = tf(num,den);
>> [Gm1,Pm1,wg1,wc1] = margin(G);        % 未校正前
>> [m1,p1] = bode(G,4);                 % 未校正前,w = 4 时的幅值(非分贝)和相位
```

由于

$$-L'(\omega''_c)=L_c(\omega_m)=10\lg\alpha,故\ \alpha=\frac{1}{(m_1)^2},$$

所以接着可以算得 α 和 T

```
>> a = 1/(m1)/(m1)
a =
    3.2000
>> T = 1/4/sqrt(a)
T =
    0.1398
```

故串联超前补偿装置的传递函数为

```
>> Gc = tf([a * T,1],[T,1])
Gc =
  0.4472 s + 1
  ------------
  0.1398 s + 1
```

最后输入

```
>> G2 = G * Gc;
>> margin(G2);grid;
```

可以得到如图 6-3 所示的校正后系统伯德图。

故校正后系统的截止频率为 4rad/s，相位裕度为 58.2°>50°，幅值裕度为无穷，满足要求。

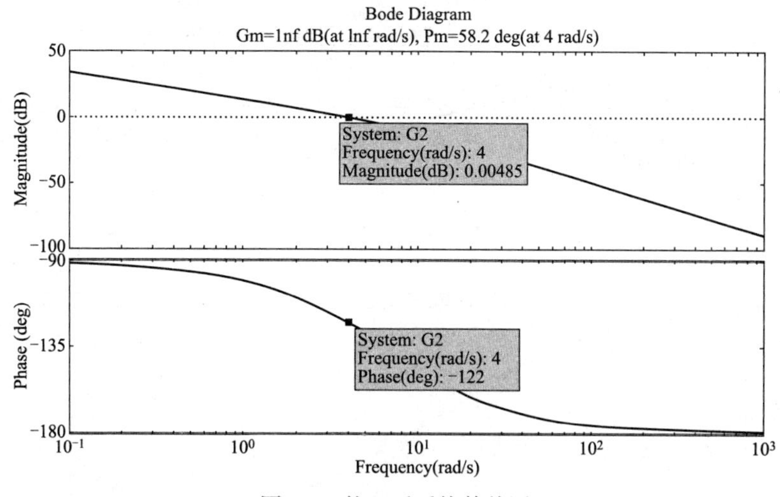

图 6-3　校正后系统伯德图

6.2 串联滞后补偿

具有负的相位角的串联补偿网络称为滞后补偿网络，采用滞后补偿网络的串联补偿方法称为滞后补偿。

滞后补偿网络的传递函数为

$$G_c(s)=\frac{1+\alpha Ts}{1+Ts}\quad(\alpha<1) \tag{6-6}$$

【例 6-2】 单位负反馈系统的开环传递函数为

$$G(s)=\frac{K}{s(0.1s+1)(0.5s+1)}$$

请设计一滞后校正装置，使系统的静态速度误差系数等于 5/*s*，截止频率不小于 1.1rad/s，相位裕度大于 45°，幅值裕度大于 10dB。

解　首先确定开环增益 K

$$K_v=\lim_{s\to 0}sG(s)=K=5$$

故原系统的开环传递函数应为 $G(s)=\dfrac{5}{s(0.1s+1)(0.5s+1)}$。

首先输入程序

```
>> clear;
>> num = 5;den = conv([1 0],conv([0.1 1],[0.5 1]));
>> G0 = tf(num,den);
>> margin(G0);grid;
```

得到未校正前系统的伯德图，如图 6-4 所示。

故穿越频率为 2.8rad/s，当 $\omega=1.1$rad/s 时的幅值为 12dB。

由式

$$20\lg\alpha+L'(\omega''_c)=0\Rightarrow\alpha=0.251$$

$$\frac{1}{\alpha T}=0.1\omega''_c\Rightarrow T=36.22$$

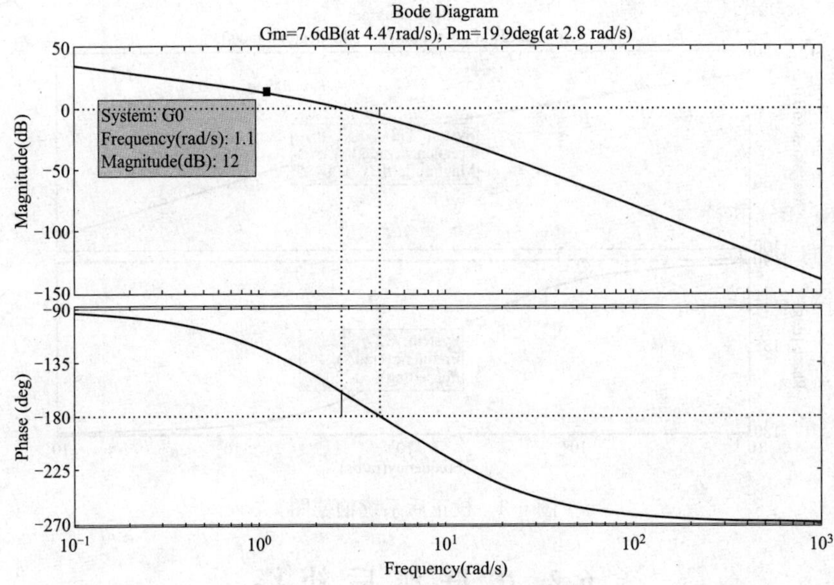

图 6-4　未校正前系统的伯德图

故校正装置的传递函数为

$$G_c(s) = \frac{1 + 9.09s}{1 + 36.22s}$$

继续输入程序

```
>> Gc = tf([9.09 1],[36.22 1]);
>> G = G0 * Gc;
>> margin(G);grid;
```

可以得到校正后系统的伯德图，如图 6-5 所示。

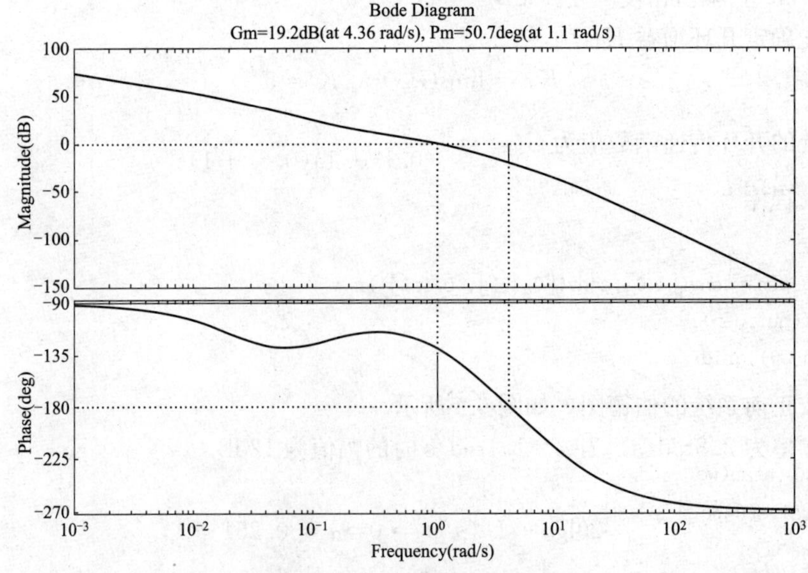

图 6-5　校正后系统的伯德图

所以校正后系统的截止频率为 1.1rad/s，相位裕度为 50.7°，幅值裕度为 19.2dB，满足要求。

6.3　串联滞后—超前校正

当系统固有部分的特性与性能指标相差很大，只采用超前补偿或仅采用滞后补偿不能满足要求时，可以同时采用两种方法，即滞后—超前补偿。滞后—超前补偿网络可以看出是滞后网络和超前网络串联而成，其传递函数为

$$G(s)=\frac{(aT_1s+1)(bT_2s+1)}{(T_1s+1)(T_2s+1)}\quad(a<1,b>1)\tag{6-7}$$

【例 6-3】 已知一单位反馈系统，其开环传递函数为

$$G(s)=\frac{180}{s\left(\frac{1}{6}s+1\right)\left(\frac{1}{2}s+1\right)}$$

要求设计校正装置使系统的相位裕度为 45°±3°，幅值裕度不低于 10dB，调节时间小于 3s。

可编写如下 m 文件对系统进行校正装置设计。

```
文件名:design.m
输入:
clc
clear
global r_1 wc2 a;
g = tf(180,conv([1/6 1 0],[0.5 1]));
figure(1)
margin(g),grid;
[h1,r_1,wx1,wc1] = margin(g);
flag = 0;
while(flag == 0)
    wc2 = input('输入校正后系统的截止频率 wc2 = ')
    if isempty(wc2)
        wc2 = 3.5;
    end
    [h_wcc,r_wcc] = bode(g,wc2);
    ww = sort(-roots(g.den{1}));
    wb = ww(2);
    h_wcc = 20 * log10(h_wcc);
    a = 10^((h_wcc + 20 * log10(wc2/wb))/20);
r_1 = 45-180-(atan(wc2/wb)-atan(wc2/a/wb)-90/180 * pi-atan(wc2/6)-atan(wc2/2))/pi * 180;
    wa = fsolve(@Wa_cal,wc2);
    gc = tf(conv([1/wa 1],[1/wb 1]),conv([a/wa 1],[1/wb/a 1]));
    ggc = gc * g;
```

```
        figure(2)
        margin(ggc),grid;
        disp('flag = 0,设计未完成,继续进行')
        disp('flag~ = 0,设计已经完成,退出设计')
        flag = input('请输入 flag 的数值,flag = ');
        if isempty(flag)
            flag = 1;
        end;
    end
    wa
    wb
    a
    figure(3)
    t = 0:0.01:5;
    Sys1 = feedback(g,1);
    Sys2 = feedback(ggc,1);
    subplot(211)
    step(Sys1,t)
    subplot(212)
    step(Sys2,t);
```

以上为主程序，下面为其子程序。

程序名与函数名相同：Wa _ cal. m

输入：

```
function q = Wa_cal(x)
global r_1 wc2 a;
wa = x;
q = r_1/180 * pi-(atan(wc2/wa)-atan(a * wc2/wa));
```

当输入 wc2 = 3.5 时

```
输入校正后系统的截止频率 wc2 = 3.5
wc2 =
    3.5000

Equation solved.
fsolve completed because the vector of function values is near zero as measured by the default value
of the function tolerance, and the problem appears regular as measured by the gradient.

<stopping criteria details>

flag = 0,设计未完成,继续进行
flag~ = 0,设计已经完成,退出设计
请输入 flag 的数值,flag = 1

wa =
    0.7743
```

```
wb =

    2

a =
38.5699
```

滞后—超前校正装置的传递函数为

$$G_c(s)=\frac{(s/\omega_a+1)(s/\omega_b+1)}{(\alpha s/\omega_a+1)(s/\omega_b/\alpha+1)}=\frac{(1.2915s+1)(0.5s+1)}{(49.8126s+1)(0.013s+1)}$$

未校正系统与校正后系统的伯德图如图 6-6、图 6-7 所示。从图 6-6 中可以看出，校正前

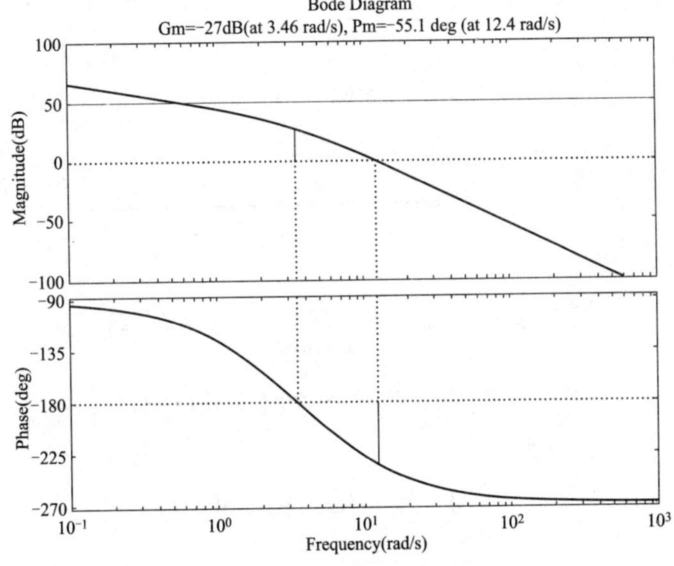

图 6-6　未校正系统伯德图

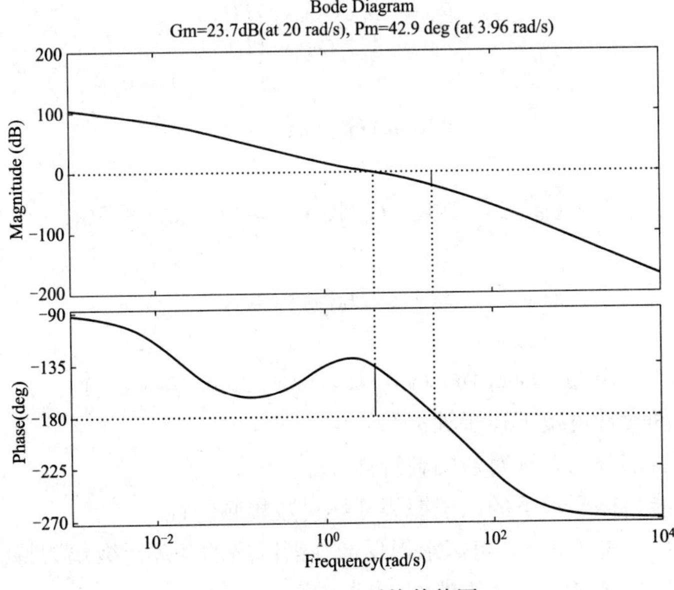

图 6-7　校正后系统伯德图

系统的穿越频率为 3.46rad/s，幅值裕度为－27dB，截止频率为 12.4rad/s，相位裕度为－55.1°，系统不稳定，且系统相位裕度远小于 0°，截止频率较大，所以采用滞后—超前校正。校正后系统的穿越频率为 20rad/s，幅值裕度为 23.7dB，截止频率为 3.96rad/s，相位裕度为 42.9°，满足系统要求。校正前后系统的单位阶跃响应曲线如图 6-8 所示。从图中可以看出，校正前系统振荡发散，不稳定。校正后系统振荡收敛，且调节时间小于 3s。

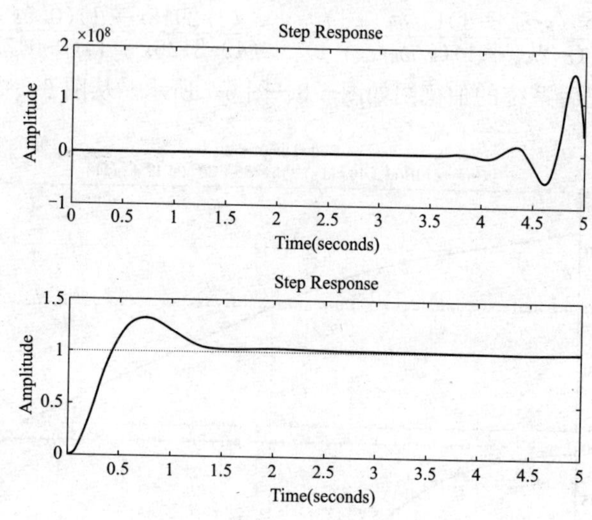

图 6-8 校正前后闭环系统的单位阶跃响应曲线

6.4 反 馈 校 正

反馈补偿框图如图 6-2 所示，$H_c(s)$ 是反馈补偿网络。设计后希望的开环传递函数为

$$G_e(s)=\frac{G_c(s)G_0(s)H(s)}{1+G_0(s)H_c(s)} \tag{6-8}$$

当

$$|G_0(j\omega)H_c(j\omega)|\gg 1 \tag{6-9}$$

有

$$20\lg|G_0(j\omega)H_c(j\omega)|=20\lg|G_c(j\omega)G_0(j\omega)H(j\omega)|-20\lg|G_e(j\omega)| \tag{6-10}$$

当

$$|G_0(j\omega)H_c(j\omega)|\ll 1 \tag{6-11}$$

有

$$20\lg|G_c(j\omega)G_0(j\omega)H(j\omega)|=20\lg|G_e(j\omega)| \tag{6-12}$$

反馈补偿网络的设计可按下述步骤进行：

(1) 绘制出固有部分的开环对数幅频特性。

(2) 绘制出性能指标要求下的系统期望开环对数幅频特性。

(3) 由式 (6-9)～式 (6-12) 可以求得反馈补偿网络的开环对数幅频特性。

(4) 检验校正后系统是否满足要求。

【例 6-4】 系统框图如图 6-9 所示，其中

$$G_0(s)=\frac{5}{s(0.1s+1)(0.025s+1)}$$

系统的性能指标为开环放大系数 $K=200$，最大超调 $\sigma\%\leqslant 25\%$，过渡时间 $t_s\leqslant 0.5\text{s}$。求反馈补偿网络。

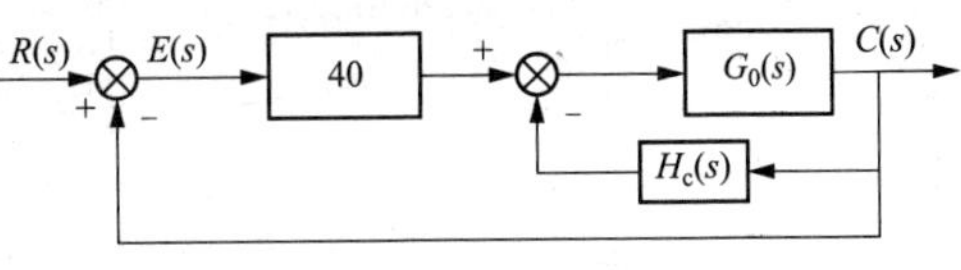

图 6-9 系统框图

解 首先输入程序

```
>> clear;
>> Gc = tf([40],[1]);
>> num0 = 5;den0 = conv([1 0],conv([0.1 1],[0.025 1]));
>> G0 = tf(num0,den0);
>> G = Gc * G0;
>> margin(G);grid;
```

可得未校正系统开环传递函数的伯德图如图 6-10 所示。可知未校正时系统相位裕度和幅值裕度均为负，穿越频率为 37.5rad/s。

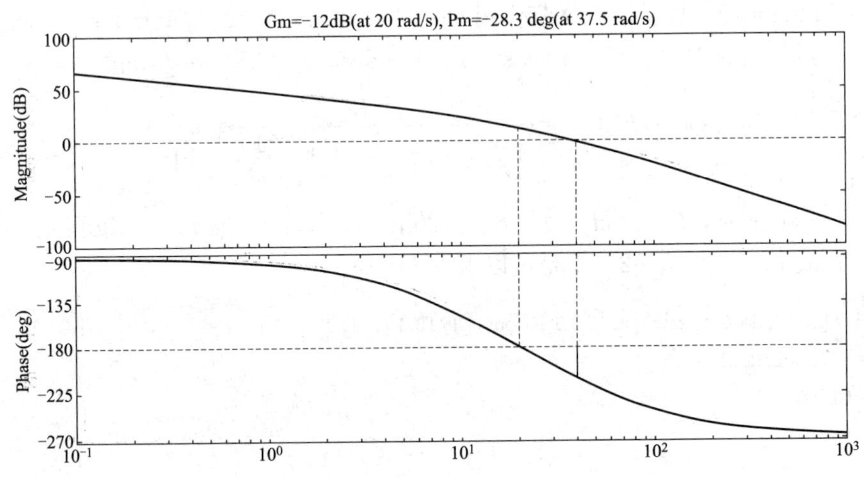

图 6-10 未校正系统开环传递函数的伯德图

高阶系统性能指标之间的关系有

$$M_r=\frac{1}{\sin\gamma} \tag{6-13}$$

$$\sigma\%=0.16+0.4(M_r-1)\quad(1\leqslant M_r\leqslant 1.8) \tag{6-14}$$

$$t_s=\frac{\pi}{\omega_c}[2+1.5(M_r-1)+2.5(M_r-1)^2]\quad(1<M_r<1.8) \tag{6-15}$$

式中：M_r 为系统闭环谐振峰值。

根据性能指标和式（6-13）～式（6-15）可取 $M_r=1.1$，$\omega_c=18\text{rad/s}$。可绘出校正后系统的开环对数幅频特性如图 6-11 所示。其中幅值穿越频率为 18rad/s，转折频率为 0.5、3.8、

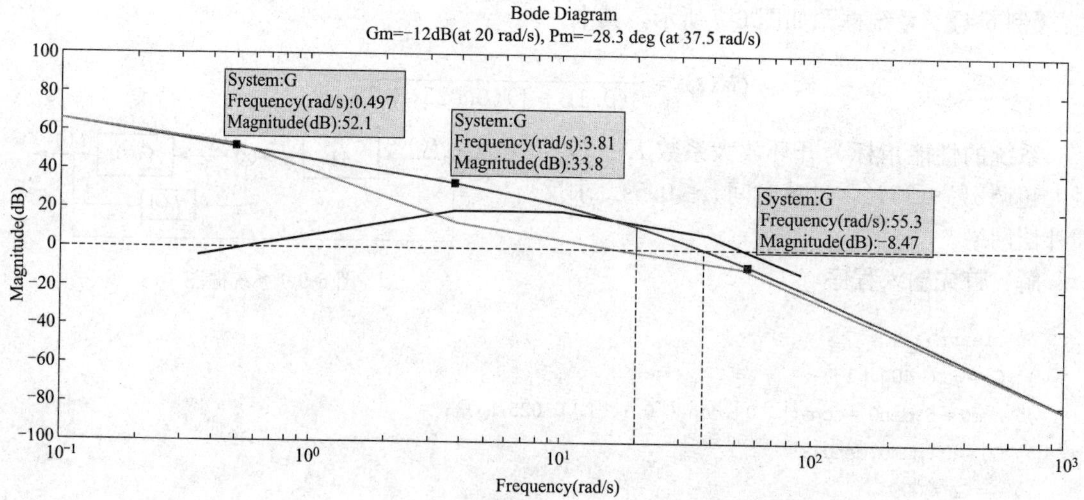

图 6-11　校正后系统的开环对数幅频特性

55rad/s。

利用式（6-10）和式（6-12）可绘出 $20\lg|G_0(j\omega)H_c(j\omega)|$。该折线与 0dB 线交点的频率是 0.6rad/s 和 67rad/s。故反馈网络起作用的频段是 0.5rad/s<ω<55rad/s。由图 6-11 可知 $G_0(j\omega)H_c(j\omega)$ 的转折频率为 $\omega_1=3.8$rad/s、$\omega_2=10$rad/s、$\omega_3=37.5$rad/s。故

$$G_0(s)H_c(s)=\frac{K_1 s}{\left(\frac{1}{\omega_1}s+1\right)\left(\frac{1}{\omega_2}s+1\right)\left(\frac{1}{\omega_3}s+1\right)}$$

当 $\omega<3.8$rad/s 时，$G_0(s)H_c(s)=K_1 s$，$20\lg|G_0(j\omega)H_c(j\omega)|=20\lg K_1\omega$。当 $K_1\omega=1$ 时，$\omega=0.5$，故 $K_1=1/0.5=2$。于是可以求得 $H_c(s)$。

```
>> num1 = [2 0];den1 = conv([1/3.8 1],conv([1/10 1],[1/37.5 1]));
>> G1 = tf(num1,den1);
>> Hc = G1/G0

Hc =

   0.005 s^4 + 0.25 s^3 + 2 s^2
-------------------------------
0.003509 s^3 + 0.18 s^2 + 1.949 s + 5
```

再输入程序，可以求得校正后系统开环幅频特性如图 6-12 与单位阶跃响应如图 6-13。对结果进行验证，可知校正后系统满足性能指标。如果不满足性能指标，则可以重新选择穿越频率，直到满足指标。

```
>> G2 = G/(1 + G1);
>> margin(G2);grid;
>> figure(2)
>> G3 = feedback(G2,1);
>> step(G3);grid
```

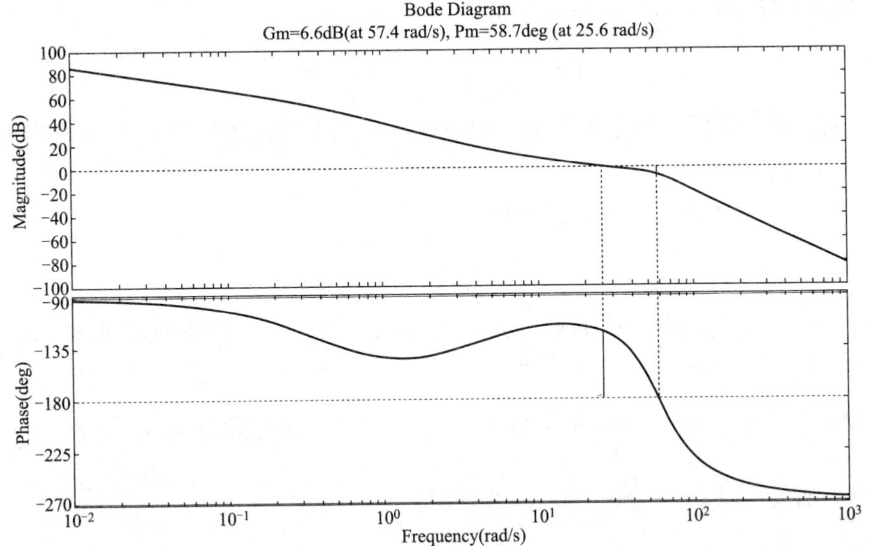

图 6-12　校正后系统开环幅频特性

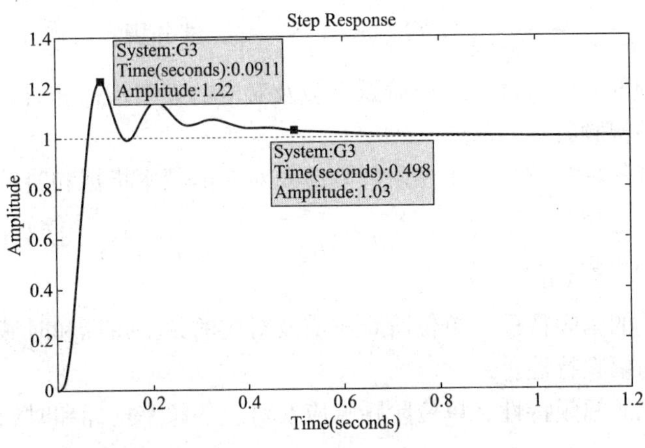

图 6-13　单位阶跃响应

6.5 实 验 习 题

6-1　单位负反馈系统的开环传递函数为

$$G(s)=\frac{60}{s^2+2s}$$

试设计一超前校正装置，使系统的相角裕度大于 40°，幅值裕度大于 25dB。

6-2　单位负反馈系统的开环传递函数为

$$G(s)=\frac{K}{(s+3)^2}$$

试设计一个滞后校正装置，使得系统的阶跃响应的稳态误差约为 0.04，相角裕度为 40°。

6-3 单位负反馈系统的开环传递函数为

$$G(s)=\frac{100}{s(s+5)(s+10)}$$

试设计一超前—滞后装置，使系统在单位斜坡输入作用下的稳态误差为0.01，相角裕度大于40°，幅值裕度大于10dB。

6-4 单位负反馈系统的开环传递函数为

$$G(s)=\frac{K}{s(0.1s+1)(0.02s+1)}$$

试设计一反馈校正装置，使系统的稳态速度误差大于200，单位阶跃响应时，超调量 $\sigma_p<30\%$，调节时间 $t_s<0.6$s。

6-5 现在有一单位负反馈系统如图6-14所示，其开环传递函数为 $G(s)=\frac{100}{s(0.5s+1)}$，校正装置传递函数为 $G_c(s)=\frac{0.4s+1}{0.08s+1}$。试分析：

(1) 校正前系统的幅频特性、单位阶跃响应及对应的频率指标和时域指标。
(2) 校正装置的幅频特性。
(3) 校正后系统的幅频特性、单位阶跃响应及对应的频率指标和时域指标。

若 $G(s)=\frac{20}{s(0.1s+1)(0.2s+1)}$，$G_c(s)=\frac{0.5s+1}{2.5s+1}$。试分析：

(1) 校正前系统的幅频特性、单位阶跃响应及对应的频率指标和时域指标。
(2) 校正装置的幅频特性。
(3) 校正后系统的幅频特性、单位阶跃响应及对应的频率指标和时域指标。

若 $G(s)=\frac{180}{s(0.5s+1)\left(\frac{1}{6}s+1\right)}$，$G_c(s)=\frac{(s+1)(0.5s+1)}{(60s+1)(0.01s+1)}$。试分析：

(1) 校正前系统的幅频特性、单位阶跃响应及对应的频率指标和时域指标。
(2) 校正装置的幅频特性。
(3) 校正后系统的幅频特性、单位阶跃响应及对应的频率指标和时域指标。

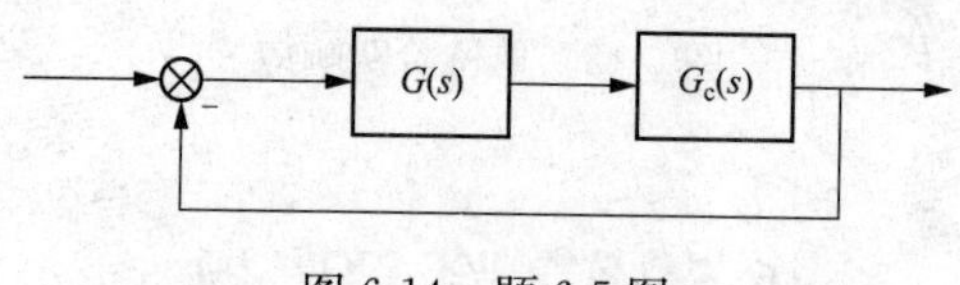

图6-14 题6-5图

第7章　离　散　系　统

离散系统是指那些存在离散信号的系统。离散系统也称为采样系统或数字系统。本章介绍离散系统的 MATLAB 仿真与实现等内容，其他共性问题可参考连续系统。

7.1　离散系统建模

离散系统用脉冲传递函数的建模，形式上与连续系统用传递函数时相同，区别仅在于对离散系统中的采样信号进行的是 z 变换和 z 反变换。

1. 离散系统传递函数模型的建立

【例 7-1】 试生成以下离散系统的 MATLAB 模型

$$G_Z(z)=\frac{2z}{3z^3+4z+5}$$

解　输入程序为

```
>> clear;
>> num = [2 0];den = [3 0 4 5];
>> Ts = 1;
>> Gz = tf(num,den,Ts)
```

输出结果为

```
Gz =

    2 z
 - - - - - - - - -
3 z^3 + 4 z + 5

Sample time: 1 seconds
Discrete-time transfer function.
```

【例 7-2】 试生成以下 MATLAB 离散模型

$$G_z(z)=\frac{3(z-3)(z-2)}{z(z+1)(z+2)}$$

解　程序为

```
>> clear;
>> z = [3 2];p = [0 -1 -2];
>> k = 3;Ts = 1;                    %采样时间为 1s
>> Gz = zpk(z,p,k,Ts)
```

输出结果为

```
Gz =

3(z-3)(z-2)
----------
z(z+1)(z+2)

Sample time: 1 seconds
```

2. 模型间的相互转换

离散系统的模型可以有多种表达方式，针对连续系统MATLAB转换函数同样应用于离散系统，见表7-1。

表7-1　　MATLAB 转 换

系统原模型	系统转换模型	函数命令
传递函数	零极点模型	tf2zp
零极点模型	传递函数	zp2tf

【例7-3】 已知离散系统的脉冲传递函数为 $G(z)=\dfrac{1+2z^{-1}+5z^{-2}}{1+5z^{-1}+4z^{-2}+3z^{-3}}$，求系统的零极点模型。

解 输入程序为

```
>> clear;num=[1 2 5];den=[1 5 4 3];
>> [z,p,k]=tf2zp(num,den)
```

所得结果为

```
z =

  -1.0000+2.0000i
  -1.0000-2.0000i

p =

  -4.2207+0.0000i
  -0.3897+0.7476i
  -0.3897-0.7476i

k =

1
```

3. z变换和z反变换

传递函数模型还可以通过对离散序列模型进行z变换来建模，即 $G_z(z)=\sum_{n=0}^{\infty}g(nk)z^{-n}$ 。反之，离散序列函数可以通过对z传递函数模型进行反变换求得。

在MATLAB中可以运用ztrans( )函数进行z变换，运用iztrans( )函数进行反变换。

【例7-4】 试建立以下序列函数的离散模型

$$f(n)=n^2$$

解　输入程序为

```
>> clear;syms n
>> f = n^2;              % 建立函数 f(n) = n^4
>> ztrans(f)             % 对函数进行 z 变换
```

输出结果为

```
ans =

(z * (z + 1))/(z - 1)^3
```

【例 7-5】　试求以下离散模型的原函数

$$F(z)=\frac{2z(z+2)}{z^2+1}$$

解　输入程序为

```
>> clear;syms z
>> Fz = 2 * z * (z + 2)/(z^2 + 1)
>> iztrans(Fz)
```

输出结果为

```
ans =

( - i)^(n - 1) * (2 - i) + i^(n - 1) * (2 + i)
```

7.2 离散系统分析

1. 离散系统的响应

在 MATLAB 中可以直接使用函数命令来实现对离散系统的分析。常用离散系统分析的函数命令及说明见表 7-2。

表 7-2　常用离散系统分析的函数命令及说明

序号	命令函数及格式	功能说明
1	dbode（num，den，ts）	绘制离散系统的伯德图
2	dnyquist（num，den，ts）	绘制离散系统的奈奎斯特图
3	dstep（numz，denz，tend）	绘制离散系统的单位阶跃响应，tend 为响应结束时间
4	dimpulse（numz，denz，tend）	绘制离散系统的单位脉冲响应，tend 为响应结束时间
5	Dlsim（numz，denz，U）	绘制离散系统 numz，denz 在输入 U 时的响应

【例 7-6】　设连续系统传递函数为

$$G_z(z)=\frac{0.5z}{z^2-z+0.5}$$

试绘制出离散系统的单位脉冲响应和单位阶跃响应曲线。

解　输入程序为

```
>> clear;num=[0.5 0];den=[1 -1 0.5];
>> dstep(num,den)
>> figure(2)
>> dimpulse(num,den)
```

输出结果如图 7-1 和图 7-2 所示。

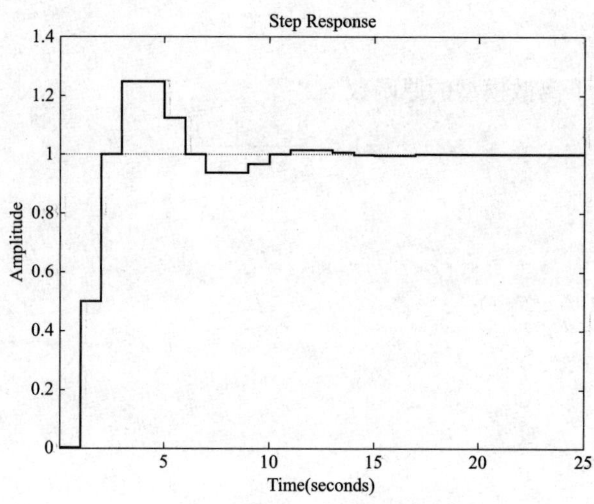

图 7-1　单位脉冲响应曲线

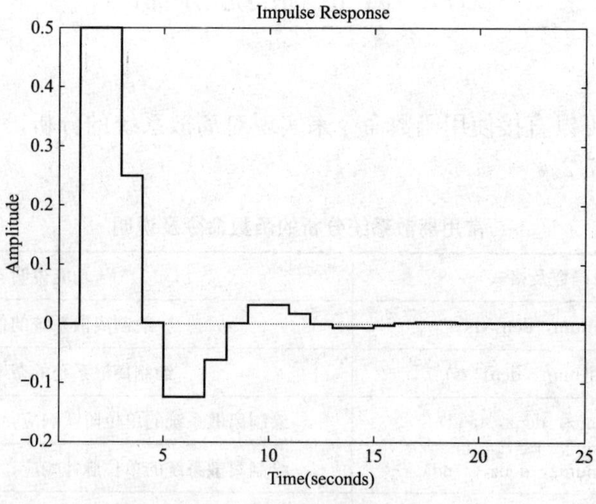

图 7-2　单位阶跃响应曲线

2. 离散系统稳定性分析

离散系统的根位于单位圆内的时候系统稳定，否则系统不稳定。绘制出离散系统根轨迹能够分析离散系统稳定性。利用根轨迹可以迅速找出使系统稳定的参数范围。

【例 7-7】 已知系统的开环传递函数为

$$G_z(z)=\frac{K(z+0.5)}{(z-3)(z-0.6)}$$

试绘制出离散系统的根轨迹并判断系统稳定的 K 的范围。

解 输入程序为

```
>> clear;
>> num = [1 0.5];den = conv([1 -3],[1 -0.6]);
>> rlocus(num,den)
```

输出结果如图 7-3 所示。

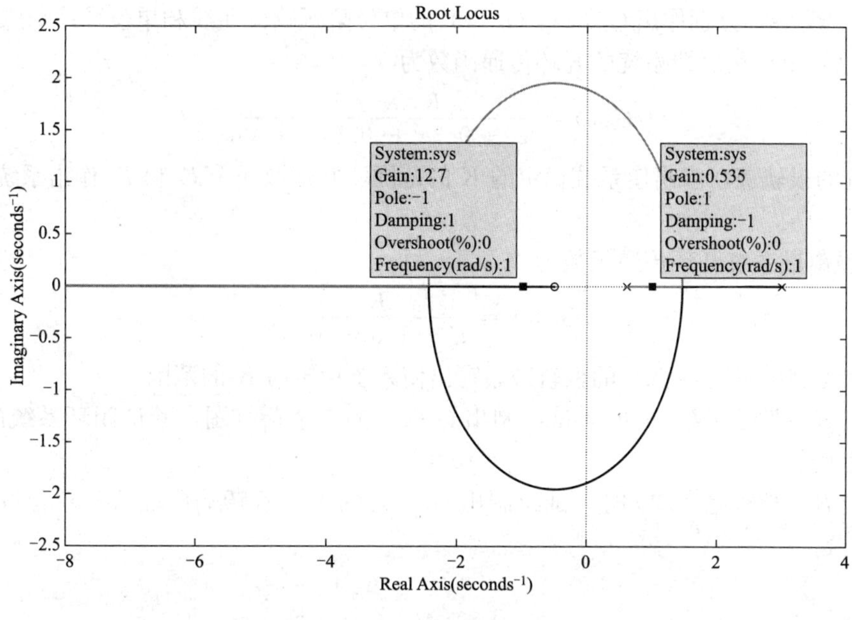

图 7-3　根轨迹

故使系统稳定的 K 的范围是（0，0.535）、（12.7，∞）。

7.3 实 验 习 题

7-1 试建立以下离散系统的 MATLAB 模型：

(1) $G_z(z)=\dfrac{z+2}{z^2+2z+1}$；

(2) $G_z(z)=\dfrac{(z-2)(z+3)}{(z+4)(z^2-z+5)}$；

(3) $G_z(z)=\dfrac{z^3-2z+2}{(z+3)(z-3)}$。

7-2 求下列函数的 z 变换：

(1) $f(n)=\sin n$；

(2) $f(n)=n\mathrm{e}^{-2n}$；

(3) $f(n)=n^2+n+1$。

7-3 求下列离散模型的原函数：

(1) $G_z(z)=\dfrac{z^2}{(z-1)(z-1.5)}$；

(2) $G_z(z)=\dfrac{(z+2)^3}{(z+1)^2(z-2)}$。

7-4 已知离散系统的闭环传递函数为：

(1) $G_{z1}(z)=\dfrac{0.3z}{z^2-z+0.6}$；

(2) $G_{z2}(z)=\dfrac{0.3z+0.2}{z^2-1.3z+0.3}$。

取 $T_s=0.5$s 或 1s，分别作出 $G_{z1}(z)$、$G_{z2}(z)$ 的单位阶跃响应曲线和单位脉冲响应曲线。

7-5 已知单位负反馈系统的开环传递函数为

$$G(z)=\frac{K(5z+2)}{z^3-0.3z^2-0.5z+0.06}$$

试作出系统的根轨迹，求出使系统稳定的 K 的范围，并任取一个 K 和 T_s 作出系统的单位阶跃响应。

7-6 设离散系统开环传递函数为

$$G_z(z)=\frac{K}{z^2-1.3z+0.5}$$

(1) 试绘制出系统 $G_z(z)$ 的根轨迹，写出使系统稳定时 K 的范围。

(2) 当 K=学号尾数/20 时，试绘制出 $G_z(z)$ 的奈奎斯特图，验证闭环系统的稳定性，采样时间为 0.2s。

(3) 当 K=学号尾数/20 时，试绘制出 $G_z(z)$ 的单位阶跃响应曲线和单位脉冲响应曲线。

第8章 状态变量控制系统

状态空间法是基于线性代数和矩阵运算对控制系统进行研究分析的方法，属于现代控制理论的范畴。它不仅可以处理多变量系统，而且可以处理非线性和时变系统。本章将介绍MATLAB下的状态空间模型的建立、分析和反馈控制系统设计的方法。

8.1 状态空间模型的建立

状态空间的数学表达式为

$$\begin{aligned}\dot{\boldsymbol{x}} &= \boldsymbol{A}\boldsymbol{x} + \boldsymbol{B}\boldsymbol{u} \\ \boldsymbol{y} &= \boldsymbol{C}\boldsymbol{x} + \boldsymbol{D}\boldsymbol{u}\end{aligned} \tag{8-1}$$

式中：$\dot{\boldsymbol{x}}$ 为 n 维状态向量，$\boldsymbol{x}=(\boldsymbol{x}_1, \boldsymbol{x}_2, \cdots, \boldsymbol{x}_n)^{\mathrm{T}}$；$\boldsymbol{A}$ 为系统内部关系的系数矩阵；$\boldsymbol{B}$ 为输入矩阵；$\boldsymbol{u}$ 为 p 维输入向量，$\boldsymbol{u}=(\boldsymbol{u}_1, \boldsymbol{u}_2, \cdots, \boldsymbol{u}_{\mathrm{p}})^{\mathrm{T}}$；$\boldsymbol{y}$ 为 q 维输出向量，$\boldsymbol{y}=(\boldsymbol{y}_1, \boldsymbol{y}_2, \cdots, \boldsymbol{y}_q)^{\mathrm{T}}$；$\boldsymbol{C}$ 为输出矩阵；$\boldsymbol{D}$ 为直接传递系数矩阵。

$$\boldsymbol{A} = \begin{pmatrix} \boldsymbol{a}_{11} & \boldsymbol{a}_{12} & \cdots & \boldsymbol{a}_{1n} \\ \boldsymbol{a}_{21} & \boldsymbol{a}_{22} & \cdots & \boldsymbol{a}_{2n} \\ \vdots & \vdots & & \vdots \\ \boldsymbol{a}_{n1} & \boldsymbol{a}_{n2} & \cdots & \boldsymbol{a}_{nn} \end{pmatrix}_{n\times n}$$

$$\boldsymbol{B} = \begin{pmatrix} \boldsymbol{b}_{11} & \boldsymbol{b}_{12} & \cdots & \boldsymbol{b}_{1p} \\ \boldsymbol{b}_{21} & \boldsymbol{b}_{22} & \cdots & \boldsymbol{b}_{2p} \\ \vdots & \vdots & & \vdots \\ \boldsymbol{b}_{n1} & \boldsymbol{b}_{n2} & \cdots & \boldsymbol{b}_{np} \end{pmatrix}_{n\times p}$$

$$\boldsymbol{C} = \begin{pmatrix} \boldsymbol{c}_{11} & \boldsymbol{c}_{12} & \cdots & \boldsymbol{c}_{1n} \\ \boldsymbol{c}_{21} & \boldsymbol{c}_{22} & \cdots & \boldsymbol{c}_{2n} \\ \vdots & \vdots & & \vdots \\ \boldsymbol{c}_{q1} & \boldsymbol{c}_{q2} & \cdots & \boldsymbol{c}_{qn} \end{pmatrix}_{q\times n}$$

$$\boldsymbol{D} = \begin{pmatrix} \boldsymbol{d}_{11} & \boldsymbol{d}_{12} & \cdots & \boldsymbol{d}_{1p} \\ \boldsymbol{d}_{21} & \boldsymbol{d}_{22} & \cdots & \boldsymbol{d}_{2p} \\ \vdots & \vdots & & \vdots \\ \boldsymbol{d}_{q1} & \boldsymbol{d}_{q2} & \cdots & \boldsymbol{d}_{qp} \end{pmatrix}_{q\times p}$$

MATLAB的常用矩阵运算函数命令和常用状态空间建模的函数命令分别见表8-1和表8-2。

表 8-1　　常用矩阵运算函数命令

序号	函数命令	功能说明
1	B=A'	矩阵 $\boldsymbol{A}$ 的转置
2	C=A^k	矩阵 $\boldsymbol{A}$ 的 k 次幂
3	C=A * B	矩阵 $\boldsymbol{A}$ 和 $\boldsymbol{B}$ 相乘，$\boldsymbol{C}=\boldsymbol{AB}$
4	C=A. * B	矩阵点乘，即两个相同阶数矩阵对应元素相乘
5	Ad=det(A)	求矩阵 $\boldsymbol{A}$ 的行列式的值
6	Ae=expm(A)	指数矩阵 e^{A}
7	I=eye (size(A))	生成与矩阵 $\boldsymbol{A}$ 同阶的单位矩阵
8	I=eye(n)	生成 n 阶单位矩阵
9	Av=inv(A)	求矩阵 $\boldsymbol{A}$ 的逆矩阵
10	Ar=rank(A)	计算矩阵 $\boldsymbol{A}$ 的秩
11	Aa=eig(A)	求解矩阵 $\boldsymbol{A}$ 的特征值
12	P=poly(A)	求矩阵 $\boldsymbol{A}$ 的特征多项式系数向量 p
13	r=roots(p)	求多项式方程的根
14	conv(p1, p2)	由 p_1 和 p_2 构成的两个多项式相乘
15	deconv(p1, p2)	由 p_1 和 p_2 构成的两个多项式相除
16	acker(A, B, P)	将系统（A，B）极点配置在由 P 给定的希望极点上，可用于单输入重极点配置
17	place(A, B, P)	将系统（A，B）极点配置在由 P 给定的希望极点上，可用于多输入非重极点配置
18	dcgain(G)	求 G 的稳态增益
19	[num, den] = tfdata (G,' v')	返回传递函数 G 的分子和分母多项式系数向量
20	[z, p, k] = zpkdata (G,' v')	返回传递函数 G 的零点 z、极点 p 和增益 k
21	[A, B, C, D] = ssdata (Gs,' v')	返回传递函数 G 的状态模型系数矩阵和结构

表 8-2　　常用状态空间建模的函数命令

序号	函数命令	功能说明
1	G=ss(A, B, C, D)	建立状态空间模型，（$\boldsymbol{A}$，$\boldsymbol{B}$，$\boldsymbol{C}$，$\boldsymbol{D}$）为状态方程系数矩阵
2	Gtf=tf(num, den), G=ss(Gtf)	通过分式多项式传递函数 G_{tf} 来建立状态空间模型 G
3	[A, B, C, D]=ord2(wn, z)	生成固有频率为 ω_n，阻尼系数为 z 的连续二阶状态空间模型
4	Gz=ss(A, B, C, D, Ts)	建立离散状态模型 G_z，（$\boldsymbol{A}$，$\boldsymbol{B}$，$\boldsymbol{C}$，$\boldsymbol{D}$）为连续系统的系数矩阵
5	Gtf=tf(num, den) G=ss(Gtf) Gz=ss(G. a, G. b, G. c, G. d, Ts)	通过分式多项式传递函数 G_{tf} 来建立状态空间模型 G_z
6	[a, b, c, d]=ssdata(G)	提取模型 G 的系数矩阵（$\boldsymbol{a}$，$\boldsymbol{b}$，$\boldsymbol{c}$，$\boldsymbol{d}$）
7	G. A	提取模型 G 中的系数矩阵 $\boldsymbol{A}$

【例 8-1】 已知系统的状态空间描述为

$$\dot{x}=\begin{bmatrix}3 & 4 & 5\\0 & 2 & 0\\0 & 0 & 1\end{bmatrix}x+\begin{bmatrix}2\\0\\0\end{bmatrix}u$$

$$y=\begin{bmatrix}1 & 2 & 3\end{bmatrix}x$$

试建立 MATLAB 的状态空间模型。

解　输入程序为

```
>> clear;
>> A=[3 4 5;0 2 0;0 0 1];
>> B=[2;0;0];C=[1 2 3];D=0;
>> G=ss(A,B,C,D)
```

输出结果为

```
G =

  a =
       x1  x2  x3
  x1    3   4   5
  x2    0   2   0
  x3    0   0   1

b =
       u1
  x1    2
  x2    0
  x3    0

c =
       x1  x2  x3
  y1    1   2   3

d =
       u1
  y1    0
```

【例 8-2】 已知系统的状态空间为

$$\dot{x}=\begin{bmatrix}3 & 1 & 2\\0 & 4 & 0\\0 & 1 & 5\end{bmatrix}x+\begin{bmatrix}1 & 1\\1 & 0\\1 & 0\end{bmatrix}u$$

$$y=\begin{bmatrix}5 & 3 & 6\end{bmatrix}x$$

试建立 MATLAB 模型。

解　输入程序为

```
>> clear;
```

```
>> A=[3 1 2;0 4 0;0 1 5];
>> B=[1 1;1 0;1 0];
>> C=[5 3 6];D=0;
>> G=ss(A,B,C,D)
```

输出结果为

```
G=

  a=
       x1  x2  x3
  x1    3   1   2
  x2    0   4   0
  x3    0   1   5

  b=
       u1  u2
  x1    1   1
  x2    1   0
  x3    1   0

  c=
       x1  x2  x3
  y1    5   3   6

  d=
       u1  u2
  y1    0   0
```

8.2 状态模型的转化

状态模型的转化函数命令见表8-3。

表8-3 **状态模型的转化函数命令**

函数命令	说明
[a，b，c，d]=tf2ss(num，den) G=ss(a，b，c，d)	多项式传递函数模型转换为状态空间模型
[num，den]=ss2tf(a，b，c，d) G=tf(num，den)	状态空间模型转换为传递函数模型
[z，p，k]=ss2zp(a，b，c，d) G=zpk(z，p，k)	状态空间模型转换为零极点模型
[a，b，c，d]=zp2ss(z，p，k) G=ss(a，b，c，d)	零极点模型转换为状态空间模型
G2=tf(G1)	将ss或zpk模型转换为tf模型
G2=zpk(G1)	将tf模型或ss模型转换为zpk模型
G2=ss(G1)	将tf或zpk模型转换为ss模型

续表

函数命令	说明
[v，diag]=eig(A)	将 A 变换为对角标准型。$\boldsymbol{v}$ 为变换矩阵，diag 为所求对角标准型
[v，j]=jordan(A)	将 A 变换为约当标准型。$\boldsymbol{v}$ 为变换矩阵，j 为约当标准型

【例 8-3】 已知连续系统的系数矩阵为

$$\boldsymbol{A}=\begin{bmatrix}2&0&0\\0&3&1\\0&0&4\end{bmatrix},\boldsymbol{B}=\begin{bmatrix}1\\0\\1\end{bmatrix},\boldsymbol{C}=\begin{bmatrix}1&1&1\end{bmatrix},\boldsymbol{D}=0$$

求系统相应的传递函数模型和零极点模型。

解　输入程序及输出为

```
>> clear;
>> A = [2 0 0;0 3 1;0 0 4];
>> B = [1;0;1];C = [1 1 1];D = 0;
>> [num,den] = ss2tf(A,B,C,D);
>> [z,p,k] = ss2zp(A,B,C,D);
>> G1 = tf(num,den)

G1 =

2 s^2 - 11 s + 16
-----------------
s^3 - 9 s^2 + 26 s - 24

Continuous-time transfer function.

>> G2 = zpk(z,p,k)

G2 =

2(s^2 - 5.5s + 8)
-----------------
(s - 2)(s - 3)(s - 4)
```

【例 8-4】 已知连续系统模型的传递函数为

$$G(s)=\frac{s^2+2s+3}{4s^3+5s^2+6s+7}$$

求系统对应状态空间模型。

解　输入程序为

```
>> clear;
>> num = [1 2 3];den = [4 5 6 7];
>> [a,b,c,d] = tf2ss(num,den);
>> G = ss(a,b,c,d)
```

输出结果为

```
G =
```

```
a =

          x1       x2       x3

 x1     -1.25    -1.5    -1.75

 x2        1       0        0

 x3        0       1        0

b =

     u1
x1   1
x2   0
x3   0

c =

          x1       x2       x3

 y1      0.25     0.5     0.75

d =
     u1
y1   0
```

8.3 线性系统的可控性、可观性判定

可控性是指输入对状态变量是否能够加以控制，可观性是指是否可从输出量中得到状态变量的变化情况。

若系统的可控性矩阵为

$$\boldsymbol{Q}_{\mathrm{k}} = [\boldsymbol{B} \quad \boldsymbol{AB} \quad \boldsymbol{A}^2\boldsymbol{B} \quad \cdots \quad \boldsymbol{A}^{n-1}\boldsymbol{B}] \tag{8-2}$$

它的秩为 n，则系统是完全可控的。

若系统的可观性矩阵为

$$\boldsymbol{Q}_{\mathrm{g}} = \begin{bmatrix} \boldsymbol{C} \\ \boldsymbol{CA} \\ \vdots \\ \boldsymbol{CA}^{n-1} \end{bmatrix} \tag{8-3}$$

它的秩为 n，则系统是完全可观的。

MATLAB 中可直接用 ctrb( ) 求出可控性矩阵，不完全可控分解的函数为 ctrbf( )；使用 obsv( ) 可求出可观性矩阵，不完全可观分解的函数为 obsvf( )。

【例 8-5】 已知系统的状态空间模型矩阵为

$$\boldsymbol{A} = \begin{bmatrix} 0 & 1 & 0 \\ -2 & -3 & 0 \\ -1 & 1 & 3 \end{bmatrix}, \boldsymbol{B} = \begin{bmatrix} 0 \\ 1 \\ 2 \end{bmatrix}, \boldsymbol{C} = [0 \quad 0 \quad 1], \boldsymbol{D} = 0$$

试判断系统的可控性、可观性，并求出规范型。

解

(1) 系统的可控性判断及其规范型为

```
>> clear;A=[1 0 0;-2 -3 0;-1 1 3];
>> B=[0;1;2];C=[0 0 1];D=0;
>> Qk=ctrb(A,B)

Qk =

     0     0     0
     1    -3     9
     2     7    18

>> r=rank(Qk)

r =

     2
```

故系统不可控。

```
>> [Ac,Bc,Cc,T,K]=ctrbf(A,B,C)

Ac =

    1.0000   -0.0000    0.0000
   -1.3416   -2.2000    2.6000
    1.7889    1.6000    2.2000

Bc =

    0.0000
   -0.0000
    2.2361

Cc =

    0.0000    0.4472    0.8944

T =

   -1.0000   -0.0000    0.0000
    0.0000   -0.8944    0.4472
         0    0.4472    0.8944
```

```
K =

     1     1     0
```

其中T为相似变换矩阵，K为长度为n的矢量，其元素为各个块的秩，sum(K)可求得A中可控部分的秩。可控规范型为（A_c，B_c，C_c，D）。

（2）判断系统可观性及求可观规范型矩阵为

```
>> clear;A=[1 0 0;-2 -3 0;-1 1 3];
>> B=[0;1;2];C=[0 0 1];D=0;
>> Qg=obsv(A,C)

Qg =

     0     0     1
    -1     1     3
    -6     0     9


>> r=rank(Qg)

r =

     3
```

秩为3，所以系统完全可观。

```
>> [Ao,Bo,C0,T,K]=obsvf(A,B,C)

Ao =

   -2.0000   -1.0000         0
   -3.0000   -0.0000         0
    0.0000    1.4142    3.0000


Bo =

    0.7071
    0.7071
    2.0000
Co =

     0     0     1

T =
```

```
    0.7071   0.7071        0
   -0.7071   0.7071        0
         0        0   1.0000


K =

     1     1     1
```

可观规范型为（A_o，B_o，C_o，D）。

8.4　状态反馈与极点配置

可选择一定的反馈矩阵，使原闭环系统的极点配置到所期望的极点上，其前提是原系统必须完全可控。状态反馈不改变系统的可控性，不改变传递函数的零点，但可能改变系统的可观性。

在 MATLAB 中，在单变量控制系统中，采用函数 $K=acker$（A，B，P），实现极点配置。其中，P 为给定极点，K 为反馈矩阵。而在多变量控制系统中，我们可以采用函数 $K=place(A，B，P)$。

【例 8-6】 设连续系统状态模型为

$$\dot{\boldsymbol{x}}=\begin{bmatrix}0 & 1 & -2\\0 & -1 & 1\\0 & -1 & 10\end{bmatrix}\boldsymbol{x}+\begin{bmatrix}0\\0\\10\end{bmatrix}\boldsymbol{u}$$

问系统是否完全可控？若完全可控，请求出状态反馈矩阵，使极点配置在-1，-2，-3上。

解　首先

```
>> clear;A = [0 1 -2;0 -1 1;0 -1 10];
>> B = [0;0;10];
>> r = rank(ctrb(A,B))

r =

   3
```

故系统完全可控，且系统为单变量控制，可以使用 acker( ) 函数进行极点配置。

```
>> P = [-1 -2 -3];K = acker(A,B,P)

K =

   -0.6000   -0.7000   1.5000
```

故反馈矩阵为 $K=[-0.6\quad -0.7\quad 1.5]$。

8.5 状态观测器

利用状态反馈配置系统极点时，需要系统全部的状态变量。在大多数情况下，仅有被控对象的输入和输出量能够被测量，而多数状态变量是不能测得的。于是可以建立状态观测器，对被控对象的输入量和输出量进行分析，来估计系统状态变量。

1. 全维状态观测器

若状态观测器中的状态向量维数等于控制对象状态向量维数，称为全维状态观测器。可采用以下程序求全维状态观测器的观测矩阵G

```
>> GT = acker(A',C',P);
>> G = GT'
```

【例8-7】 若系统状态模型为

$$\dot{\boldsymbol{x}} = \begin{bmatrix} 0 & 1 \\ -2 & -3 \end{bmatrix}\boldsymbol{x} + \begin{bmatrix} 0 \\ 1 \end{bmatrix}\boldsymbol{u}$$

$$\boldsymbol{y} = [2 \quad 0]\boldsymbol{x}$$

判断系统可观性并设计全维状态观测器，使观测器的闭环极点为-8，-10。

解 首先输入

```
>> clear;
>> A = [0 1; -2 -3];B = [0;1];
>> C = [2 0];D = 0;
>> r = rank(obsv(A,C))

r =

    2
```

由于$r=2=n$，故系统完全可观。

再输入

```
>> A1 = A';C1 = C';
>> P = [-8 -10];
>> GT = acker(A1,C1,P);
>> G = GI'

G =

    7.5000
    16.5000
>> K = A - G * C

K =

    -15     1
    -35    -3
```

即系统的全维状态观测器为

$$\dot{x}=\begin{bmatrix}-15 & 1\\ -35 & -3\end{bmatrix}x+\begin{bmatrix}0\\ 1\end{bmatrix}u+\begin{bmatrix}7.5\\ 16.5\end{bmatrix}y$$

2. 降维状态观测器

当观测器的维数低于系统的状态观测器，称为降维状态观测器。

【例 8-8】 已知系统的状态模型为

$$\boldsymbol{A}=\begin{bmatrix}0 & 1 & 0\\ -2 & -3 & 0\\ -1 & 1 & 3\end{bmatrix},\boldsymbol{B}=\begin{bmatrix}0\\ 1\\ 2\end{bmatrix},\boldsymbol{C}=\begin{bmatrix}1 & 1 & 1\end{bmatrix},\boldsymbol{D}=0$$

试设计一降维状态观测器。

解 首先输入

```
>> clear;A=[0 1 0;-2 -3 0;-1 1 3]
>> B=[0;1;2];C=[1 1 1];
>> r=rank(obsv(A,C))

r=

    3
```

所以系统完全可观，$q=1$，所以 $n-q=2$，降维后观测器维数为 2。

可以选择 $\boldsymbol{T}=\begin{bmatrix}1 & 0 & 0\\ 0 & 1 & 0\\ 1 & 1 & 1\end{bmatrix}$，则

```
>> T=[1 0 0;0 1 0;1 1 1];T1=inv(T);
>> A1=T*A*T1
```

输出结果为

```
A1=

     0     1     0
    -2    -3     0
    -6    -4     3


>> B1=I*B

B1=

     0
     1
     3

>> C1=C*T1
```

```
C1 =

     0     0     1
```

所以可得

$$\boldsymbol{A}_{11}=\begin{bmatrix}0 & 1\\-2 & -3\end{bmatrix},\boldsymbol{A}_{12}=\begin{bmatrix}0\\0\end{bmatrix},\boldsymbol{A}_{21}=[-6\quad -4],\boldsymbol{A}_{22}=[3]$$

$$\boldsymbol{B}_1=\begin{bmatrix}0\\1\end{bmatrix},\boldsymbol{B}_2=[3]$$

$$\boldsymbol{C}_1=[0\quad 0],\boldsymbol{C}_2=[1]$$

故降维观测器为

$$\dot{\boldsymbol{x}}=\begin{bmatrix}0 & 1\\-2 & -3\end{bmatrix}\boldsymbol{x}+\boldsymbol{v},\boldsymbol{z}=[-6\quad -4]\boldsymbol{x}$$

8.6　状态空间系统稳定性分析

控制系统最基本而又最重要的要求就是稳定。经典控制理论中的劳斯稳定判据和奈奎斯特稳定判据只适用于线性定常系统。状态空间系统的稳定性判定可以采用李雅普诺夫（Lyapunov）稳定性分析方法。在 MATLAB 中，可以直接对系统本身特性进行判定，过程十分简便直观。状态空间系统稳定性分析常用命令见表 8-4。

表 8-4　　**状态空间系统稳定性分析常用命令**

函数命令	功能说明
v=eig(A) 或 v=eig(G)	求出方阵 **A** 或状态空间模型 G 的特征值 v，$v>0$ 时系统稳定
r=roots(den)	求出多项式方程的根
p=pole(G)	求出传递函数 G 的极点 p，G 可以是状态模型
pzmap(G)	绘制传递函数 G 的零极点分布图，G 可以是状态模型
P=lyap(A，Q)	求满足李雅普诺夫方程 $\boldsymbol{A}^{\mathrm{T}}P+PA=-Q$ 的矩阵 $\boldsymbol{P}$。$\boldsymbol{P}$ 正定时系统稳定

【例 8-9】　已知系统模型为

$$\boldsymbol{A}=\begin{bmatrix}1 & 0 & -2\\1 & 3 & -3\\0 & 2 & -3\end{bmatrix},\boldsymbol{B}=\begin{bmatrix}1\\2\\0\end{bmatrix},\boldsymbol{C}=[0\quad 1\quad 2],\boldsymbol{D}=0$$

试用至少两种方法判定系统稳定性。

解　(1) 采用李雅普诺夫方程判定系统稳定性。

输入程序为

```
>> clear;
A = [1 0 -2;1 3 -3;0 2 -3];
B = [1;2;0];C = [0 1 2];D = 0;
Gs = ss(A,B,C,D);G = tf(Gs);
Q = eye(3);
P = lyap(A,Q)
```

```
P =

   0.2143   -0.7143   0.3571
  -0.7143   -1.7857 -1.8571
   0.3571   -1.8571 -1.0714
```

再判定 ***P*** 是否正定，输入程序

```
>> v = eig(P)

v =

  -3.3503
  -0.3817
   1.0891
```

P 的特征值不全大于 0，故 ***P*** 非正定，所以系统不稳定。还可以用求行列式的值判定 ***P*** 是否正定。

(2) 特征值判定。

输入程序为

```
>> v = eig(A)

v =

     1.5370 + 1.0064i
     1.5370 - 1.0064i
    -2.0739 + 0.0000i
```

可见系统存在正的共轭极点，所以系统不稳定。

(3) 绘制零极点分布图。输入以下程序，可得零极点分布图如图 8-1 所示。右半平面分

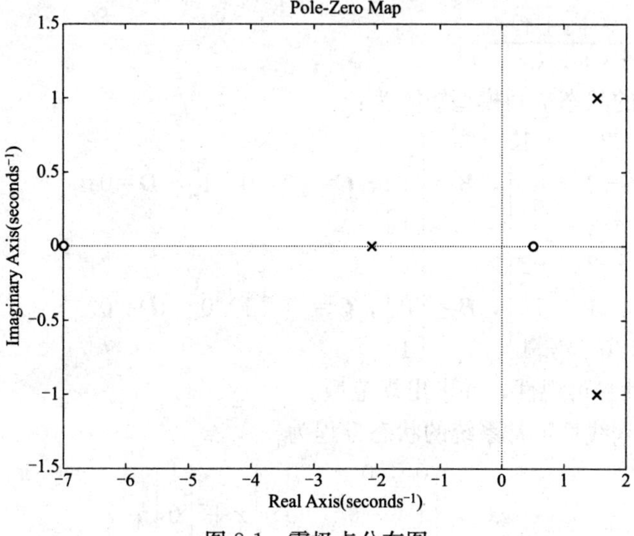

图 8-1　零极点分布图

布极点，系统不稳定。

```
>> pzmap(GS)
```

8.7 实 验 习 题

8-1 已知状态空间模型为

$$\dot{\boldsymbol{x}}=\begin{bmatrix}2&3&4\\0&1&2\\0&0&1\end{bmatrix}\boldsymbol{x}+\begin{bmatrix}1\\0\\0\end{bmatrix}\boldsymbol{u}$$

$$\boldsymbol{y}=\begin{bmatrix}0&1&2\end{bmatrix}\boldsymbol{x}$$

试建立 MATLAB 的状态空间模型。

8-2 试用 MATLAB 将以下状态空间模型转换为零极点模型和多项式模型。

（1）$\boldsymbol{A}=\begin{bmatrix}1&4&6\\2&5&7\\3&6&8\end{bmatrix}$，$\boldsymbol{B}=\begin{bmatrix}0\\1\\2\end{bmatrix}$，$\boldsymbol{C}=\begin{bmatrix}0&0&1\end{bmatrix}$，$\boldsymbol{D}=0$；

（2）$\boldsymbol{A}=\begin{bmatrix}2&3&6&0\\1&0&1&2\\0&6&4&2\\1&5&7&3\end{bmatrix}$，$\boldsymbol{B}=\begin{bmatrix}2\\3\\5\\1\end{bmatrix}$，$\boldsymbol{C}=\begin{bmatrix}1&0&1&1\end{bmatrix}$，$\boldsymbol{D}=0$。

8-3 试用 MATLAB 将以下传递函数模型转化为状态空间模型

（1）$G(s)=\dfrac{s^2+2s+3}{s^3+2s^2+3s+4}$；

（2）$G(s)=\dfrac{s^3-2s^2+3s-4}{2s^4+3s^2-6s+1}$；

（3）$G(s)=\dfrac{(s-2)(s+3)}{(s-1)\ (s+1)\ (s+2)}$；

（4）$G(s)=\dfrac{s^2+s+4}{(s^2+s+1)(s-2)}$。

8-4 已知系统的状态空间模型矩阵为：

（1）$\boldsymbol{A}=\begin{bmatrix}-3&2&-1\\0&-2&0\\1&-3&0\end{bmatrix}$，$\boldsymbol{B}=\begin{bmatrix}0\\1\\1\end{bmatrix}$，$\boldsymbol{C}=\begin{bmatrix}0&0&1\end{bmatrix}$，$\boldsymbol{D}=0$；

（2）$\boldsymbol{A}=\begin{bmatrix}-1&-2&-2\\0&-1&1\\0&0&-1\end{bmatrix}$，$\boldsymbol{B}=\begin{bmatrix}2\\0\\1\end{bmatrix}$，$\boldsymbol{C}=\begin{bmatrix}1&1&0\end{bmatrix}$，$\boldsymbol{D}=0$。

试判断系统的可控性、可观性，并求出规范型。

8-5 已知单输入线性定常系统的状态方程为

$$\dot{\boldsymbol{x}}=\begin{bmatrix}0&0&0\\1&-6&0\\0&1&-12\end{bmatrix}\boldsymbol{x}+\begin{bmatrix}1\\0\\0\end{bmatrix}\boldsymbol{u}$$

求状态反馈向量 K，使系统的闭环极点为 -2，$-1+\mathrm{j}$，$-1-\mathrm{j}$。

8-6　已知开环系统的状态方程为

$$\dot{\boldsymbol{x}}=\begin{bmatrix}0 & 1 & 0\\ 0 & 0 & 1\\ -6 & -11 & -6\end{bmatrix}\boldsymbol{x}+\begin{bmatrix}0\\ 0\\ 1\end{bmatrix}\boldsymbol{u}$$

$$\boldsymbol{y}=\begin{bmatrix}1 & 0 & 0\end{bmatrix}\boldsymbol{x}$$

试设计一全维状态观测器，使观测器的闭环极点为 -5，$-2+\mathrm{j}4$，$-2-\mathrm{j}4$。

8-7　已知系统的状态空间模型矩阵为

$$\boldsymbol{A}=\begin{bmatrix}1 & 2 & 0\\ 3 & -1 & 1\\ 0 & 2 & 0\end{bmatrix},\boldsymbol{B}=\begin{bmatrix}0\\ 0\\ 1\end{bmatrix},\boldsymbol{C}=\begin{bmatrix}-1 & 1 & 1\end{bmatrix},\boldsymbol{D}=0$$

试设计一降维状态观测器，使所有极点配置在 -4。

8-8　已知系统的状态空间模型为

$$\dot{\boldsymbol{x}}=\begin{bmatrix}0 & 2 & -2\\ 1 & 1 & -2\\ 2 & -2 & 1\end{bmatrix}\boldsymbol{x}+\begin{bmatrix}2\\ 1\\ 1\end{bmatrix}\boldsymbol{u}$$

$$\boldsymbol{y}=\begin{bmatrix}1 & 1 & 1\end{bmatrix}\boldsymbol{x}$$

试用李雅普诺夫法判定系统的稳定性，并用其他方法验证结果。

8-9　已知状态空间模型为

$$\boldsymbol{A}=\begin{bmatrix}0 & 0 & 4\\ 1 & 0 & -2\\ 0 & 1 & 10\end{bmatrix},\boldsymbol{B}=\begin{bmatrix}3 & 0\\ 1 & 2\\ 0 & 1\end{bmatrix},\boldsymbol{C}=\begin{bmatrix}1 & 0 & 0\end{bmatrix},\boldsymbol{D}=0$$

（1）试建立状态空间模型，并将其转换为多项式传递函数模型和零极点模型。

（2）判断系统的可控性和可观性，并求出其规范型。

（3）试设计状态反馈矩阵 K，使得闭环极点配置在 $[-7\pm\mathrm{j}7,\ -100]$。

第 9 章　Simulink 仿真

Simulink 是 MATLAB 最重要的组件之一，它是一个可视化的动态系统建模、仿真和分析的集成环境。Simulink 具有操作直观、建模简便、仿真快捷的优点。掌握和利用 Simulink 对控制系统进行仿真分析是十分重要的。

9.1　Simulink 仿真环境

Simulink 仿真环境包括 Simulink 模块库和 Simulink 仿真平台。启动 Simulink 模块库有两种方法：

（1）命令方式。在 MATLAB 的 Command Windows（命令窗口）中输入“simulink”，如图 9-1 所示，按 Enter 键。Simulink 模块库窗口如图 9-2 所示。

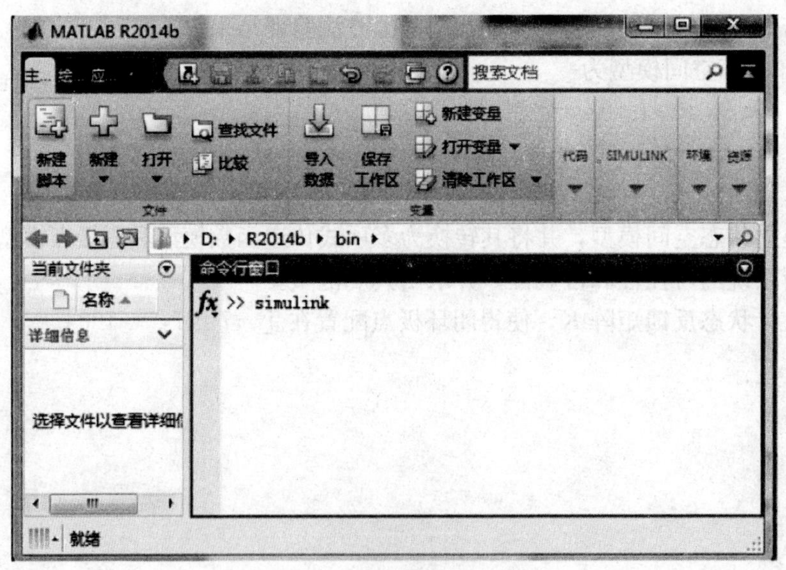

图 9-1　Simulink 模块库打开方式

（2）菜单方式。单击工具栏中 Simulink Library（如图 9-3 所示）按钮，打开 Simulink 模块库浏览器窗口。

从 MATLAB 窗口进入 Simulink 仿真平台的方法有两种：

（1）执行 MATLAB 菜单栏中的新建→Simulink Model 命令，如图 9-4 所示。

（2）单击 Simulink 模块库浏览器窗口工具栏的 New Model 按钮，如图 9-5 所示。完成上述操作之后可进入 Simulink 仿真平台界面。

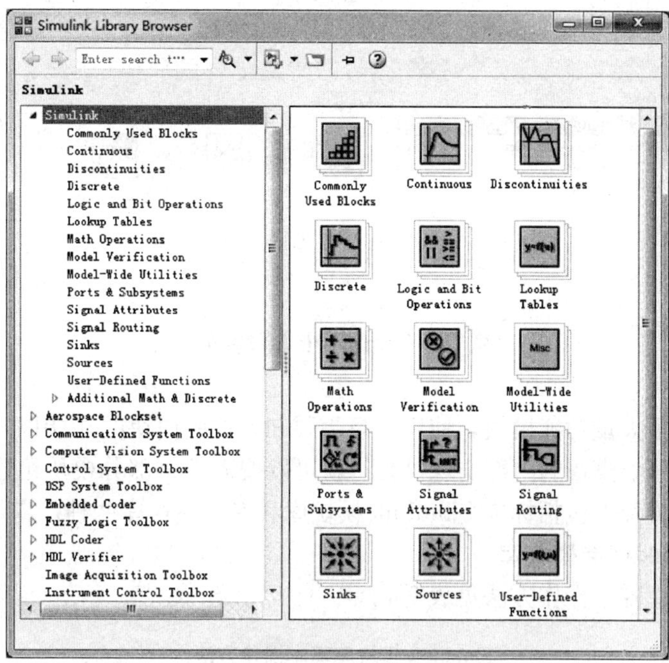

图 9-2　Simulink 模块库窗口

图 9-3　Simulink 工具栏

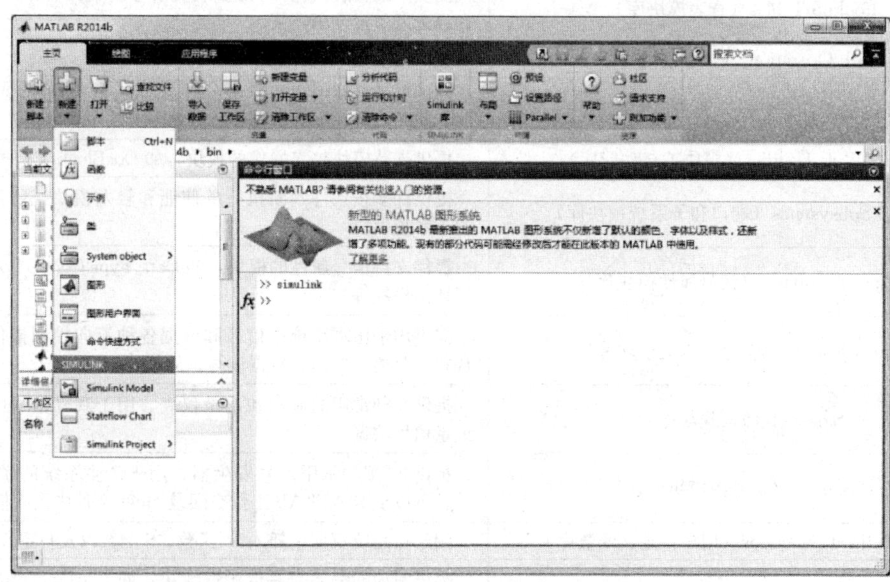

图 9-4　菜单栏进入 Simulink 仿真平台

图 9-5　Simulink 模块库进入仿真平台

9.2　Simulink 模块库

Simulink 提供了大量功能模块，使用者只需要知道这些模块的功能以及输入输出的使用方式，不需要了解每个模块的内部实现过程，就可以按需求将部分模块组建到一起来实现任务目标。Simulink 模块库包括标准 Simulink 模块库和专业模块库两种。

9.2.1　Simulink 标准模块库

Simulink 模块库基本操作方法见表 9-1。

表 9-1　Simulink 模块库基本操作方法

名称	功能
Commonly Used Blocks（常用模块库）	将各模块库中最常使用的模块放在一起，目的是方便用户使用
Continuous（连续系统模块库）	提供用于构建连续控制系统仿真模型的模块
Discontinuities（非连续系统模块库）	用于模拟各种非线性环节
Discrete（离散系统模块库）	功能基本与连续系统模块库相对应，但它是对离散信号的处理，所包含的模块较丰富
Logic and Bit Operations（逻辑和位操作模块库）	提供用于完成各种逻辑与位操作（包括逻辑比较、位设置等）的模块
Lookup Tables（查表模块库）	提供一维查表模块，*n* 维查表模块等模块，主要功能是利用查表法近似拟合函数值
Math Operations（数学模块库）	提供用于完成各种数学运算的模块
Model Verification（模块声明库）	提供显示模块声明的模块，如 Assertion 声明模块和 Cheak Dynamic Range 检查动态范围模块
Model-Wide Utilities（模块扩充功能库）	提供支持模块扩充操作的模块，如 DocBlock 文档模块等
Ports&Subsystems（端口和子系统模块库）	提供许多按条件判断执行的使能和触发模块，还包括重要的子系统模块
Signal Attributes（信号属性模块库）	提供支持信号属性的模块，如 Data Type Conversion 数据类型转换模块等
Signal Routing（信号数据流模块库）	提供用于仿真系统中信号和数据各种流向控制操作（包括合并、分离、选择、数据读写）的模块
Sinks（接收器模块库）	提供 9 种常用的显示和记录仪表，用于观察信号的波形或记录信号数据
Sources（信号源模块库）	提供 20 多种常用信号发生器，用于产生系统的激励信号，并且可以从 MATLAB 工作空间及 .mat 文件中读入信号数据
User-Defined Functions（用户自定义函数库）	用于在系统模型中插入 M 函数、S 函数以及自定义函数
Additional Math&Discrete（附加的数学与离散函数库）	提供附加的数学与离散函数模块，如 Fix-Point State Space 修正点状态空间模块

Simulink 目录下所包含的主模块可分为输入模块、输出模块以及功能运算模块三大类。

1. 输入模块

输入模块库也称为信号源库，是用输入模块库 Sources 中的信号源子模块来完成的。输入模块库中包含不同功能和用途的信号源模块，可向仿真模型提供各种信号。如图 9-6 所示，在左侧栏中单击 Sources 可以看到在右侧栏中会出现各种子模块。将子模块拖动到 Simulink 模型窗口即可完成添加操作，然后再在模型窗口中对子模块进行参数设置。

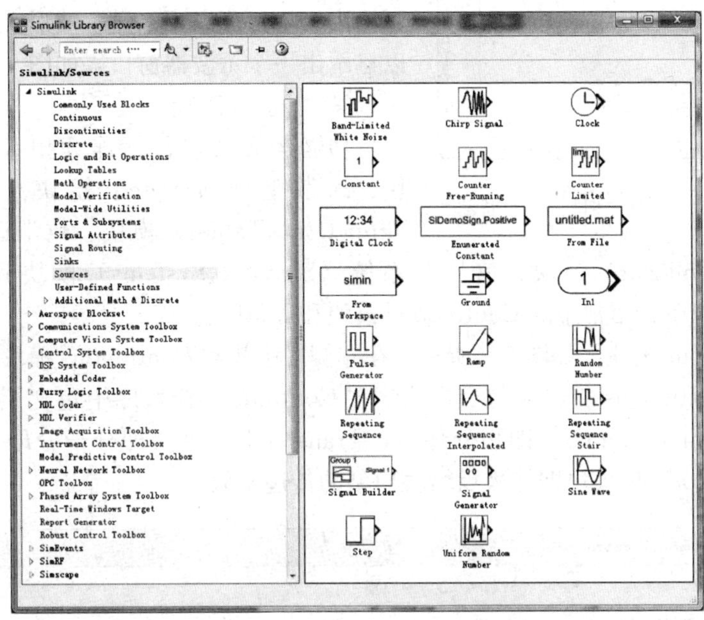

图 9-6　信号源模块 Sources 所包含的子模块

2. 输出模块

输出模块 Sinks 主要包含了显示模块和数据输出模块。单击在模块库浏览器中的 Sinks 模块库，可以看到其包含的子模块，如图 9-7 所示。

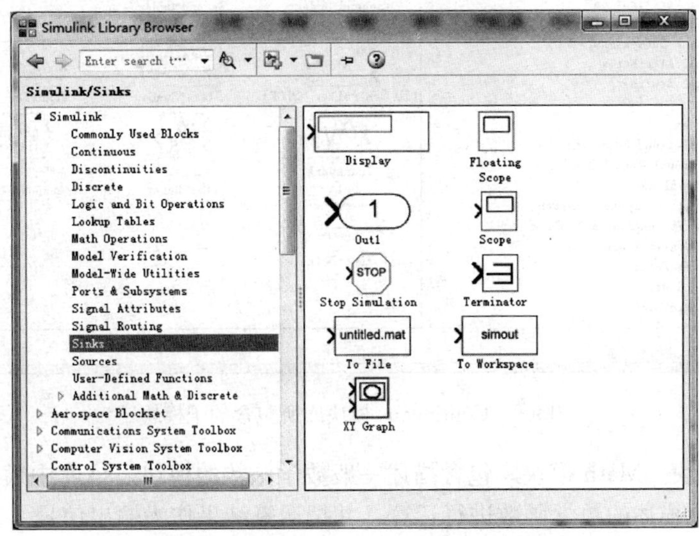

图 9-7　输出模块 Sinks 所包含的子模块

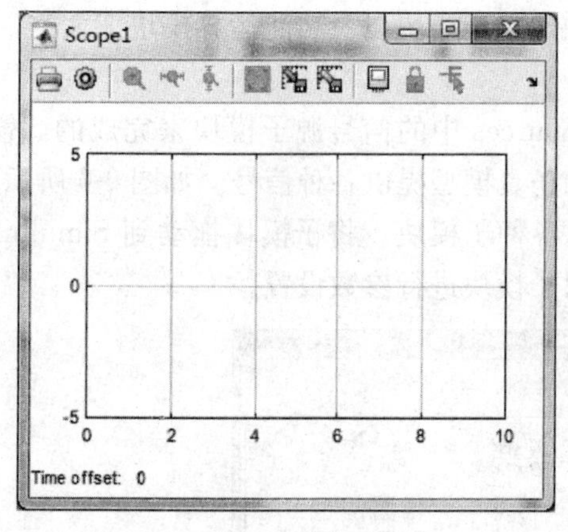

图 9-8　示波器窗口

Sinks 模块库中的常用模块库如下。

（1）Display 模块：数字表，显示指定模块的输出数值。

（2）XY Graph：X-Y 绘图仪。用同一图形窗口，显示 X-Y 坐标的图形。

（3）Scope 模块：示波器。示波器是常用的仿真输出模块，可以用来显示波形。双击该图标，可以显示出一个示波器窗口，如图 9-8 所示。

3. 功能运算模块

功能运算模块包括连续型（Continuous）模块、离散型（Discrete）模块、函数与函数表（Function&Tables）模块、数学运算（Math）模块、非线性（Nonlinear）模块、信号与系统（Signals&Systems）模块和子系统（Subsytems）模块。以下介绍常用的 Continuous 模块和 Math 模块。

（1）Continuous 模块。如图 9-9 所示，在左侧栏中找到 Continuous 模块库，单击即可在右侧栏中看到 Continuous 所包含的子模块。在 Continuous 模块库中包含了 Deriavtive 模块即纯微分环节，Integrator 模块即积分环节，Transfer Fcn 模块即分子分母为多项式的分式传递函数以及 Zero-Pole 模块即零极点增益模型的传递函数。

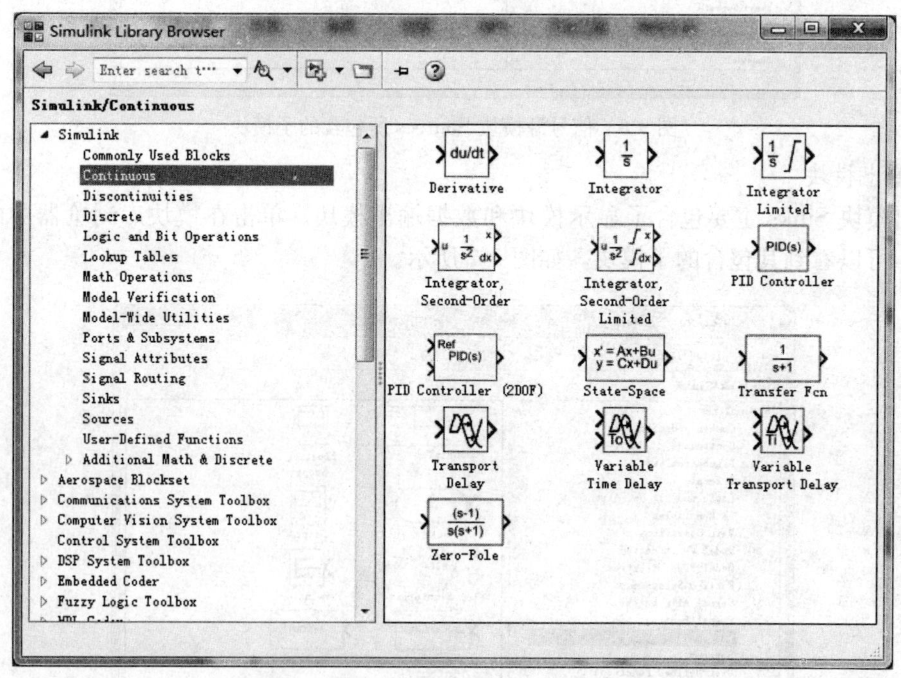

图 9-9　Continuous 模块库所包含的子模块

（2）Math 模块。Math 模块库包含描述一般数学函数的模块。该库中模块的功能是将输入信号按照模块所描述的数学函数进行运算，并把运算结果作为输出信号。

如图 9-10 所示，在左侧栏中找到 Math Operations 并单击，右侧栏中就会出现 Math 模块库所包含的子模块。

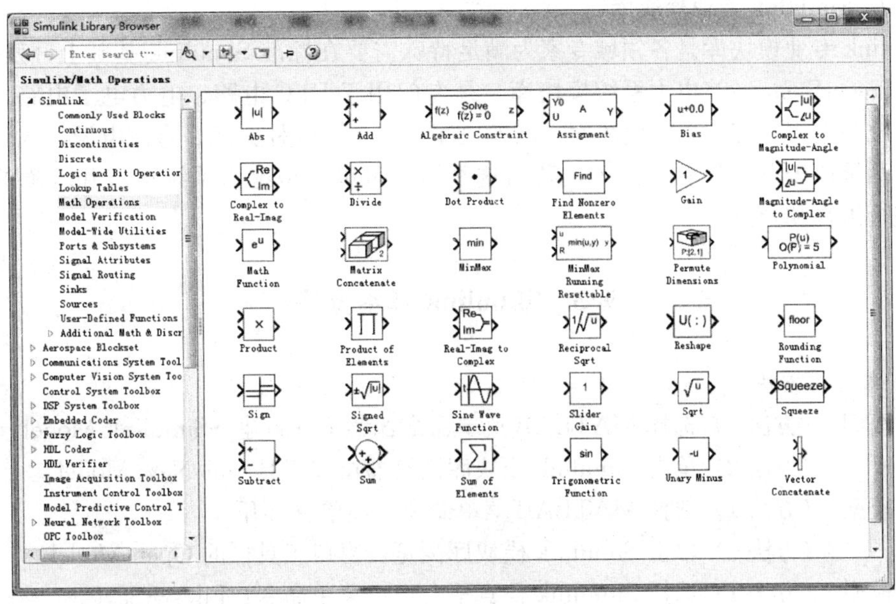

图 9-10　Math 模块所包含的子模块

Math 模块库的常用子模块如下。

1）Add 模块和 Sum 模块：加法器。可对输入信号的正负进行设置即实现输入信号的加减运算，输入端口的正负号与输入信号的顺序相对应，若设置如图 9-11 所示，则模块显示为＋＋-＋，即对第二输入端口信号取负，其他端口取正。加法器可以为方形或圆形。

2）Gain 模块：增益模块，即对输入乘以指定常数后输出。双击模块后可以设置模块增益。

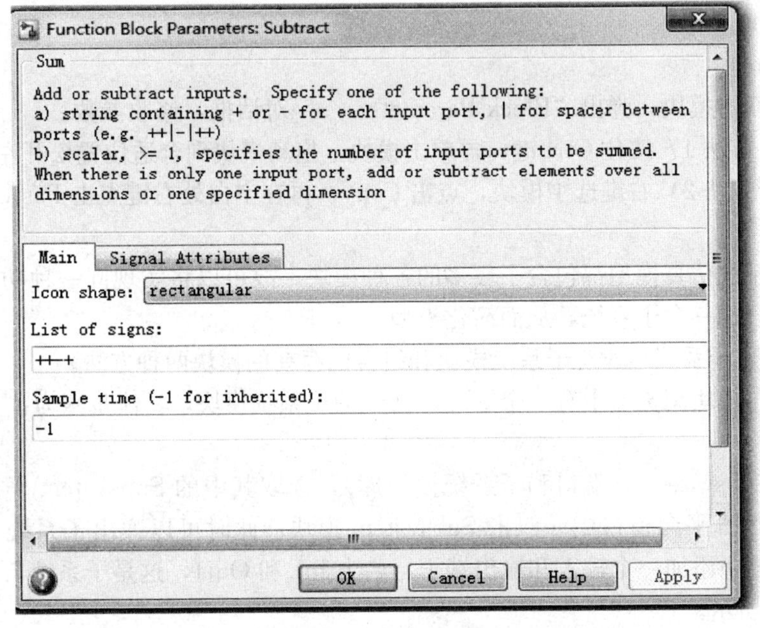

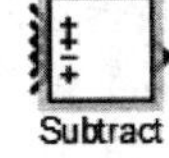

图 9-11　加法器的运算设置

3）Sign 模块：符号函数模块。该模块的输出为输入信号的符号函数。

9.2.2 Simulink 专业模块库

Simulink 专业模块库是各领域专家为满足特殊需要在标准 Simulink 基础上开发出来的，比如 SimPowerSystems（电力系统模块库）是专门用于 RLC 电路、电力电子电路、电机传动控制系统和电力系统仿真的模块库。该模块库中包含了各种交流、直流电源，大量电气元件和电工测量仪表以及分析工具等，利用这些模块可以模拟电力系统运行和故障的各种状态，并进行仿真和分析。

9.3 Simulink 基本操作

1. 基本操作方法

创建模型。（方法 1）选择 MATLAB 菜单命令：菜单→新建→Simulink Model。
（方法 2）单击 Simulink 模块库浏览器窗口工具栏的 New Model。

打开模型。（方法 1）选择 MATLAB 菜单命令：菜单→打开。
（方法 2）单击 Simulink 模块库浏览器窗口工具栏的 Open Model。

保存模型。（方法 1）选择 Simulink 仿真平台窗口菜单命令：Files→Save。
（方法 2）单击 Simulink 仿真平台窗口 Save。

注释模型。在模型窗口中的任何想要加注释的地方双击，进入注释文字编辑框，输入注释内容，在窗口中任何其他位置单击退出。

2. 模块基本操作

选取模块。（方法 1）在目标模块上按下鼠标左键，拖动目标模块进入 Simulink 仿真平台。
（方法 2）在目标模块上按下鼠标右键，弹出快捷菜单，单击 Add block to model untited。

删除模块按 Delete。

模块参数调整。双击模块，弹出“Block Parameter...”对话框，修改参数。

复制内部模块。（方法 1）按住 Ctrl 键，再单击模块，拖动模块到合适位置松开左键。
（方法 2）右键选中模块，点击 Copy，再在空白处右键点击 Paste。

3. 子系统的建立

一般规模较大的系统仿真模型都包含了较多的各种模块，故可以将实现同一种功能或几种功能的多个模块组合成一个子系统，从而简化模型。

在 Simulink 中创建子系统一般有子系统模块和组合已存在的模块两种方法。

（1）子系统模块。模块浏览器中有一个 Subsystem 的子系统模块，具体步骤为：

1）新建空白模型。

2）打开 Ports&Subsystems（端口和子系统模块库），选取其中的 Subsystem 子系统模块并把它复制到新建仿真平台窗口中。双击 Subsystem 模块，此时可以弹出子系统编辑窗口，系统自动在该窗口中添加一个输入和输出端子，名为 In1 和 Out1，这是子系统与外部联系的端口，如图 9-12 所示。

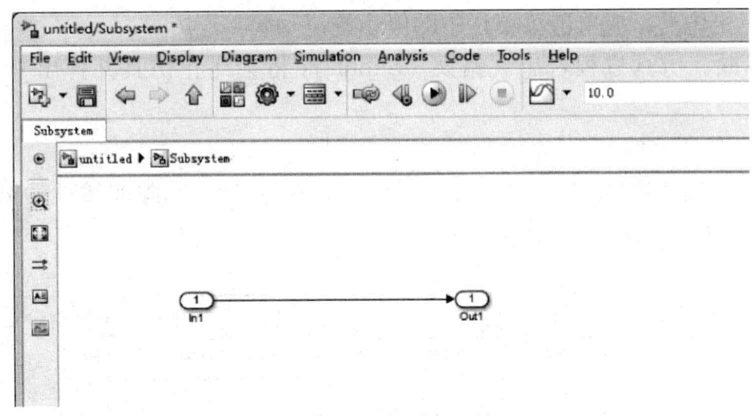

图 9-12　子系统

3）将组成子系统的所有模块都添加到子系统编辑窗口中。

4）根据要求用信号线连接各模块。

5）修改外接端子标签并重新定义子系统标签。

（2）组合已存在的模块。具体步骤为：

1）打开已经存在的模型。

2）选中要组合到子系统的对象。

3）右键点击选中部分 Subsystem & Model Reference→Create Subsystem From Selection 命令，模型自动转换成子系统。

4）修改外接端子标签并重新定义子系统标签是指更具有可读性。

9.4　Simulink 仿真运行

1. 运行仿真过程

Simulink 一般使用窗口菜单命令进行仿真，用户可以进行仿真解法以及仿真参数的选择、定义和修改等操作。

（1）设置仿真参数。选择 Simulink 仿真平台窗口菜单命令 Simulation→Model Configuration Parameters 进行仿真参数及算法的设置。

（2）启动仿真。确认待仿真的仿真平台窗口为当前窗口，选择菜单命令 Simulation→Run 启动仿真，或单击工具栏的启动按钮 进行仿真。如图 9-13 所示。

图 9-13　Simulink 模型编辑窗口菜单栏

（3）显示仿真结果。双击模型中用来显示输出的模块（如 Scope）。

（4）停止仿真。对于仿真时间较长的，如果想要停止仿真过程，可以选择菜单命令 Simulation→Stop 停止仿真，或单击菜单栏中的停止按钮 ■。

（5）仿真诊断。仿真过程若出现错误，Simulink 将会终止仿真并弹出一个错误信息对话框。

2. Simulink 仿真示例

【例 9-1】 系统结构图如图 9-14 所示，设输入幅值为 10，间隙非线性的宽度为 1，试对包含非线性环节前后的系统进行仿真。

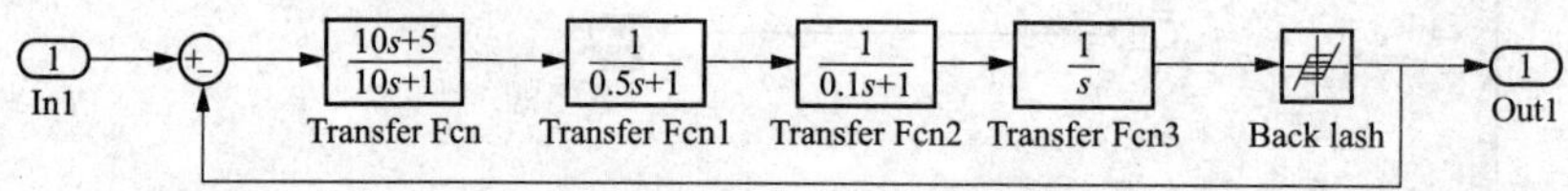

图 9-14 系统结构图

解 （1）在 Simulink 的 Library 窗口打开一个新的工作空间。

（2）将各个模块拖至工作平台。

（3）将各个模块按要求加以连接，并设置各模块的参数，如设置 Backlash 模块的间隙为宽度为 1，系统包含间隙非线性环节前后的 Simulink 系统结构图如图 9-15 所示。

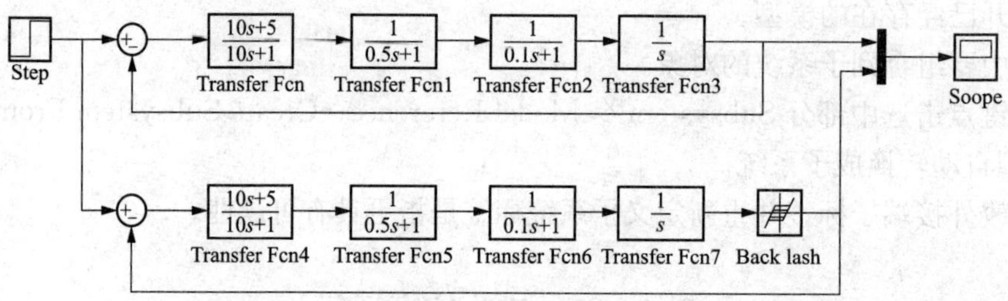

图 9-15 系统包含间隙非线性环节前后的 Simulink 系统结构图

（4）运行 Simulation→Parameters，对系统的仿真参数进行设置如图 9-16 所示。

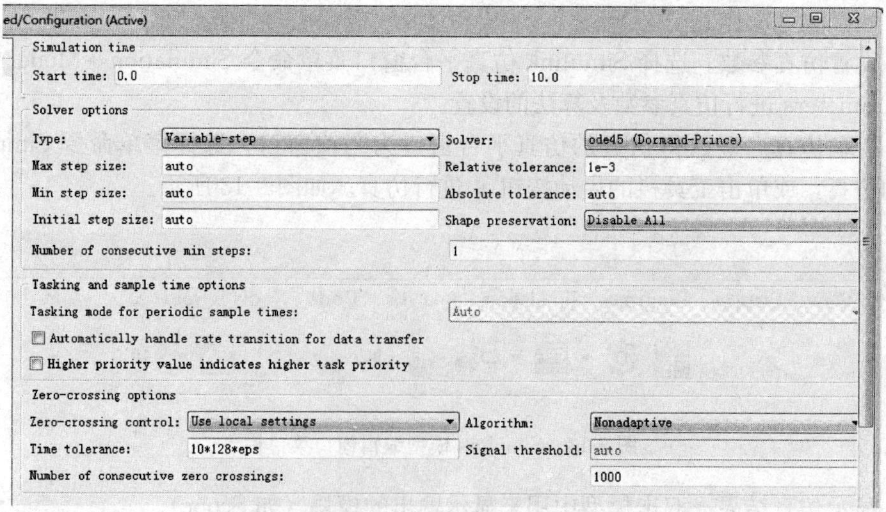

ed/Configuration (Active)
Simulation time
Start time: 0.0　Stop time: 10.0
Solver options
Type: Variable-step　Solver: ode45 (Dormand-Prince)
Max step size: auto　Relative tolerance: 1e-3
Min step size: auto　Absolute tolerance: auto
Initial step size: auto　Shape preservation: Disable All
Number of consecutive min steps: 1
Tasking and sample time options
Tasking mode for periodic sample times: Auto
Automatically handle rate transition for data transfer
Higher priority value indicates higher task priority
Zero-crossing options
Zero-crossing control: Use local settings　Algorithm: Nonadaptive
Time tolerance: 10*128*eps　Signal threshold: auto
Number of consecutive zero crossings: 1000

图 9-16 仿真参数设置

（5）执行 Simulation→Start，双击 Scope 可得到加入间隙非线性环节前后系统的仿真曲线，如图 9-17 所示。

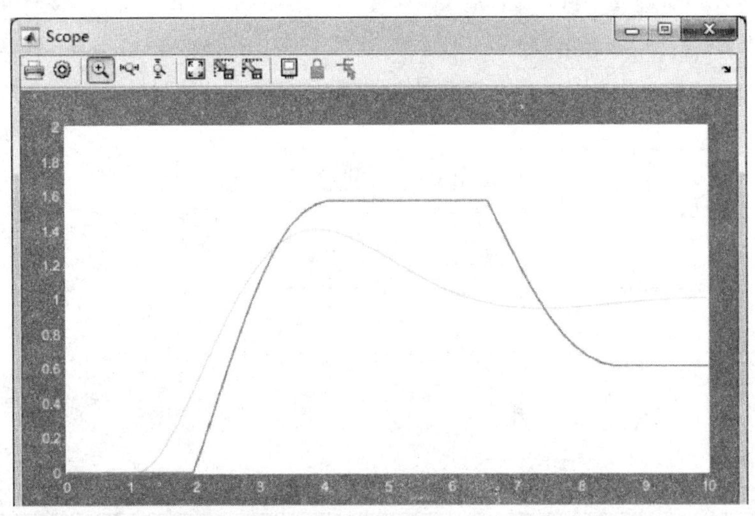

图 9-17　加入间隙非线性环节前后系统的仿真曲线

【例 9-2】 某一直流 RC 电路结构及参数如图 9-18 所示，将电容电压的暂态过程作为研究对象，求解当开关闭合后电容电压和线路电流的变化规律。

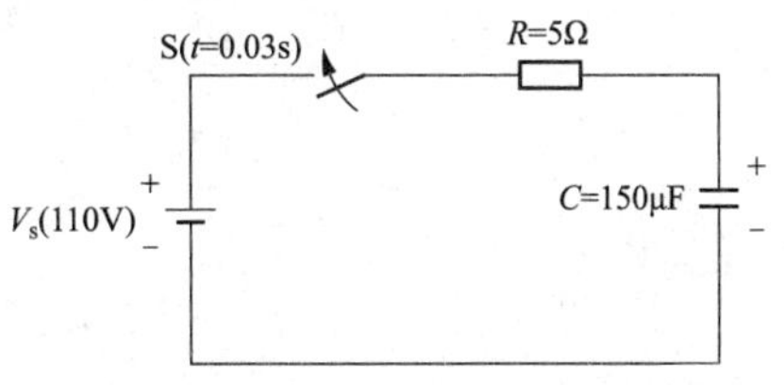

图 9-18　直流 RC 电路结构及参数

解　（1）新建一个 Simulink 模型文件。

（2）从 Simulink 模块库中选择并添加相应的模块到 Simulink 仿真平台，如图 9-19 所示，其中 DC Voltage Source 模块来源于 Simscape 下的 SimPowerSystems 子库的 Electrical Sources 子库，用于模拟直流电压源；Breaker 模块来源于 SimPowerSystems 子库的 Elements 子库，用于模拟开关；Series RLC Branch 模块来源于 SimPowerSystems 子库的 Elements 子库，用于模拟电阻或电感；Ground 模块来源于 SimPowerSystems 子库的 Elements 子库，用于模拟接地；Voltage Measurement 模块来源于 SimPowerSystems 子库的 Measurement 子库，用于模拟电压表；Current Measurement 模块来源于 SimPowerSystems 子库的 Measurement 子库，用于模拟电流表。

（3）按图 9-20 所示分别设置 DC Voltage Source 模块、Breaker 模块、Series RLC Branch 模块和 Series RLC Branch1 模块，模块参数设置如图 9-20 所示。

双击 Scope 模块，进入示波器页面，设置示波器参数，如图 9-21 所示调整示波器轴数为 2，单击 OK，示波器界面如图 9-22 所示。

（4）进入 Series RLC Branch1 模块，选择菜单命令 Diagram→Rotate&Flip→Clockwise，将该模块方向进行调整，使之右横向放置变为竖向放置，便于连接。

（5）在仿真平台窗口中添加 SimPowerSystems 子库中的 powergui 模块，在任何包含 SimPowerSystems 子库中的模块的仿真中，该模块都必不可少。

（6）修改各模块标签（图中标签为“5”和“150uF”分别为之前的 Series RLC Branch 模块和 Series RLC Branch1 模块，现在其图标变了是因为其参数 Branch type 分别设置成了 R 和 C），正确连线，如图 9-23 所示。

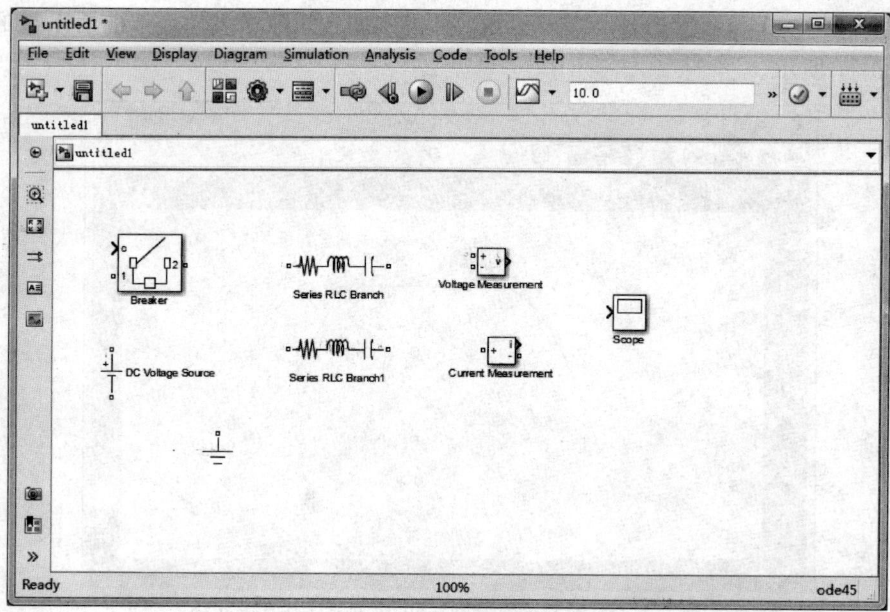

图 9-19 各个模块

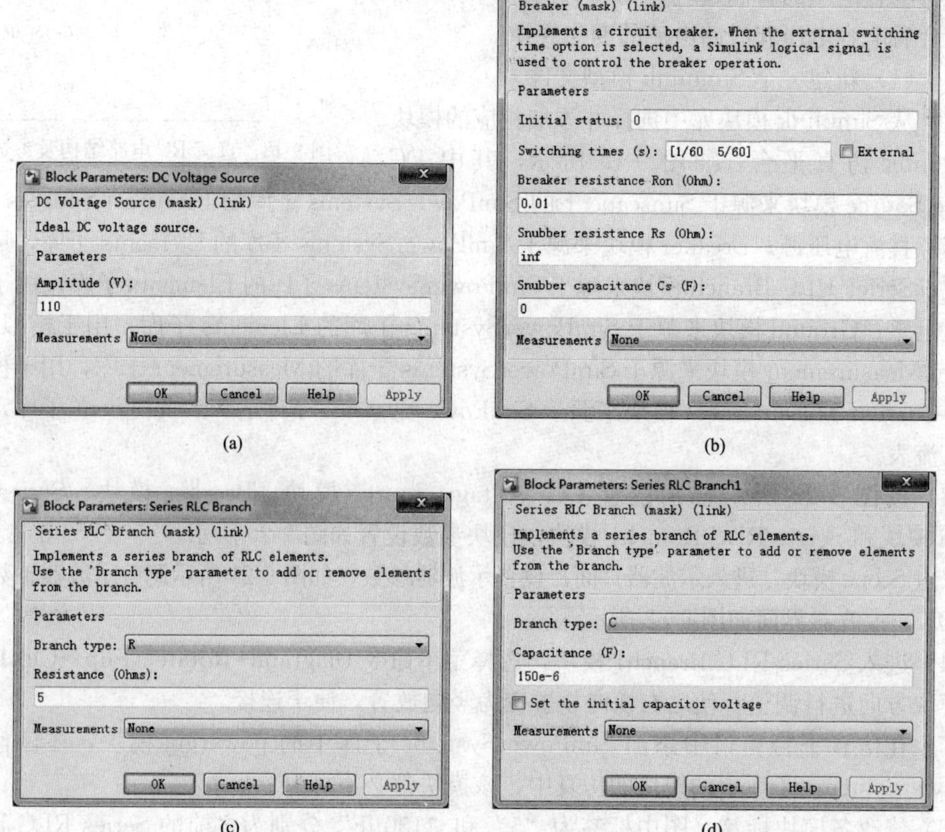

(a) (b) (c) (d)

图 9-20 模块参数设置

(a) DC Voltage Source 模块；(b) Breaker 模块；(c) Series RLC Branch 模块；(d) Series RLC Branch1 模块

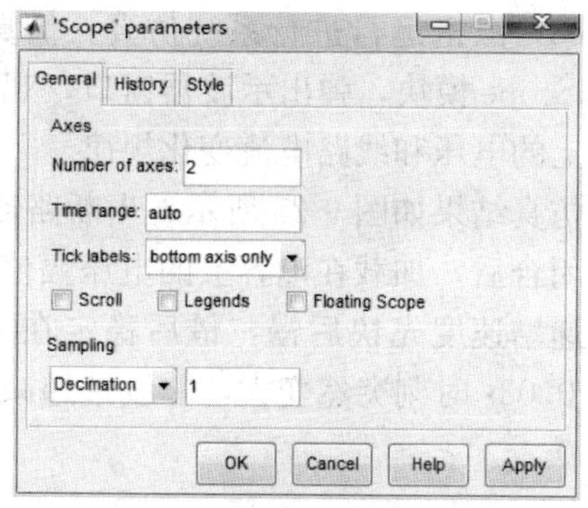

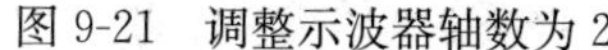
图 9-21　调整示波器轴数为 2

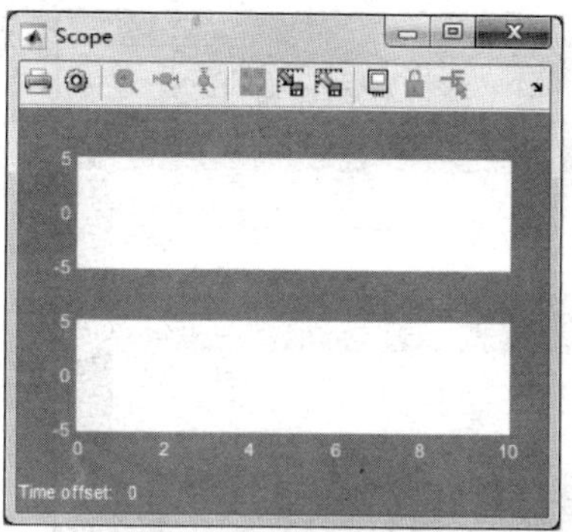

图 9-22　示波器界面

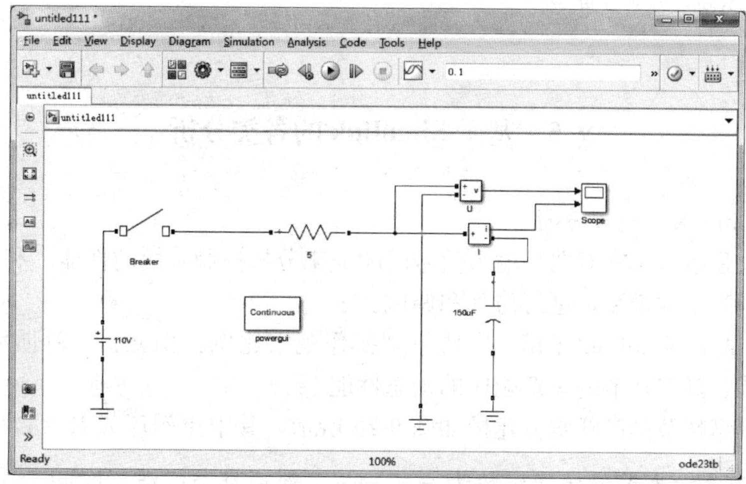

图 9-23　调整后的系统

（7）设置仿真参数。将仿真终止时间由默认的 10.0 改为 0.1，将仿真算法由默认的 ode45 改为 ode23tb，这是因为在包含非线性元件的模型中，ode23tb 解法更优，仿真参数设置如图 9-24 所示。

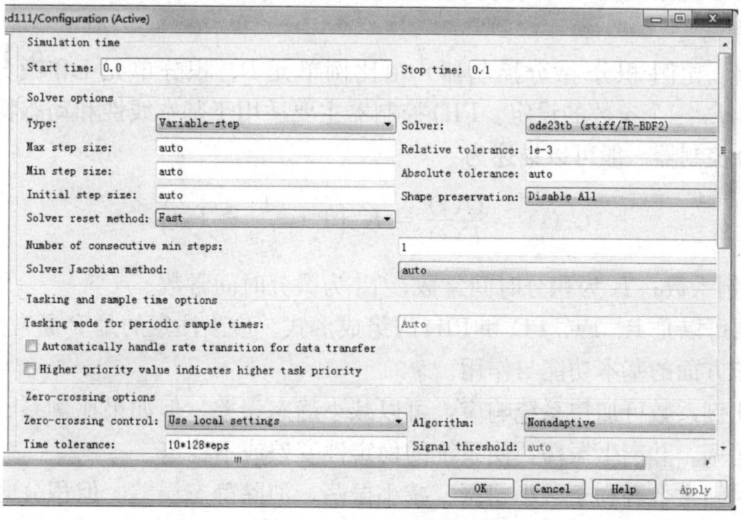

图 9-24　仿真参数设置

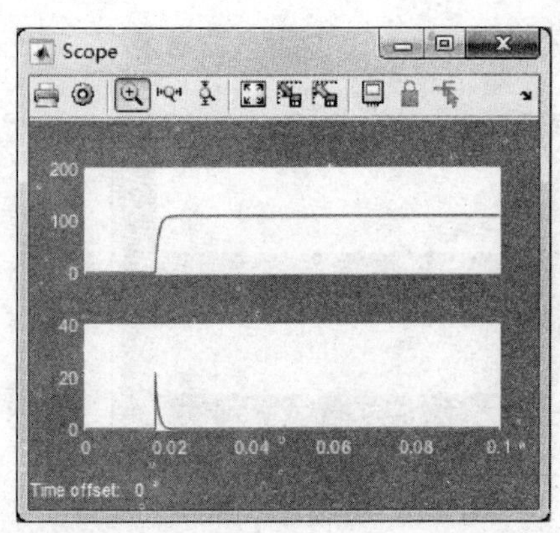

图 9-25　仿真结果

(8) 点击运行进行系统仿真。仿真结束后，双击 Scope 模块，弹出示波器窗口，观察加载在电容上的电压和线路电流变化规律。

仿真结果如图 9-25 所示，当断路器在 0.03s 时刻闭合后，加载在电容上的电压幅值非线性递增。递增速度先快后慢，最后稳定在 110V。电流在 0.03s 时刻突然变大，非线性递减，最后稳定在 0。

9.5　基于 Simulink 的各类分析

1. 基于 Simulink 的时域分析

时域分析法是通过观察对典型输入信号的响应来分析控制系统的性能。利用 Simulink 可以快速建立控制系统的模型，进行仿真和调试。

【例 9-3】 试用 Simulink 建模，完成下列操作观察比例、积分、一阶惯性、理想微分、实际微分、振荡、延迟环节的阶跃响应的动态性能。

解　(1) 典型环节的阶跃响应建模如图 9-26 所示，其中比例环节 $K=4$，惯性环节的传递函数为$\frac{1}{2s+1}$，振荡环节的传递函数为$\frac{6}{s^2+3s+6}$，滞后环节的滞后时间为 4，实际微分传递函数为$\frac{3s}{4s+1}$。

(2) 参数设置：将仿真时间设置为 10s。

(3) 由示波器观察典型环节的阶跃响应如图 9-27 所示。

2. PID 控制器

PID 控制器（比例-积分-微分控制器）由比例单元 P、积分单元 I 和微分单元 D 组成。通过 K_p、T_i 和 T_d 三个参数的设定。PID 控制器主要适用于基本线性和动态特性不随时间变化的系统。PID 控制器一般可以描述为

$$G_c(s)=\frac{U(s)}{E(s)}=K_p\left(1+\frac{1}{T_i s}+T_d s\right) \tag{9-1}$$

式中：K_p 为比例系数；T_i 为积分时间常数；T_d 为微分时间常数。

PID 控制器可以是 P、PI、PD 和 PID 的组成形式。应当注意的是 P 通常是不可少。PID 控制具有以下三方面的基本功能与作用。

(1) 增大比例系数可加快系统响应，可以减小静态误差。但如果比例系数过大，会使系统产生过大的超调，并产生振荡，使系统的稳定性变差或不稳定。

(2) 积分时间常数有利于减小超调、减小振荡，消除静态误差。但积分时间常数太小时会使系统的稳定性变差，调节时间变长。

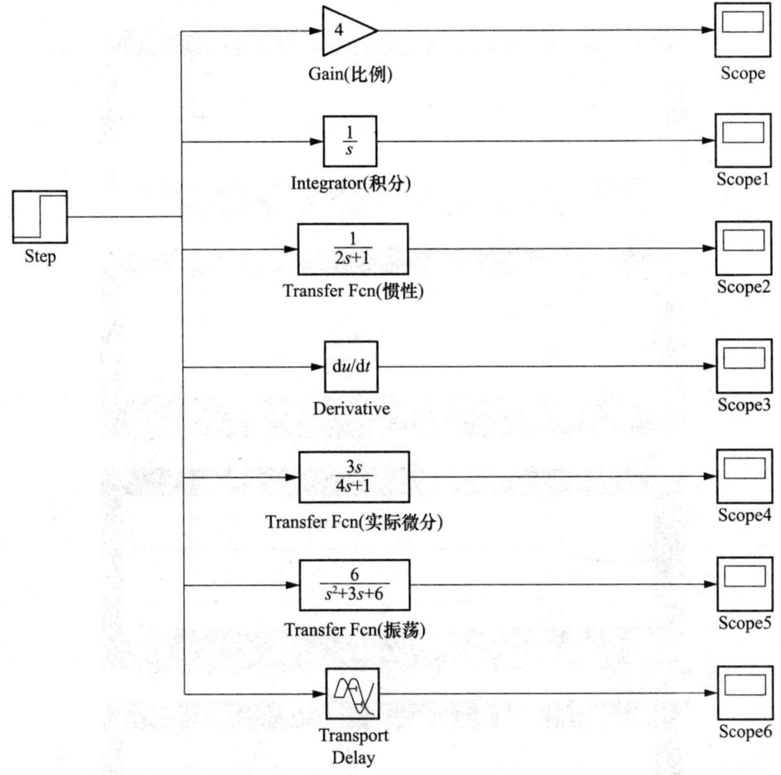

图 9-26　典型环节的阶跃响应建模

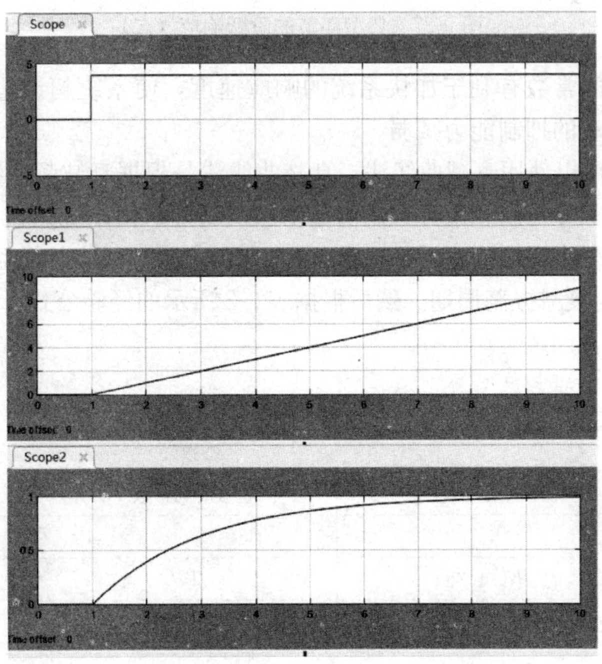

图 9-27　典型环节的阶跃响应（一）

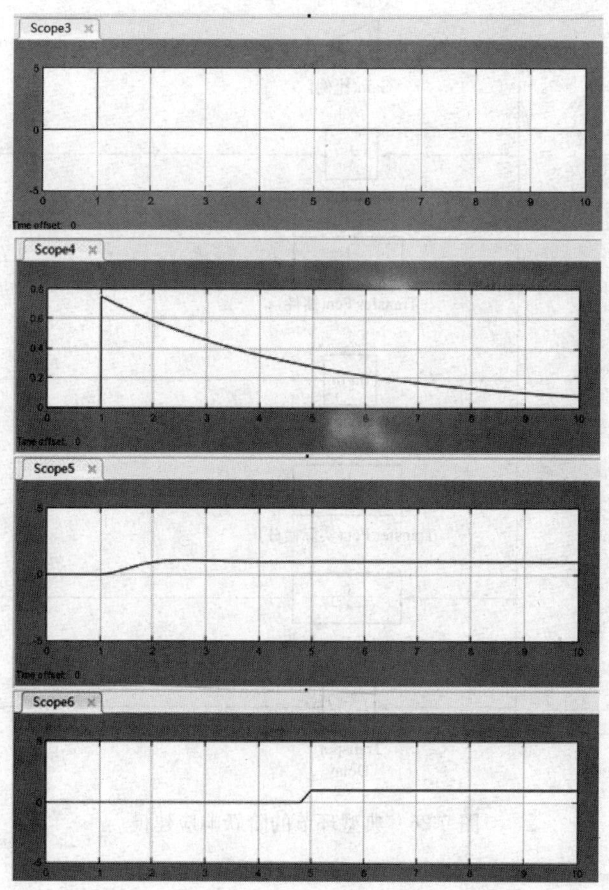

图 9-27 典型环节的阶跃响应（二）

（3）增大微分时间常数有利于加快系统的响应速度，使系统超调量减小，稳定性增加。但太大会使系统对扰动的抑制能力减弱。

PID 控制器整定可以使用衰减曲线法。衰减曲线法是根据衰减频率特性来整定控制器参数。首先将系统中的积分控制和微分控制的输出连线断开，使系统只在比例控制下运行；再把比例系数从大逐渐减小，直到出现 4∶1 衰减比为止，此时对应的增益为 K_p'，两个相邻波峰之间的间隔 T_s 称为衰减振荡周期。然后根据表 9-2 所示的经验公式，计算出控制器的各个整定参数。

表 9-2　　衰减曲线发整定控制器参数

调节规律	参数		
	比例系数 K_p	积分时间常数 T_i	微分时间常数 T_d
P	K_p'	∞	0
PI	$K_p'/1.2$	$T_s/2$	0
PID	$1.25K_p'$	$0.3T_s$	$T_s/10$

【例 9-4】 已知系统框图如图 9-28 所示，采用 PID 控制器，使得控制系统的性能达到最优。

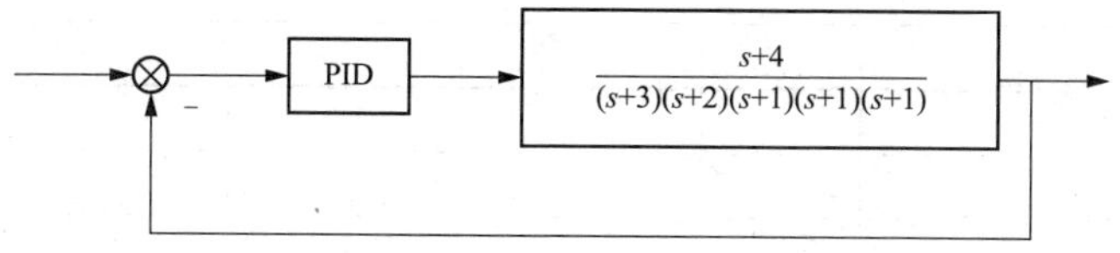

图 9-28　系统框图

解　（1）建模。首先建立加入 PID 控制器的系统模型，即 PID 由比例模块和两个传递函数模块组成。首先不加 PID 控制器的系统如图 9-29 所示，运行获取输出波形如图 9-30 所示。图中，系统稳态误差较大，非理想状态。

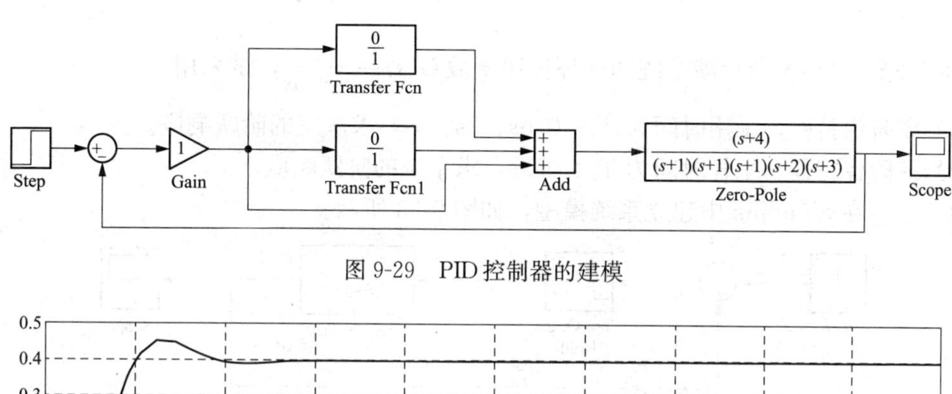

图 9-29　PID 控制器的建模

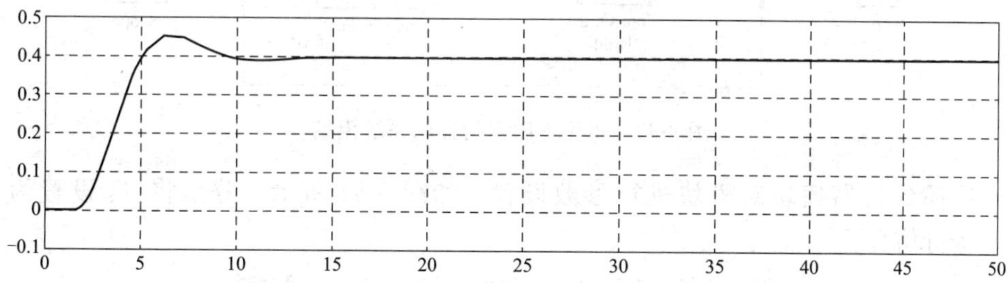

图 9-30　未加 PID 控制器运行获取输出波形

（2）整定。单独调节比例系数，大约在 $K=1.6$ 时，出现 4∶1 的衰减比。此时，根据经验公式换算相关参数整定 PID 控制器。整定结果如图 9-31 所示，输出波形如图 9-32 所示。

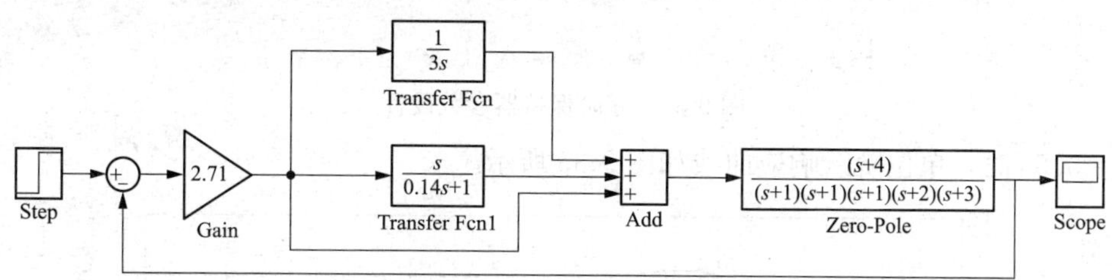

图 9-31　PID 参数整定结果

（3）结果分析。最后达到系统的稳态误差为 0，超调量为 4%左右。接近理想系统的输出状态。

3. 基于 Simulink 的离散控制系统建模

在 Simulink 环境下，离散控制系统的建模和仿真变得非常简单。因为 Simulink 所提供的离散系统模块库（Discrete 模块库），能够很容易建立离散控制系统模型。另外，Discrete 模块库还提供了零阶保持器和一阶保持器。

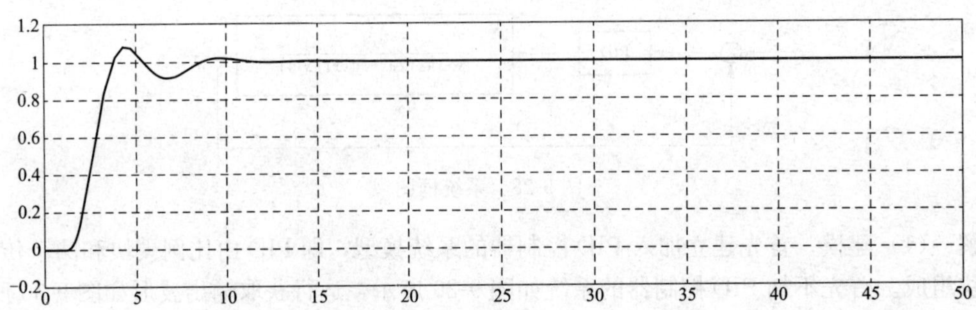

图 9-32　PID 控制器整定后的输出波形

【例 9-5】　某单位负反馈系统的开环传递函数 $G(s)=\frac{5}{s^2+5s}$，试采用：

(1) 零阶保持器，采用时间为 $T_s=0.5\text{s}$、2s、3s，求系统的阶跃响应。

(2) 一阶保持器，采样时间为 $T_s=0.5\text{s}$，求系统的阶跃响应。

解　(1) 在 Simulink 中建立系统模型，如图 9-33 所示。

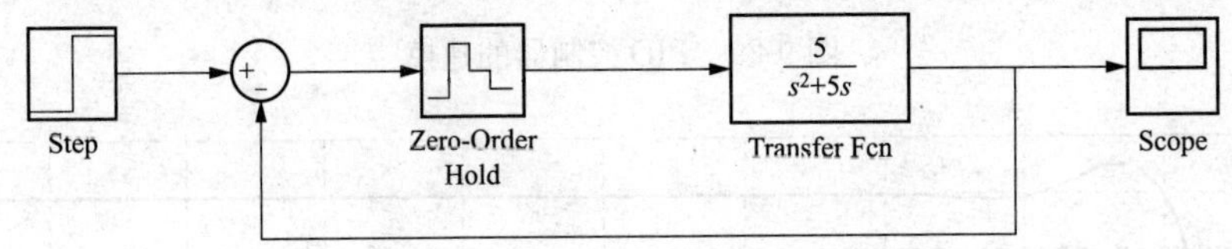

图 9-33　采用零阶保持器的系统模型

点击零阶保持器模块对模块进行参数设置，如图 9-34 所示。分别将 T_s 设置为 0.5s、2s、3s，运行仿真。

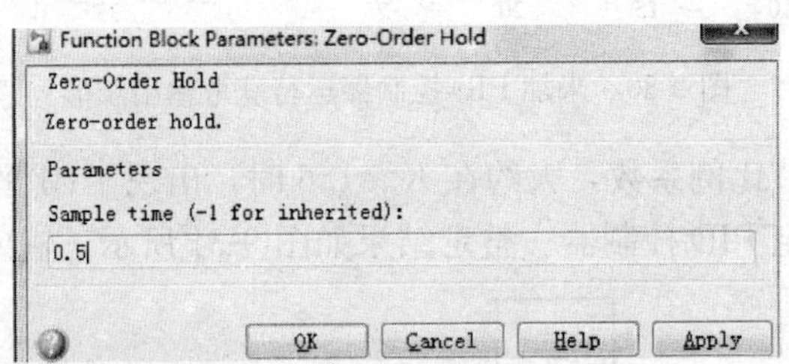

图 9-34　零阶保持器参数设置

$T_s=0.5\text{s}$ 时，单位阶跃响应曲线如图 9-35 所示。

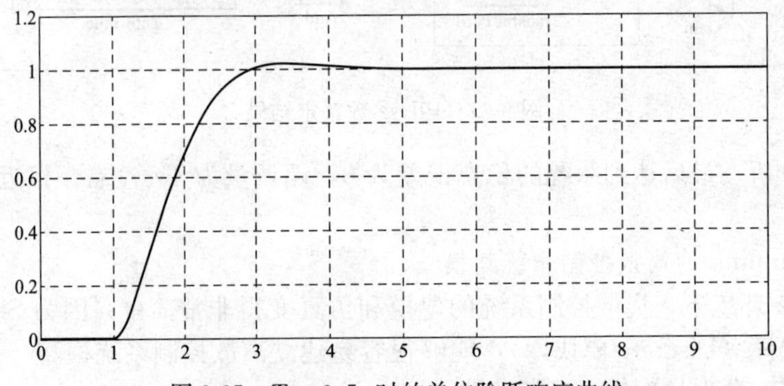

图 9-35　$T_s=0.5\text{s}$ 时的单位阶跃响应曲线

$T_s=2s$ 时，单位阶跃响应曲线如图 9-36 所示。

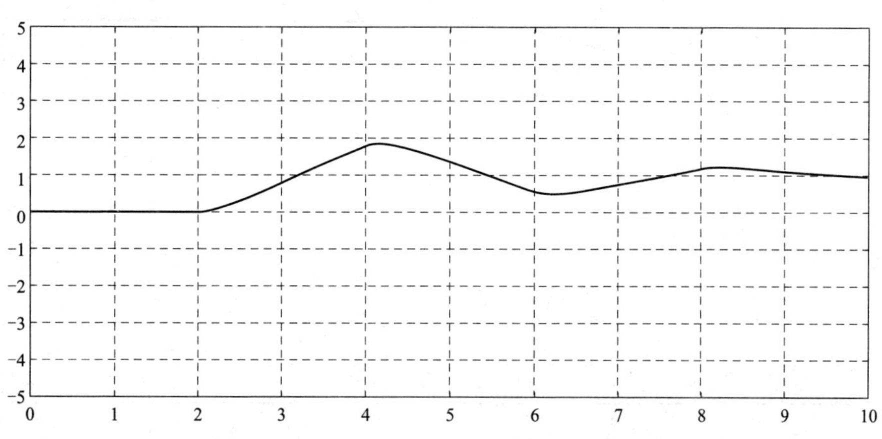

图 9-36　$T_s=2s$ 时的单位阶跃响应曲线

$T_s=3s$ 时，单位阶跃响应曲线如图 9-37 所示，将仿真时间改为 20s。

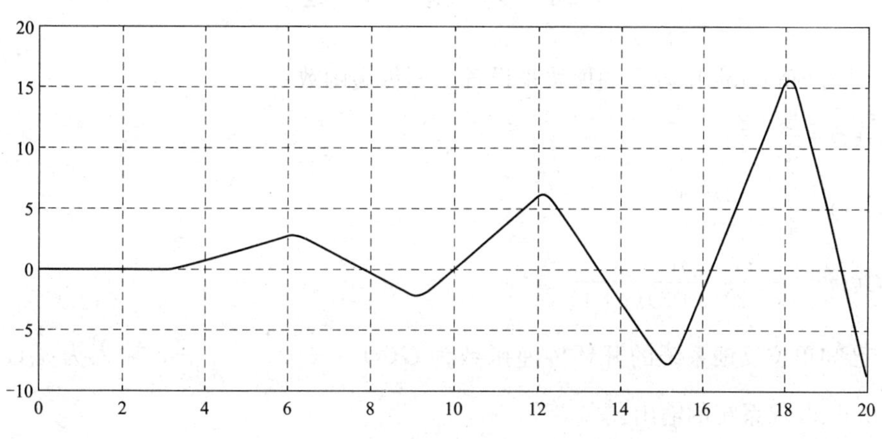

图 9-37　$T_s=3s$ 时的单位阶跃响应曲线

可见当采用周期 $T_s=0.5s$ 时，单位阶跃响应与连续系统的输出相同，当 $T_s=2s$ 或 $T_s=3s$ 时，系统会出现振荡和不稳定的情况。

(2) 当采用一阶保持器时，系统模型如图 9-38 所示。

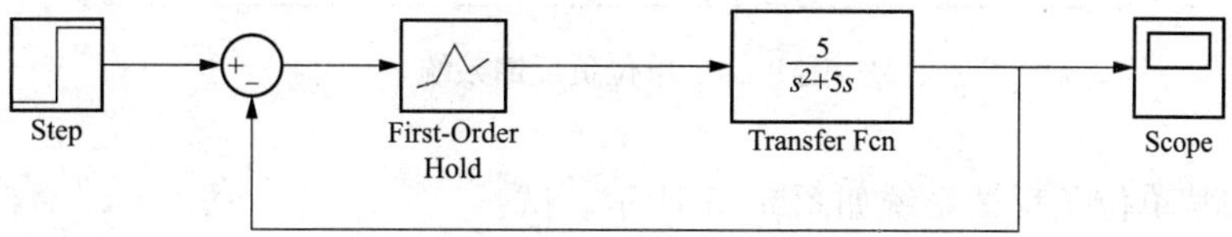

图 9-38　采用一阶保持器时的系统模型

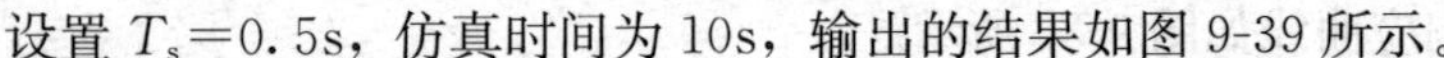

设置 $T_s=0.5\text{s}$，仿真时间为 10s，输出的结果如图 9-39 所示。

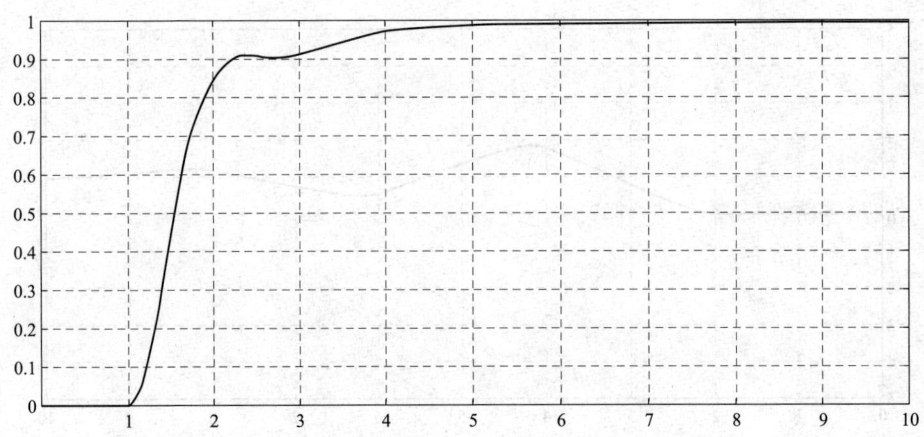

图 9-39　采用一阶保持器时的单位阶跃响应曲线

9.6　实　验　习　题

9-1　利用 Simulink 中合适的模块来设置下列传递函数：

(1) $G(s)=\dfrac{5s+2}{3s+1}$；

(2) $G(s)=\dfrac{3s^2+2s+1}{4s^3+s+10}$；

(3) $G(s)=\dfrac{(s-2)(s-1)}{(s+2)(s+3)(s+1)^3}$。

9-2　已知单位反馈系统的开环传递函数为 $G(s)=\dfrac{13s^2}{(s+5)(s+6)}$，输入为 $x_i(t)=\dfrac{1}{3}t^2$，试利用 Simulink 求系统的输出。

9-3　已知单位负反馈系统如图 9-40 所示，试在 Simulink 窗口菜单操作方式下进行时域仿真，并作出其单位阶跃响应曲线。

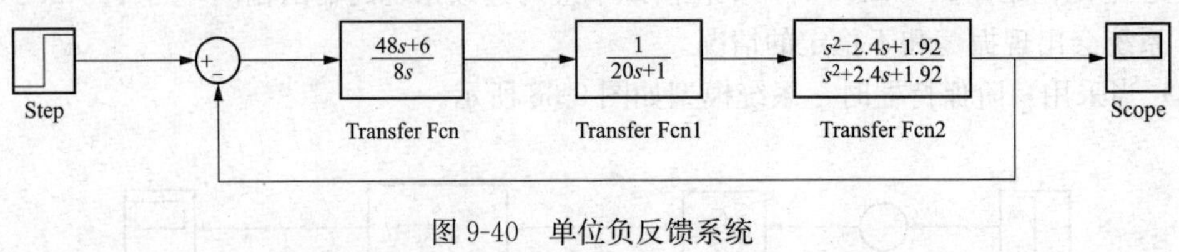

图 9-40　单位负反馈系统

9-4　已知某单位负反馈系统如图 9-41 所示，试：

(1) 设置多组不同控制器参数进行实验，观察并记录其单位阶跃响应曲线，总结 PID 控制参数对系统性能的影响；

(2) 试采用衰减曲线法来整定 PID 控制器参数，绘制校正后的单位阶跃响应曲线。

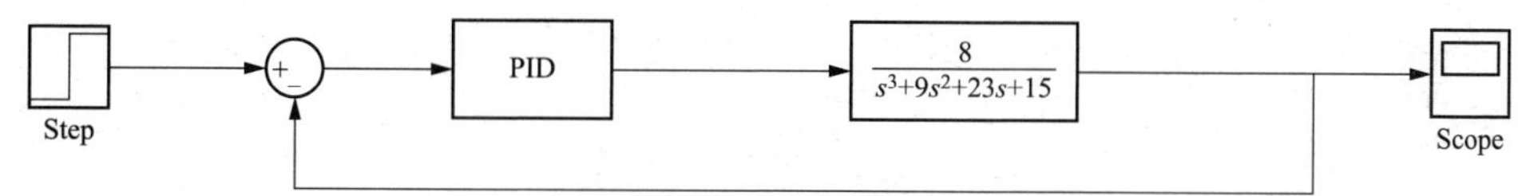

图 9-41　单位负反馈系统

9-5　某单位负反馈系统的开环传递函数为 $G(s)=\frac{1}{s^2+s}$，试用 Simulink 解决：

（1）采用零阶保持器、一阶保持器将系统离散化，采样周期 $T_s=0.1\text{s}$；

（2）分析零阶保持器离散系统后的单位阶跃响应，并与连续系统比较。

第2篇　自动控制理论硬件模拟实验

第10章　实验系统概述

自动控制理论硬件模拟实验采用浙江天煌教仪公司生产的“THKKL-B型模块化自控原理实验系统”。该实验系统由实验平台、实验模块等硬件和上位机软件组成。实验平台提供各种信号源、阻容器件和模块接口等资源。模块接口标准化，可增加各种模块，具有开放性、扩展性和模块化的特点。在实验内容上，既有模拟部分的控制实验，又有离散部分控制实验；既有经典控制理论实验，又有现代控制理论实验；除了常规的实验外，还能完成当前工业上应用广泛、效果卓著的模糊控制、神经元控制、二次型最优控制等实验。

10.1　硬件组成与使用

实验系统硬件主要有实验平台、实验模块、数据采集卡和上位机。实验平台主要由直流稳压电源、阶跃信号发生器、低频函数信号发生器、低频频率计、交/直流数字电压表、电阻测量单元、电位器组、实验模块接口等组成。实验模块包括基础实验模块、微控制器模块、实物对象模块。数据采集卡提供模拟量输入、输出端口。

1. 实验平台

(1) 直流稳压电源。直流稳压电源有±5V/0.5A、±15V/0.5A及+24V/2.0A，它们的开关分别由相应的钮子开关控制，并由发光二极管指示。实验前，启动实验平台的电源总开关。并根据需要将±5V、±15V、+24V钮子开关拨到“开”的位置。

(2) 直流可调恒流源。直流可调恒流源输出范围为0～20mA。使用时，把钮子开关拨到“开”，通过旋钮调节输出信号的大小。当外接负载时，表头显示的是输出的电流值。

(3) 阶跃信号发生器。

阶跃信号发生器Ⅰ：可分别输出0.5、1、2、3、4、5V的电压信号。使用时，先选择电压挡位。当按下自锁按钮时，输出端输出阶跃信号。当弹起自锁按钮时，输出端输出电压为0V。

阶跃信号发生器Ⅱ：其输出电压范围约为－5V～＋5V，正负挡连续可调。使用时根据需要可选择正输出或负输出，通过该单元的钮子开关选择。当按下自锁按钮时，输出端输出一个可调的阶跃信号（当输出电压为1V时，即为单位阶跃信号）；当弹起自锁按钮时，输出端输出电压为0V。

(4) 低频函数信号发生器。输出正弦波、方波、三角波、斜波、抛物波五种波形，输出频率范围0.1Hz～10kHz，幅值为0～15V_{P-P}连续可调。

(5) 低频频率计。低频频率计是由单片机89C2051和六位共阴极LED数码管设计而成，具有输入阻抗大和灵敏度高的优点，其测频范围为0.1Hz～9.999kHz。

低频频率计主要用来测量函数信号发生器或外来周期信号的频率。使用时先将低频频率计的电源钮子开关拨到“开”的位置，然后根据需要将测量钮子开关拨到“外测”（此时通过“输入”和“地”输入端输入外来周期信号）或“内测”（此时测量低频函数信号发生器输出信号的频率）。另外本单元还有一个复位按钮，以对低频频率计进行复位操作。

注意：将“内测/外测”开关置于“外测”时，而输入接口没接被测信号时，频率计有时会显示一定数据的频率，这是由于频率计的输入阻抗大，灵敏度高，从而感应到一定数值的频率。此现象并不影响内外测频。

（6）交/直流数字电压表。交/直流数字电压表有三个量程，分别为200mV、2V、20V。通过交直流选择按键选择交流或直流测量功能。交流毫伏表具有频带宽（10Hz～400kHz）、精度高（1kHz时：±5‰）和真有效值测量的特点，即使测量窄脉冲信号，也能测得其精确的有效值，其适用的波峰因数范围可达到10。

2. 实验模块

实验模块包括基础实验模块、微控制器模块、实物对象模块。

（1）基础实验模块。基础实验模块用于组建实验所需的模拟电路。实验模块上有运放、电阻、电容、电位器等器件，底部有5个插脚，提供实验模块所需的±5V、±15V、GND等电源信号。实验时要选择相应的实验模块插到实验平台上再进行实验，每个实验所用实验模块具体依实验中所述。

实验模块上有“锁零单元”，用于对模拟电路中的积分环节的电容放电。锁零单元有“手动”和“自动”两种控制方式。“手动”时，当锁零按钮按下后，锁零电路导通对积分电容放电，当锁零按钮弹起后，锁零电路断开并可以开始实验。“自动”时，通过外接控制信号到“UI”端可以控制锁零电路锁零。实验中，使用数据采集卡的“D03”作为自动锁零信号的输出端，实验时，用导线连接数据采集卡的“D03”和实验模块锁零单元的“UI”，就可以实现使用上位机软件中的“锁零”按钮控制模拟电路的锁零功能。

（2）微控制器模块。该模块主要由单片机（AT89S52）、AD采集芯片（AD7366，四路12位，电压范围－10V～＋10V）和DA输出芯片（LTC1446，两路12位，电压范围－10V～＋10V）三部分组成。

（3）实物对象模块。实物对象模块包括直流电机控制模块、步进电机控制模块和温度控制模块等。

3. 数据采集卡

数据采集模块采用USB2.0接口与上位机通信，有四路单端A/D模拟量输入和两路D/A模拟量输出。

数据采集卡的“AO1、AO2”是单端模拟量输出端口，能输出正弦波、方波、斜波、抛物波等四种波形，频率范围为0.1Hz～50Hz，幅度为0～18$V_{P\text{-}P}$可调。

数据采集卡的“AI1、AI2、AI3、AI4”是单端模拟量输入端口，采样速率为9kb/s，转换精度12bit，输入范围为－10V～＋10V。

数据采集卡的“C”是计数器端口（32bit），“D01～D12”是可编程I/O口（与CMOS、TTL电平兼容）。

注意事项：

（1）每次连接线路前要关闭电源总开关。

（2）连接好线路后，仔细检查线路是否连接正确、电源有无接反，确认无误后方可接通电源开始实验。

10.2　上位机软件的使用

上位机软件使用 Labview 编写，集成了虚拟示波器、信号发生器、伯德图、奈奎斯特图等多种功能。使用前须先用 USB 线连接数据采集卡和 PC 机，安装数据采集卡驱动程序和 THKKL-B 型模块化“自控原理软件”。该软件的使用方法如下：

（1）打开“自控原理软件”，选择“THKKL-B 型”数据采集卡，进入实验目录界面（如图 10-1 所示）。

（2）点击实验项目后进入相应的实验界面，如点击“典型环节的电路模拟”，显示如图 10-2 所示窗口。

（3）点击“实验电路”和“程序分解”可分别看到相关的实验电路（如图 10-3 所示）和程序模块（如图 10-4 所示）。

（4）在“实验窗口”中，点击以下功能按钮可以完成相应操作：

1）点击“开始”，开始采集数据。

2）点击“锁零”，数据采集卡的 DO3 输出锁零信号（用于实验模块的自动锁零）。

3）点击“报告”，自动生成实验报告。

4）点击“保存”，保存实验结果的图像。

5）点击“打印”，打印整个实验界面。

6）点击“主页”，返回实验目录界面。

7）点击“输出”，数据采集卡的 AO1 输出设定的电压值（点击“开始”后“输出”按钮才起作用；在停止实验之前，请关闭输出按钮）。

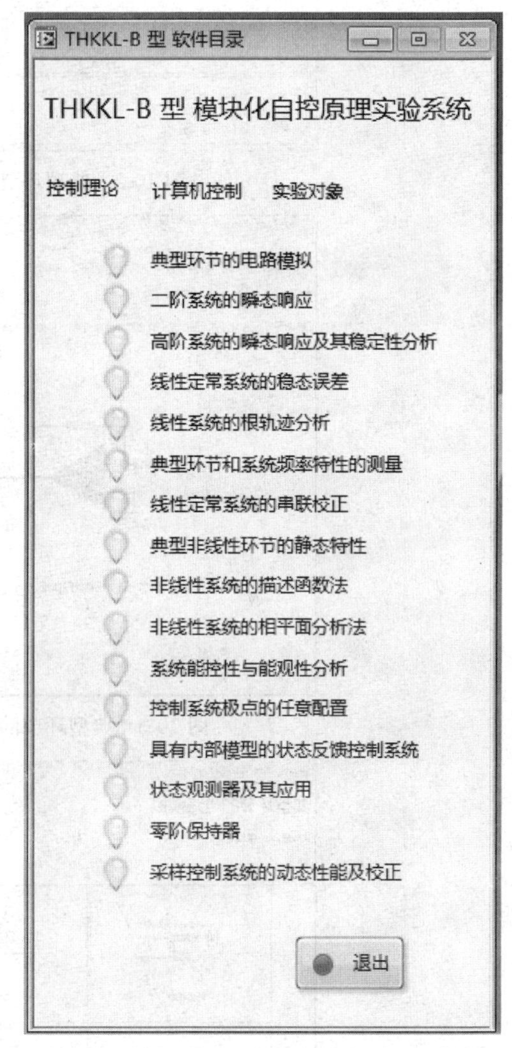

图 10-1　实验目录界面

线性定常系统的稳态误差实验面板中，“波形选择”框中，选择波形即可输出相应的信号（点击“开始”后选择波形才有输出；在停止实验之前，请选择波形为无）。

（5）在“实验窗口”中，实验结果显示方式有曲线显示（如图 10-5 所示）、游标显示（如图 10-6 所示）和采集信号显示（如图 10-7 所示）。

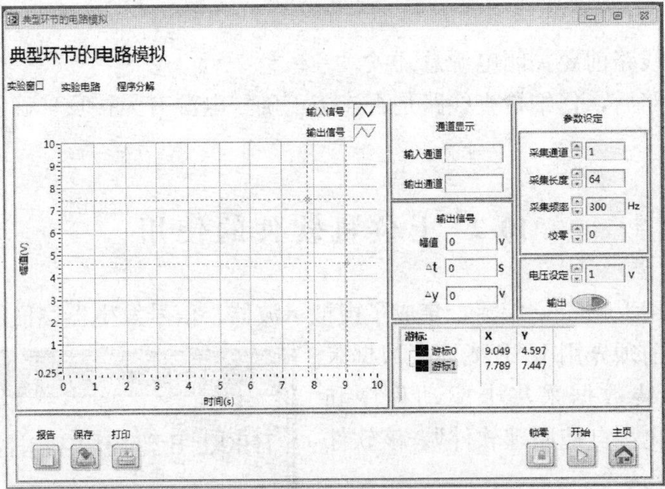

图 10-2 典型环节的电路模拟实验窗口

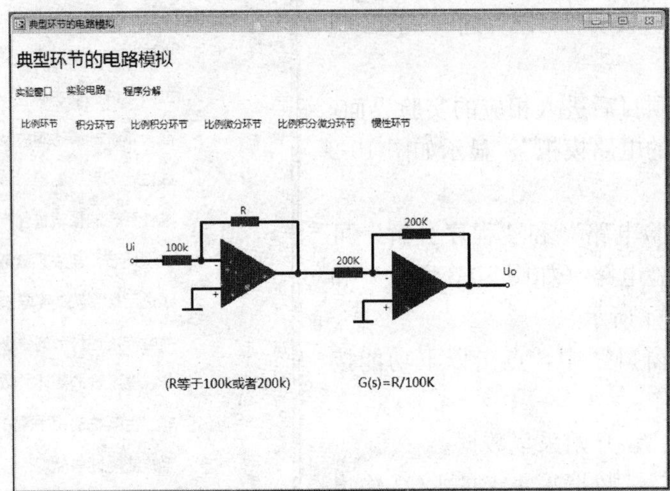

图 10-3 典型环节的电路模拟实验电路窗口

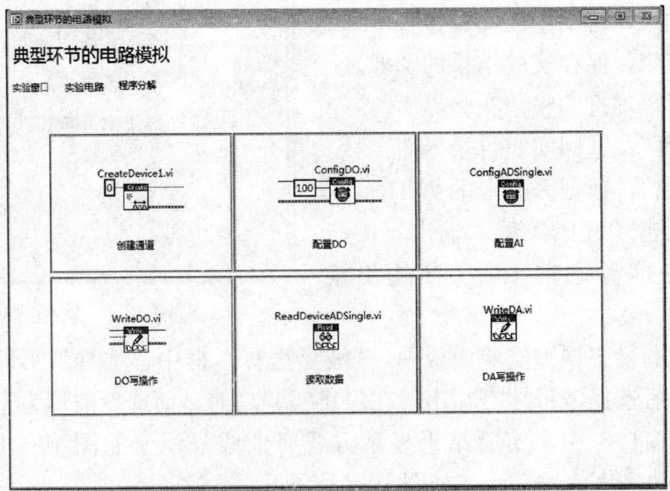

图 10-4 典型环节的电路模拟程序分解窗口

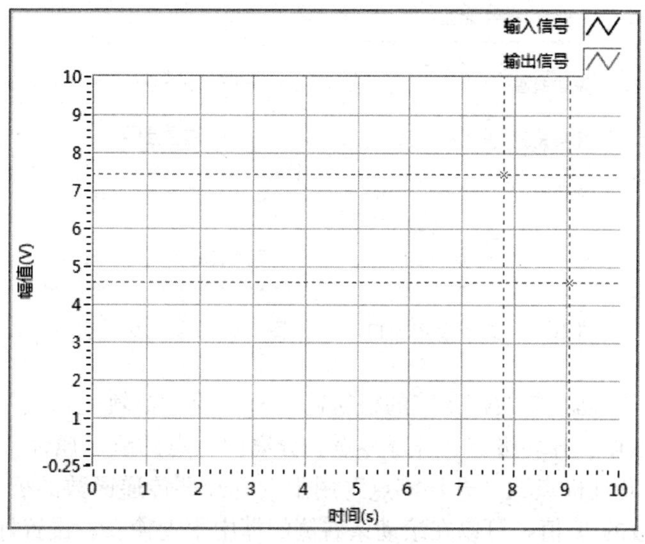

图 10-5　曲线显示窗口

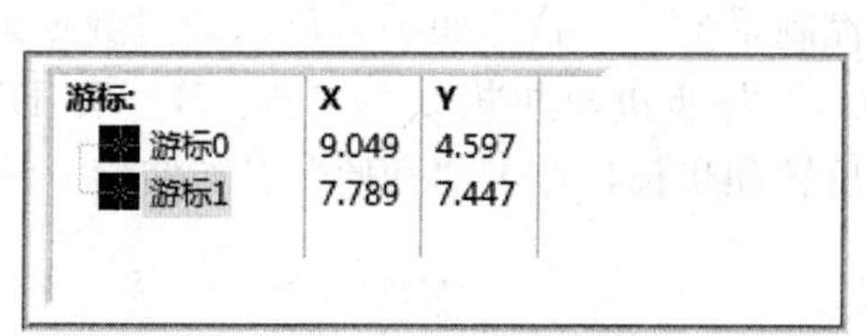

游标:	X	Y
游标0	9.049	4.597
游标1	7.789	7.447

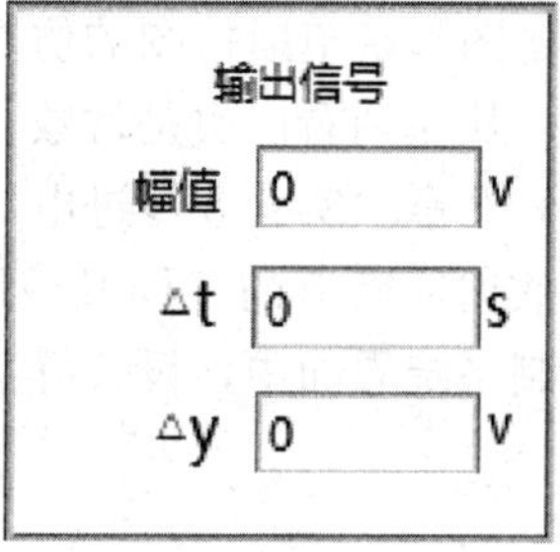

图 10-6　游标显示窗口　　10-7　采集信号显示窗口

图 10-5 所示的“输入信号”、“输出信号”是针对实验电路或实物对象而言。“输入信号”即实验电路的输入信号，“输出信号”即实验电路的输出信号。点击“输出信号”和“输入信号”，可以分别更改曲线的属性，右键点击“曲线可见”可以使曲线显示或不显示。

对于 X、Y 轴的显示范围，可以任意更改其最大值和最小值以方便观测实验曲线。如图 10-5 中 X 轴的显示范围为 0～1000，界面中只能显示 10s 之内的曲线，若想要显示更长时间内的曲线，可以更改 X 轴的最大值；若想要放大显示某段时间的曲线可以更改 0 和 10 的值；Y 轴的显示范围同样可以修改。

图 10-6 中实时显示游标 0 和游标 1 的坐标值，在图 10-7 中可以实时显示两游标在 X 轴方向的 Δt 和在 Y 轴方向的 Δy。在图 10-6 中点击鼠标右键，可以更改游标的属性（如点击鼠标右键，选择“置于中间”，游标会自动跳到当前示波器界面的中间位置）。

（6）在实验窗口中，参数设定界面如图 10-8 所示。在图 10-8 中，点击“采集通道”，可以更改数据采集的通道；点击“采集长度”和“采集频率”，可以更改其参数。开始测量时，如果波形不在零点位置，可以在校零参数框中输入相应的值使波形处于零点位置。

（7）在实验窗口中，通道显示界面如图 10-9 所示，图中可以看到实验中用到的输入、输出通道。

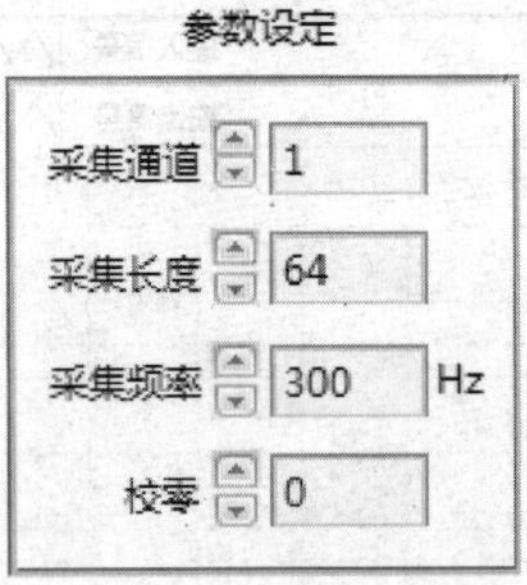

参数设定
采集通道
1
采集长度
64
采集频率
300
Hz
校零
0

图 10-8 参数设定窗口

通道显示
输入通道
AI1
输出通道
DO3/AO1

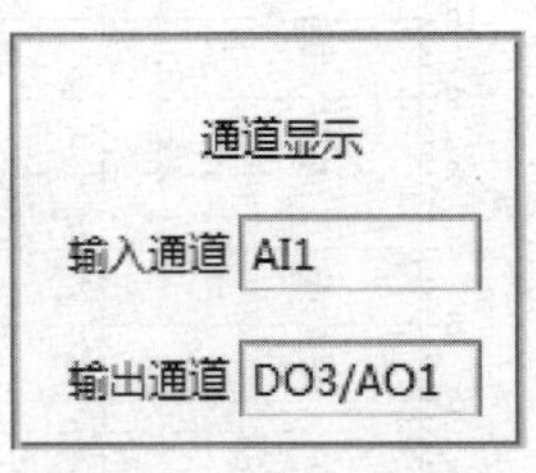

图 10-9 通道显示窗口

（8）在第 11 章“实验 15 线性系统的根轨迹分析”的“根轨迹仿真”界面中，“标识说明”用于设置闭环极点、开环极点、开环零点、分离回合点的显示属性。开环传递函数以零极点的形式表示，“开环极点”、“开环零点”用于设置开环传递函数的极点和零点。“K”用于设置开环传递函数的 K 值，可以在滚动条右侧的框中手动输入。设置好开环极点、开环零点和 K 值，点击“运行”，坐标图中显示开环传递函数的根轨迹。

（9）在第 11 章“实验 5 典型环节和系统频率特性的测量”实验的“仿真”面板中，可进行电路的伯德图和奈奎斯特图的仿真。“Numerator”栏填写分子系数，“Denominator”栏填写分母系数，从左到右依次是常数、1 次、2 次和 3 次的系数。

（10）在第 12 章“实验 8 步进电机控制系统”实验界面中，可以通过数据采集卡直接控制步进电机。数据采集卡的“DO1～DO4”与步进电机模块的“A、B、C、D”对应连接；在步进电机控制系统界面中，设置好正反转和步长，点击“开始”开始实验。

第 11 章 基 础 实 验

实验 1 典型环节的电路模拟

一、实验目的

（1）熟悉 THKKL-B 型模块化自控原理实验系统及软件的使用。

（2）熟悉典型环节的阶跃响应特性及其电路模拟。

（3）测量典型环节的阶跃响应曲线，并了解参数变化对其动态特性的影响。

二、实验设备

（1）THKKL-B 型模块化自控原理实验系统实验平台，实验模块 CT01。

（2）PC 机一台（含上位机软件）。

（3）USB 接口线。

三、实验内容

（1）设计并组建典型环节的模拟电路。

（2）测量典型环节的阶跃响应，并研究参数变化对其输出响应的影响。

四、实验原理

自控系统是由比例、积分、微分、惯性等环节按一定的关系组建而成。

本实验中的典型环节都是以运放为核心元件构成，其原理框图如图 11-1 所示。图中 Z_1 和 Z_2 表示由 R、C 构成的复数阻抗。

1. 比例（P）环节

比例环节的特点是输出不失真、不延迟、成比例地复现输出信号的变化。它的传递函数为

$$G(s)=\frac{U_o(s)}{U_i(s)}=K$$

比例环节框图如图 11-2 所示。

设 $U_i(s)$ 为一单位阶跃信号，当比例系数为 K 时的响应曲线如图 11-3 所示。

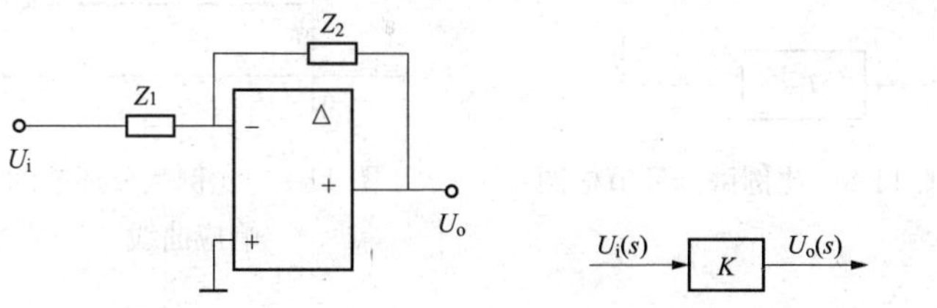

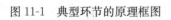

图 11-1 典型环节的原理框图

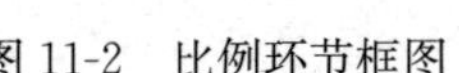

图 11-2 比例环节框图

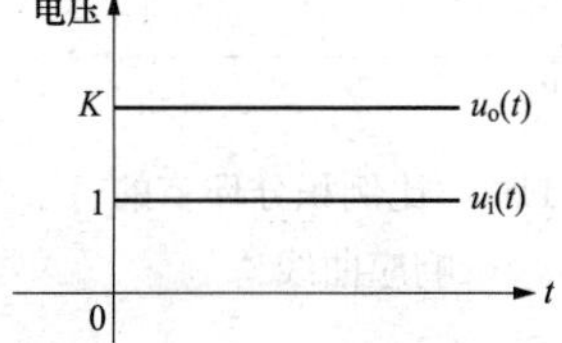

图 11-3 比例环节的响应曲线

2. 积分（I）环节

积分环节的输出量与其输入量对时间的积分成正比。它的传递函数为

$$G(s)=\frac{U_o(s)}{U_i(s)}=\frac{1}{Ts}$$

积分环节框图如图 11-4 所示。

设 $U_i(s)$ 为一单位阶跃信号，当积分系数为 T 时的响应曲线如图 11-5 所示。

3. 比例积分（PI）环节

比例积分环节的传递函数为

$$G(s)=\frac{U_o(s)}{U_i(s)}=\frac{R_2Cs+1}{R_1Cs}=\frac{R_2}{R_1}+\frac{1}{R_1Cs}=\frac{R_2}{R_1}\left(1+\frac{1}{R_2Cs}\right)$$

比例积分环节框图如图 11-6 所示。

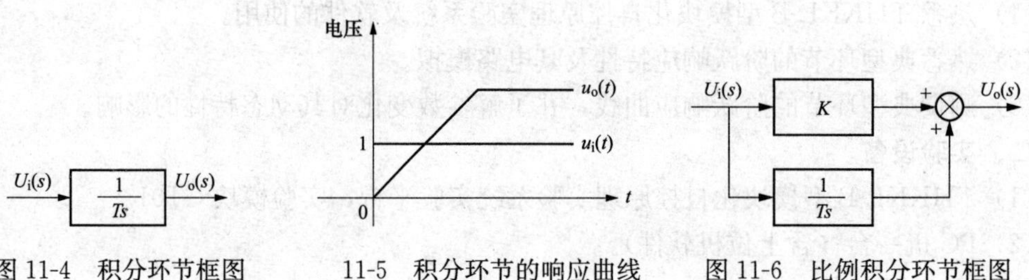

图 11-4　积分环节框图　　11-5　积分环节的响应曲线　　图 11-6　比例积分环节框图

其中 $T=R_2C$，$K=R_2/R_1$。

设 $U_i(s)$ 为一单位阶跃信号，如图 11-7 所示为比例系数 $K=1$、积分系数为 T 时的 PI 输出响应曲线。

4. 比例微分（PD）环节

比例微分环节的传递函数为

$$G(s)=K(1+T_Ds)=\frac{R_2}{R_1}(1+R_1Cs)$$

其中 $K=R_2/R_1$，$T_D=R_1C$

比例微分环节框图如图 11-8 所示。

设 $U_i(s)$ 为一单位阶跃信号，如图 11-9 为比例系数 $K=2$、微分系数为 T_D 时 PD 的输出响应曲线。

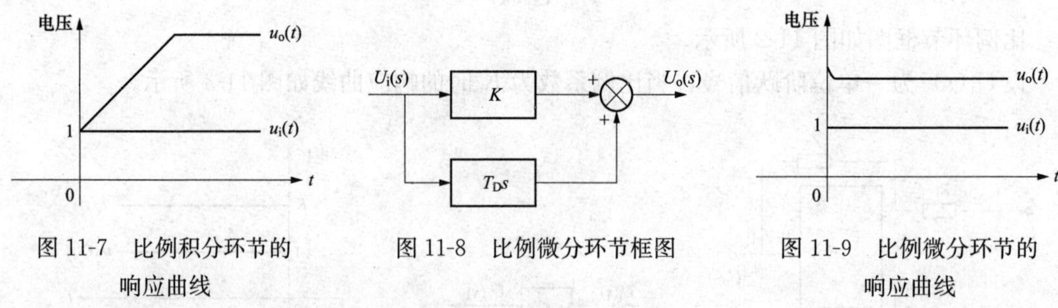

图 11-7　比例积分环节的响应曲线　　图 11-8　比例微分环节框图　　图 11-9　比例微分环节的响应曲线

5. 比例积分微分（PID）环节

比例积分微分（PID）环节的传递函数为

$$G(s)=K_p+\frac{1}{T_is}+T_ds$$

其中 $K_p=\dfrac{R_1C_1+R_2C_2}{R_1C_2}$，$T_i=R_1C_2$，$T_d=R_2C_1$

$$=\frac{(R_2C_2s+1)\ (R_1C_1s+1)}{R_1C_2s}$$

$$=\frac{R_2C_2+R_1C_1}{R_1C_2}+\frac{1}{R_1C_2s}+R_2C_1s$$

比例积分微分环节框图如图 11-10 所示。

设 $U_i(s)$ 为一单位阶跃信号，如图 11-11 为比例系数 $K_p=1$、微分系数为 T_d、积分系数为 T_i 时 PID 的输出。

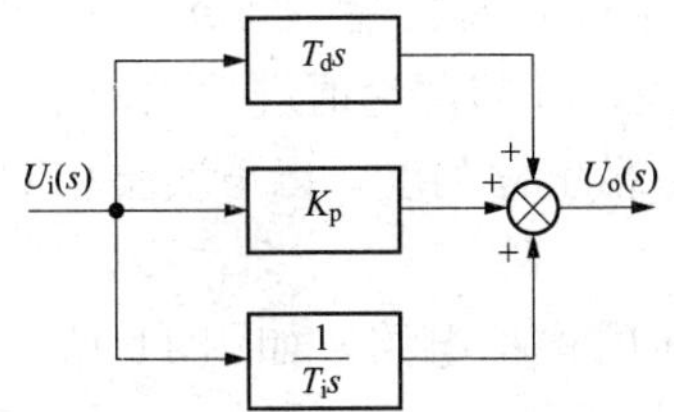

图 11-10　比例积分微分环节框图

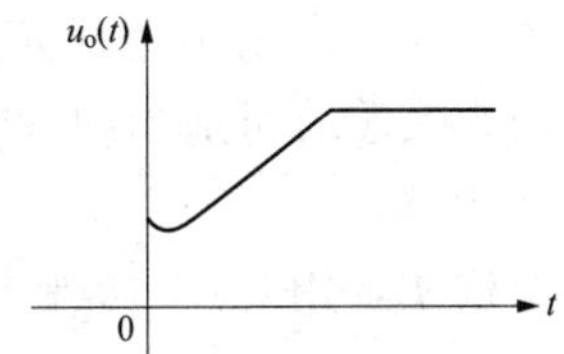

图 11-11　PID 环节的响应曲线

6. 惯性环节

惯性环节的传递函数为

$$G(s)=\frac{U_o(s)}{U_i(s)}=\frac{K}{Ts+1}$$

惯性环节框图如图 11-12 所示。

设 $U_i(s)$ 为一单位阶跃信号，当放大系数 $K=1$、时间系数为 T 时响应曲线如图 11-13 所示。

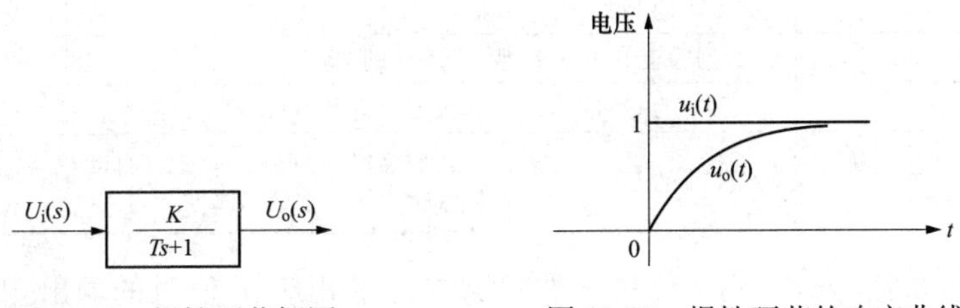

图 11-12　惯性环节框图

图 11-13　惯性环节的响应曲线

五、实验步骤

1. 比例（P）环节

根据比例环节框图，用 CT01 实验模块组建相应的模拟电路，如图 11-14 所示。比例环节的接线表见表 11-1。

图中后一个单元为反相器，其中 $R_0=200\text{k}\Omega$。

若比例系数 $K=1$ 时，电路中的参数取 $R_1=100\text{k}\Omega$，$R_2=100\text{k}\Omega$。

若比例系数 $K=2$ 时，电路中的参数取 $R_1=100\text{k}\Omega$，$R_2=200\text{k}\Omega$。

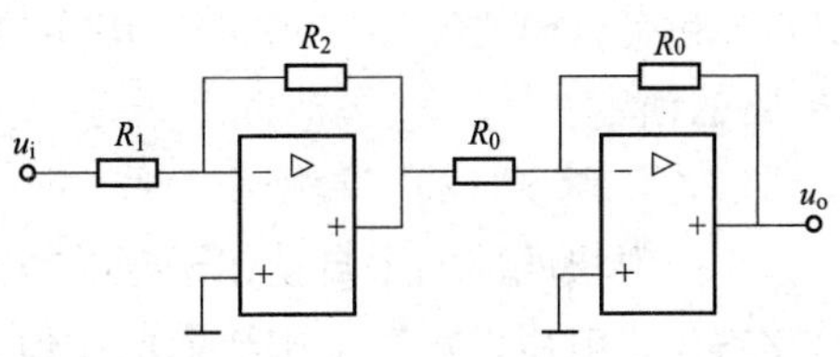

图 11-14　比例环节的模拟电路

表 11-1 比例环节的接线表

$R_2=100\text{k}\Omega$ 时		$R_2=200\text{k}\Omega$ 时	
数据采集卡的 AO1	CT01 的 P1	数据采集卡的 AO1	CT01 的 P1
CT01 的 P5	CT01 的 P6	CT01 的 P4	CT01 的 P6
CT01 的 P7	数据采集卡的 AI1	CT01 的 P7	数据采集卡的 AI1
数据采集卡的 GND	CT01 的 GND	数据采集卡的 GND	CT01 的 GND

打开上位机软件的“典型环节的电路模拟”界面。

实验时，在“电压设定”框中输入电压值，点击“开始”按钮，点击“输出”按钮；在虚拟示波器界面中观察实验波形；点击“停止”按钮；完成实验。当 u_i 为一单位阶跃信号时，用上位机软件观测并记录相应 K 值时的实验曲线，并与理论值进行比较。注意：为了更好地观测实验曲线，实验时可适当调节软件上的横、纵坐标刻度，以下实验相同。

2. 积分（Ⅰ）环节

根据积分环节框图，用CT01实验模块组建相应的模拟电路，如图 11-15 所示。积分环节的接线表见表 11-2。

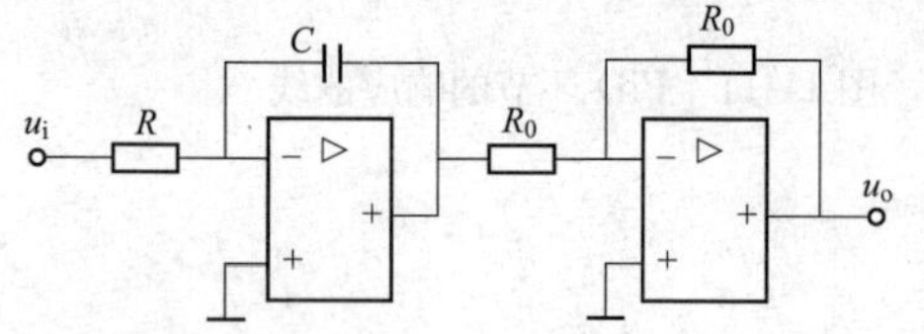

图 11-15 积分环节的模拟电路

图中后一个单元为反相器，其中 $R_0=200\text{k}\Omega$。

若积分系数 $T=1\text{s}$ 时，电路中的参数取 $R=100\text{k}\Omega$，$C=10\mu\text{F}(T=RC=100\text{k}\Omega\times10\mu\text{F}=1\text{s})$。

若积分系数 $T=0.1\text{s}$ 时，电路中的参数取$R=100\text{k}\Omega$，$C=1\mu\text{F}(T=RC=100\text{k}\Omega\times1\mu\text{F}=0.1\text{s})$。

表 11-2 积分环节的接线表

$C=10\mu\text{F}$ 时		$C=1\mu\text{F}$ 时	
数据采集卡的 AO1	CT01 的 P1	数据采集卡的 AO1	CT01 的 P1
CT01 的 P2	CT01 的 P6	CT01 的 P3	CT01 的 P6
CT01 的 P7	数据采集卡的 AI1	CT01 的 P7	数据采集卡的 AI1
数据采集卡的 GND	CT01 的 GND	数据采集卡的 GND	CT01 的 GND
数据采集卡的 DO3（自动锁零时连接，手动不连接）	CT01 的 UI	数据采集卡的 DO3 自动（自动锁零时连接，手动不连接）	CT01 的 UI

当 u_i 为单位阶跃信号时，用上位机软件观测并记录相应 T 值时的输出响应曲线，并与理论值进行比较。注：由于实验电路中有积分环节，实验前一定要用“锁零单元”对积分电容进行锁零。锁零单元有“自动”和“手动”两种控制方式。

（1）“自动”时，通过外接控制信号到“UI”端可以控制锁零电路锁零；实验中，使用数据采集卡的“DO3”作为自动锁零信号的输出端，实验时，用导线连接数据采集卡的“DO3”和实验模块锁零单元的“UI”，就可以实现使用上位机软件中的“锁零”按钮控制模拟电路的锁零。

“自动”锁零时的实验操作为：

1）把模块底部的手自动钮子开关拨到“自动”。

2）在“电压设定”框中输入电压值。

3）点击“开始”按钮。

4）点击软件界面上的“解锁”按钮。

5）点击“输出”按钮，在虚拟示波器界面中观察实验波形。

6）点击“停止”按钮，完成实验。实验完成后及时锁零，对积分电容放电，点击软件界面上的“锁零”按钮。

（2）“手动”时，当锁零按钮按下后，锁零电路导通对积分电容放电，当锁零按钮弹起后，锁零电路断开并可以开始实验。

“手动”锁零时的实验操作为。

1）把模块底部的手自动钮子开关拨到“手动”。

2）在“电压设定”框中输入电压值。

3）点击“开始”按钮。

4）按下硬件模块上的红色“解锁”按钮，使其弹起。

5）点击“输出”按钮，在虚拟示波器界面中观察实验波形。

6）点击“停止”按钮，完成实验。实验完成后及时锁零，对积分电容放电，按下硬件模块上的红色“解锁”按钮，使其压下。

3. 比例积分（PI）环节

根据比例积分环节框图，用 CT01 实验模块组建相应的模拟电路，如图 11-16 所示。

图 11-16 中后一个单元为反相器，其中 $R_0=200\text{k}\Omega$。比例积分环节的接线表见表 11-3。

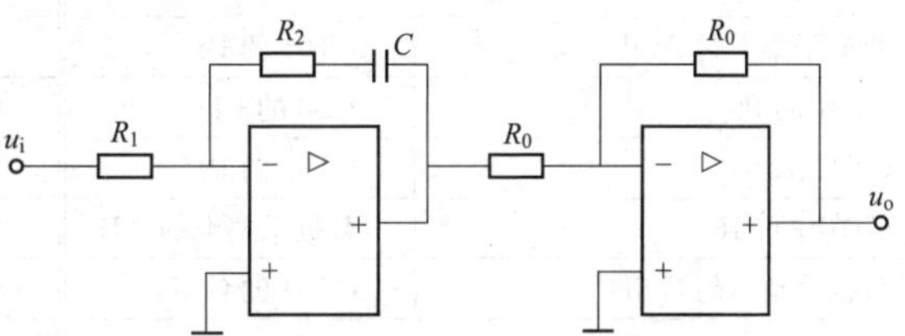

图 11-16　比例积分环节的模拟电路

表 11-3　　比例积分环节的接线表

$C=10\mu$F 时		$C=1\mu$F 时	
数据采集卡的 AO1	CT01 的 P8	数据采集卡的 AO1	CT01 的 P8
CT01 的 P13	CT01 的 P15	CT01 的 P14	CT01 的 P15
CT01 的 P16	数据采集卡的 AI1	CT01 的 P16	数据采集卡的 AI1
数据采集卡的 GND	CT01 的 GND	数据采集卡的 GND	CT01 的 GND
数据采集卡的 DO3（自动锁零时连接，手动不连接）	CT01 的 UI	数据采集卡的 DO3 自动（自动锁零时连接，手动不连接）	CT01 的 UI

若取比例系数 $K=1$、积分系数 $T=1\text{s}$ 时，电路中的参数取 $R_1=100\text{k}\Omega$，$R_2=100\text{k}\Omega$，$C=10\mu\text{F}(K=R_2/R_1=1,\ T=R_2C=100\text{k}\Omega\times10\mu\text{F}=1\text{s})$。

若取比例系数 $K=1$、积分系数 $T=0.1\text{s}$ 时，电路中的参数取 $R_1=100\text{k}\Omega$，$R_2=100\text{k}\Omega$，$C=1\mu\text{F}(K=R_2/R_1=1,\ T=R_2C=100\text{k}\Omega\times1\mu\text{F}=0.1\text{s})$。

注意：通过改变 R_2、R_1、C 的值可改变比例积分环节的放大系数 K 和积分时间常数 T。

当 u_i 为单位阶跃信号时，用上位机软件观测并记录不同 K 及 T 值时的实验曲线，并与理论值进行比较。

4. 比例微分（PD）环节

根据比例微分环节框图，用 CT01 实验模块组建相应的模拟电路，如图 11-17 所示。

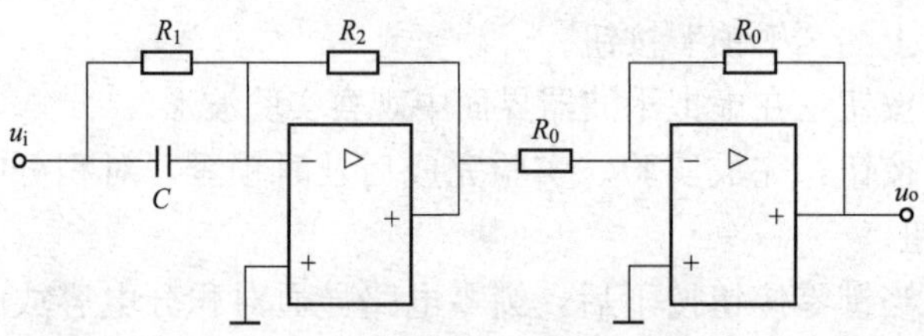

图 11-17 比例微分环节的模拟电路

图中后一个单元为反相器，其中 $R_0=200\text{k}\Omega$。比例微分环节的接线表见表 11-4。

若比例系数 $K=1$、微分系数 $T_D=0.1\text{s}$ 时，电路中的参数取 $R_1=100\text{k}\Omega$，$R_2=100\text{k}\Omega$，$C=1\mu\text{F}$（$K=R_2/R_1=1$，$T_D=R_1C=100\text{k}\Omega\times1\mu\text{F}=0.1\text{s}$）。

若比例系数 $K=1$、微分时间常数 $T_D=1\text{s}$ 时，电路中的参数取 $R_1=100\text{k}\Omega$，$R_2=100\text{k}\Omega$，$C=10\mu\text{F}$（$K=R_2/R_1=1$，$T_D=R_1C=100\text{k}\Omega\times10\mu\text{F}=1\text{s}$）。

表 11-4 比例微分环节的接线表

$C=10\mu\text{F}$ 时		$C=1\mu\text{F}$ 时	
数据采集卡的 AO1	CT01 的 P8	数据采集卡的 AO1	CT01 的 P8
CT01 的 P9	CT0 的 P11	CT01 的 P10	CT01 的 P11
CT01 的 P12	CT01 的 P15	CT01 的 P12	CT01 的 P15
CT01 的 P16	数据采集卡的 AI1	CT01 的 P16	数据采集卡的 AI1
数据采集卡的 GND	CT01 的 GND	数据采集卡的 GND	CT01 的 GND
数据采集卡的 DO3（自动锁零时连接，手动不连接）	CT01 的 UI	数据采集卡的 DO3 自动（自动锁零时连接，手动不连接）	CT01 的 UI

当 u_i 为一单位阶跃信号时，用上位机软件观测并记录不同 K 及 T_D 值时的实验曲线，并与理论值进行比较。

5. 比例积分微分（PID）环节

根据比例积分微分环节框图，用 CT01 实验模块组建相应的模拟电路，如图 11-18 所示。

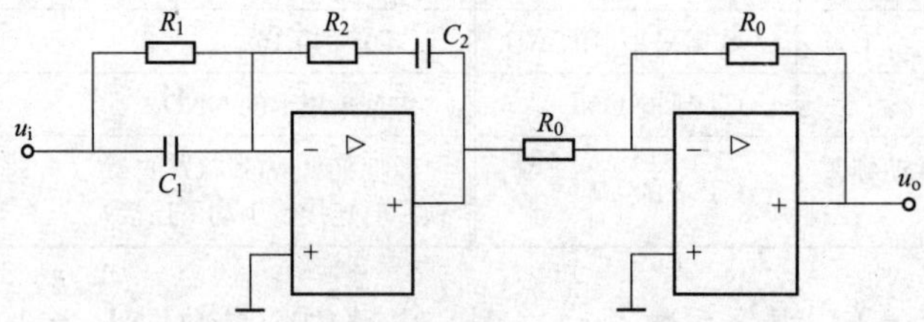

图 11-18 比例积分微分环节的模拟电路

图中后一个单元为反相器，其中 $R_0=200\text{k}\Omega$。比例积分微分环节的接线表见表 11-5。

若比例系数 $K=2$、积分系数 $T_i=0.1\text{s}$、微分系数 $T_d=0.1\text{s}$ 时，电路中的参数取 $R_1=100\text{k}\Omega$，$R_2=100\text{k}\Omega$，$C_1=1\mu\text{F}$、$C_2=1\mu\text{F}$ ［$K=(R_1C_1+R_2C_2)/R_1C_2=2$，$T_I=R_1C_2=100\text{k}\Omega\times1\mu\text{F}=0.1\text{s}$，$T_d=R_2C_1=100\text{k}\Omega\times1\mu\text{F}=0.1\text{s}$］。

若比例系数 $K=1.1$、积分系数 $T_i=1\text{s}$、微分系数 $T_d=0.1\text{s}$ 时，电路中的参数取 $R_1=100\text{k}\Omega$，$R_2=100\text{k}\Omega$，$C_1=1\mu\text{F}$、$C_2=10\mu\text{F}$ ［$K=(R_1C_1+R_2C_2)/R_1C_2=1.1$，$T_i=R_1C_2=100\text{k}\Omega\times10\mu\text{F}=1\text{s}$，$T_d=R_2C_1=100\text{k}\Omega\times1\mu\text{F}=0.1\text{s}$］。

表 11-5 比例积分微分环节的接线表

$C=1\mu F$ 时		$C=10\mu F$ 时	
数据采集卡的 AO1	CT01 的 P8	数据采集卡的 AO1	CT01 的 P8
CT01 的 P10	CT01 的 P11	CT01 的 P10	CT01 的 P11
CT01 的 P14	CT01 的 P15	CT01 的 P13	CT01 的 P15
CT01 的 P16	数据采集卡的 AI1	CT01 的 P16	数据采集卡的 AI1
数据采集卡的 GND	CT01 的 GND	数据采集卡的 GND	CT01 的 GND
数据采集卡的 DO3（自动锁零时连接，手动不连接）	CT01 的 UI	数据采集卡的 DO3 自动（自动锁零时连接，手动不连接）	CT01 的 UI

当 u_i 为一单位阶跃信号时，用上位机软件观测并记录不同 K、T_i 值时的实验曲线，并与理论值进行比较。

6. 惯性环节

根据惯性环节框图，用 CT01 实验模块组建相应的模拟电路，如图 11-19 所示。

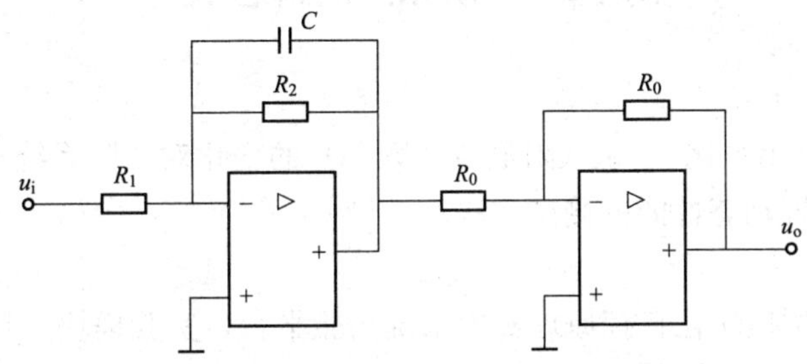

图 11-19 惯性环节的模拟电路

图中后一个单元为反相器，其中 $R_0=200k\Omega$。惯性环节的接线表见表 11-6。

表 11-6 惯性环节的接线表

$C=10\mu F$ 时		$C=1\mu F$ 时	
数据采集卡的 AO1	CT01 的 P1	数据采集卡的 AO1	CT01 的 P1
CT01 的 P2	CT01 的 P6	CT01 的 P3	CT01 的 P6
CT01 的 P5	CT01 的 P6	CT01 的 P5	CT01 的 P6
CT01 的 P7	数据采集卡的 AI1	CT01 的 P7	数据采集卡的 AI1
数据采集卡的 GND	CT01 的 GND	数据采集卡的 GND	CT01 的 GND
数据采集卡的 DO3（自动锁零时连接，手动不连接）	CT01 的 UI	数据采集卡的 DO3 自动（自动锁零时连接，手动不连接）	CT01 的 UI

若比例系数 $K=1$、时间系数 $T=1s$ 时，电路中的参数取 $R_1=100k\Omega$，$R_2=100k\Omega$，$C=10\mu F$（$K=R_2/R_i=1$，$T=R_2C=100k\Omega\times10\mu F=1s$）。

若比例系数 $K=1$、时间系数 $T=0.1s$ 时，电路中的参数取 $R_1=100k\Omega$，$R_2=100k\Omega$，$C=1\mu F$（$K=R_2/R_1=1$，$T=R_2C=100k\Omega\times1\mu F=0.1s$）。

通过改变 R_2、R_1、C 的值可改变惯性环节的放大系数 K 和时间系数 T。

当 u_i 为一单位阶跃信号时，用上位机软件观测并记录不同 K 及 T 值时的实验曲线，并与理论值进行比较。

六、实验报告要求

（1）画出各典型环节的实验电路图，写出传递函数。

（2）注明电路元件参数，记录不同参数下各环节的单位阶跃响应曲线。

（3）根据实测单位阶跃响应曲线，确定各环节的实际比例系数、时间系数。

七、实验思考题

（1）用运放模拟典型环节时，其传递函数是在什么假设条件下近似导出的？

（2）积分环节和惯性环节主要差别是什么？在什么条件下惯性环节可以近似地视为积分环节？而又在什么条件下，惯性环节可以近似地视为比例环节？

（3）在积分环节和惯性环节实验中，如何根据单位阶跃响应曲线的波形确定积分环节和惯性环节的时间系数？

（4）为什么实验中实际曲线与理论曲线有一定误差？

实验2　二阶系统的瞬态响应

一、实验目的

（1）了解参数 ξ（阻尼比）、ω_n（阻尼自然频率）的变化对二阶系统动态性能的影响。

（2）掌握二阶系统动态性能的测试方法。

二、实验设备

（1）THKKL-B型模块化自控原理实验系统实验平台，实验模块CT02。

（2）PC机一台（含上位机软件）。

（3）USB接口线。

三、实验内容

（1）观测二阶系统的阻尼比分别在 $0<\xi<1$，$\xi=1$ 和 $\xi>1$ 三种情况下的单位阶跃响应曲线。

（2）调节二阶系统的开环增益 K，使系统的阻尼比 $\xi=\frac{1}{\sqrt{2}}$，测量此时系统的超调量 σ_p、调节时间 t_s（$\Delta=\pm 0.05$）。

（3）ξ 为一定时，观测系统在不同 ω_n 时的响应曲线。

四、实验原理

1. 二阶系统的瞬态响应

用二阶常微分方程描述的系统，称为二阶系统，其标准形式的闭环传递函数为

$$\frac{C(s)}{R(s)}=\frac{\omega_n^2}{s^2+2\xi\omega_n s+\omega_n^2} \tag{11-1}$$

闭环特征方程为 $s^2+2\xi\omega_n s+\omega_n^2=0$

其解为 $s_{1,2}=-\xi\omega_n\pm\omega_n\sqrt{\xi^2-1}$。

针对不同的 ξ 值，特征根会出现下列三种情况：

1）$0<\xi<1$（欠阻尼），$s_{1,2}=-\xi\omega_n\pm j\omega_n\sqrt{1-\xi^2}$。

此时，系统的单位阶跃响应呈振荡衰减形式，其曲线如图11-20（a）所示。它的数学表

达式为

$$C(t)=1-\frac{1}{\sqrt{1-\xi^2}}e^{-\xi\omega_n t}\sin(\omega_d t+\beta)$$

式中：$\omega_d=\omega_n\sqrt{1-\xi^2}$，$\beta=\tan^{-1}\frac{\sqrt{1-\xi^2}}{\xi}$。

2）$\xi=1$（临界阻尼），$s_{1,2}=-\omega_n$

此时，系统的单位阶跃响应是一条单调上升的指数曲线，如图 11-20（b）所示。

3）$\xi>1$（过阻尼），$s_{1,2}=-\xi\omega_n\pm\omega_n\sqrt{\xi^2-1}$。

此时系统有两个相异实根，它的单位阶跃响应曲线如图 11-20（c）所示。

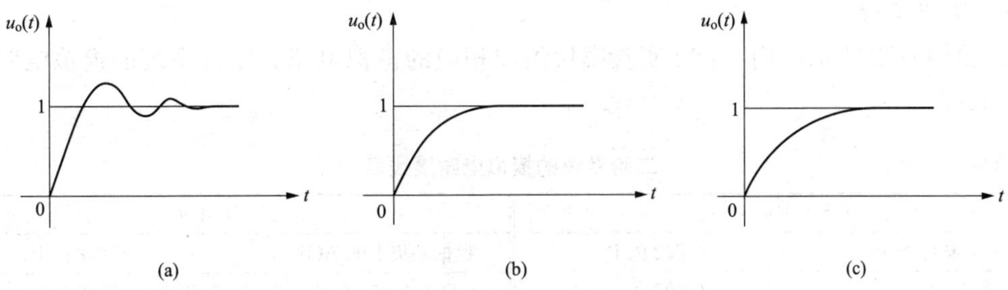

图 11-20　二阶系统的动态响应曲线

（a）欠阻尼（$0<\xi<1$）；（b）临界阻尼（$\xi=1$）；（c）过阻尼（$\xi>1$）

虽然当 $\xi=1$ 或 $\xi>1$ 时，系统的阶跃响应无超调产生，但这种响应的动态过程太缓慢，故控制工程上常采用欠阻尼的二阶系统，一般取 $\xi=0.6\sim0.7$，此时系统的动态响应过程不仅快速，而且超调量也小。

2. 二阶系统的典型结构

典型的二阶系统结构框图和模拟电路图如图 11-21、图 11-22 所示。

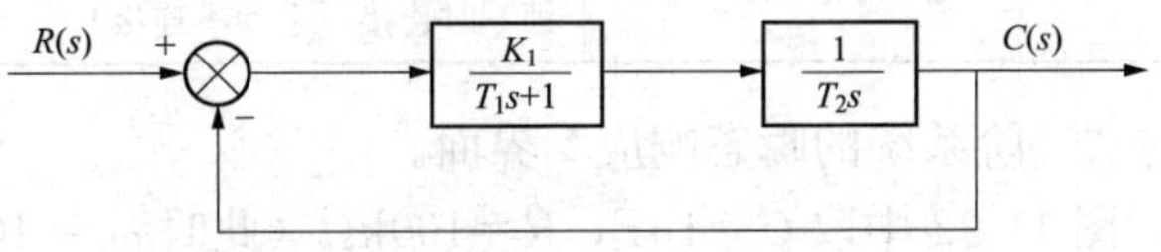

图 11-21　典型的二阶系统结构框图

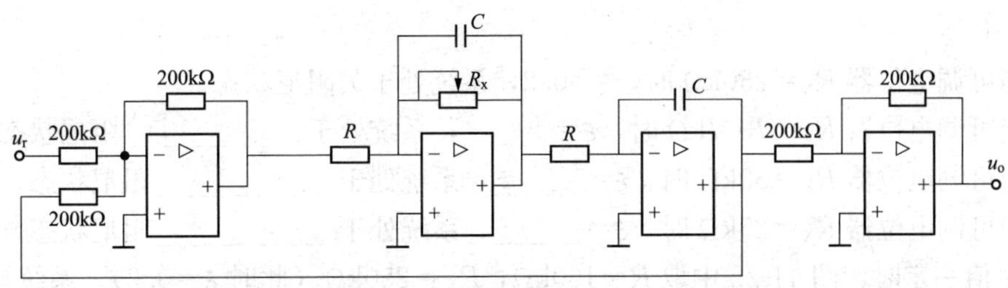

图 11-22　典型的二阶系统模拟电路图

由图 11-21 可得其开环传递函数为

$$G(s)=\frac{K}{s(T_1s+1)}$$

其中 $K=\frac{K_1}{T_2}$，$T_1=R_XC$，$K_1=\frac{R_X}{R}$，$T_2=RC$

其闭环传递函数为

$$W(s)=\frac{\frac{K}{T_1}}{s^2+\frac{1}{T_1}s+\frac{K}{T_1}}$$

与式（11-1）相比较，可得

$$\omega_n=\sqrt{\frac{K_1}{T_1T_2}}=\frac{1}{RC},\xi=\frac{1}{2}\sqrt{\frac{T_2}{K_1T_1}}=\frac{R}{2R_X}$$

五、实验步骤

根据图 11-22 所示，用 CT02 实验模块组建相应的模拟电路。二阶系统的模拟电路接线表见表 11-7。

表 11-7　二阶系统的模拟电路接线表

$C=1\mu$F 时		$C=10\mu$F 时	
数据采集卡的 AO1	CT02 的 P1	数据采集卡的 AO1	CT02 的 P1
CT02 的 P6	CT02 的 P9	CT02 的 P5	CT02 的 P9
CT02 的 P4	可调电阻	CT02 的 P4	可调电阻
CT02 的 P9	可调电阻	CT02 的 P9	可调电阻
CT02 的 P9	CT02 的 P16	CT02 的 P9	CT02 的 P16
CT02 的 P18	CT02 的 P20	CT02 的 P17	CT02 的 P20
CT02 的 P20	CT02 的 P2	CT02 的 P20	CT02 的 P2
CT02 的 P21	数据采集卡的 AI1	CT02 的 P21	数据采集卡的 AI1
数据采集卡的 GND	CT02 的 GND	数据采集卡的 GND	CT02 的 GND
数据采集卡的 DO3（自动锁零时连接，手动不连接）	CT02 的 UI	数据采集卡的 DO3 自动（自动锁零时连接，手动不连接）	CT02 的 UI

打开上位机软件的“二阶系统的瞬态响应”界面。

（1）ω_n 值一定时，图 11-22 中取 $C=1\mu$F，$R=100$kΩ（此时 $\omega_n=10$），R_X 阻值可调范围为 0～470kΩ。系统输入一单位阶跃信号，在下列几种情况下，用上位机软件观测并记录不同 ξ 值时的实验曲线，计算相关参数并记录超调量、过渡时间 t_s（$\Delta=\pm0.05$）和稳态误差在表 11-8 中。

1）当可调电位器 $R_X=250$kΩ 时，$\xi=0.2$，系统处于欠阻尼状态。

2）当可调电位器 $R_X=70.7$kΩ 时，$\xi=$______，系统处于__________阻尼状态。

3）当可调电位器 $R_X=50$kΩ 时，$\xi=$______，系统处于__________阻尼状态。

4）当可调电位器 $R_X=25$kΩ 时，$\xi=$______，系统处于__________阻尼状态。

（2）ξ 值一定时，图 11-22 中取 $R=100$kΩ，$R_X=250$kΩ（此时 $\xi=0.2$）。系统输入一单位阶跃信号，在下列几种情况下，用上位机软件观测并记录不同 ω_n 值时的实验曲线，计算相关参数并记录超调量、过渡时间 t_s（$\Delta=\pm0.05$）和稳态误差在表 11-8 中。

1）若取 $C=10\mu$F 时，$\omega_n=1$。

2）若取 $C=1\mu$F 时，$\omega_n=10$。

注意：由于实验电路中有积分环节，实验前一定要用“锁零单元”对积分电容进行锁零。

表 11-8　二阶系统瞬态阶跃响应实验数据记录表

C（μF）	R（kΩ）	R_X（kΩ）	开环增益 K	惯性系数 T_1	ξ	ω_n	超调量 σ_p	过渡时间 t_s	稳态误差 e_{ss}
1	100	250			0.2	10			
1	100	70.7				10			
1	100	50				10			
1	100	25				10			
10	100	250			0.2	1			
1	100	250			0.2	10			

六、实验报告要求

（1）画出二阶系统线性定常系统的实验电路，并写出闭环传递函数，表明电路中各元件参数。

（2）记录测得的单位阶跃响应曲线，计算并记录超调量、过渡时间 t_s（$\Delta=\pm 0.05$）和稳态误差。

（3）分析开环传函中增益 K 和惯性系数 T_1 对系统的动态性能的影响。

七、实验思考题

（1）二阶系统的 ξ 为多少时，系统动态性能最佳，为什么？此时的超调量、过渡时间（$\Delta=\pm 0.05$）为多少？若要达到最佳动态性能，开环传递函数中增益 K 和惯性系数 T_1 需满足什么条件？

（2）如果阶跃输入信号的幅值过大，会在实验中产生什么后果？

（3）为什么本实验中二阶系统对阶跃输入信号的稳态误差为零？

实验 3　高阶系统的瞬态响应和稳定性分析

一、实验目的

（1）理解线性系统的稳定性仅取决于系统本身的结构和参数，与外作用及初始条件均无关的特性。

（2）研究系统的开环增益 K 或其他参数的变化对闭环系统稳定性的影响。

二、实验设备

（1）THKKL-B 型模块化自控原理实验系统实验平台，实验模块 CT02。

（2）PC 机一台（含上位机软件）。

（3）USB 接口线。

三、实验内容

观测三阶系统的开环增益 K 为不同数值时的阶跃响应曲线。

四、实验原理

三阶系统及三阶以上的系统统称为高阶系统。一个高阶系统的瞬态响应是由一阶和二阶系统的瞬态响应组成。控制系统能投入实际应用必须首先满足稳定的要求。线性系统稳定的充要条件是其特征方程式的根全部位于 s 平面的左方。应用劳斯判据就可以判别闭环特征方程式的根在s平面上的具体分布，从而确定系统是否稳定。

本实验是研究一个三阶系统的稳定性与其开环增益 K 对系统性能的关系。三阶系统框图和模拟电路图如图 11-23 和图 11-24 所示。

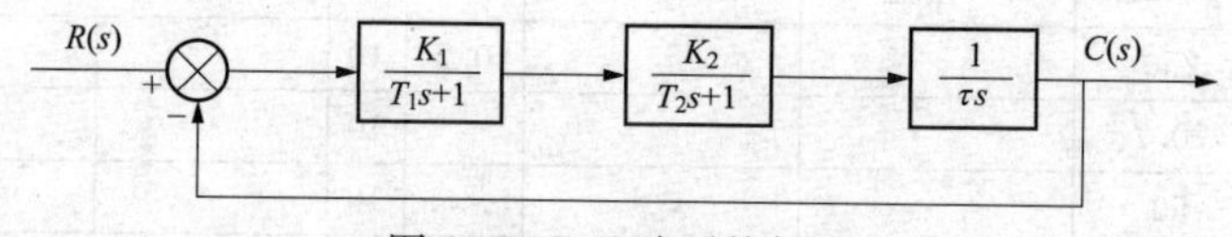

图 11-23　三阶系统框图

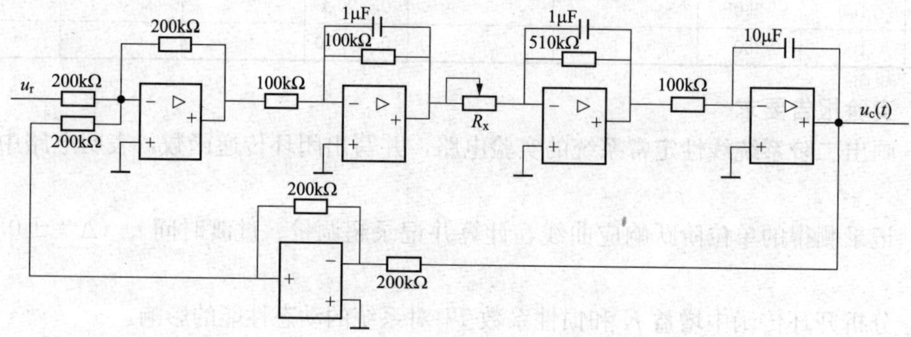

图 11-24　三阶系统的模拟电路图

系统开环传递函数为

$$G(s)=\frac{K}{s(T_1s+1)(T_2s+1)}=\frac{\frac{K_1K_2}{\tau}}{s(0.1s+1)(0.5s+1)}$$

式中：$\tau=1\text{s}$，$T_1=0.1\text{s}$，$T_2=0.5\text{s}$，$K=\frac{K_1K_2}{\tau}$，$K_1=1$，$K_2=\frac{510}{R_X}$（其中待定电阻 R_X 的单位为 kΩ），改变 R_X 的阻值，可改变系统的开环增益 K。

由开环传递函数得到系统的特征方程为

$$s^3+12s^2+20s+20K=0$$

由劳斯判据得

$0<K<12$，系统稳定。

$K=12$，系统临界稳定。

$K>12$，系统不稳定。

三阶系统在不同开环增益的单位阶跃响应曲线如图 11-25 的（a）、（b）、（c）所示。

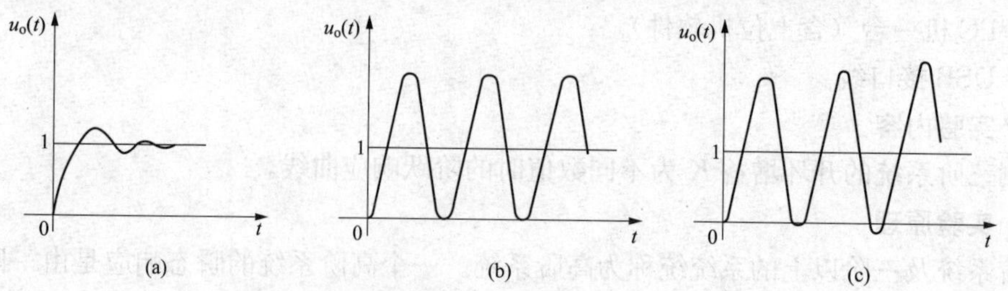

图 11-25　三阶系统在不同开环增益的单位阶跃响应曲线

（a）稳定；（b）临界；（c）不稳定

五、实验步骤

根据图 11-24 组建该系统的模拟电路，三阶系统的模拟电路接线表见表 11-9。

表 11-9　三阶系统的模拟电路接线表

数据采集卡的 AO1	CT02 的 P1
CT02 的 P8	CT02 的 P9
CT02 的 P6	CT02 的 P9
CT02 的 P9	CT02 的 P12
CT02 的 P13	CT02 的 P14
CT02 的 P15	CT02 的 P16
CT02 的 P17	CT02 的 P20
CT02 的 P21	CT02 的 P2
CT02 的 P20	数据采集卡的 AI1
数据采集卡的 GND	CT02 的 GND
数据采集卡的 DO3 自动（自动锁零时连接，手动不连接）	CT02 的 UI

打开上位机软件的“高阶系统的瞬态响应和稳定性分析”界面。当系统输入一单位阶跃信号时，在下列几种情况下，用上位软件观测并记录不同 K 值时的实验曲线。

（1）若 $K=5$ 时，系统稳定，此时电路中的 R_X 取 100kΩ 左右。

（2）若 $K=12$ 时，系统处于临界状态，此时电路中的 R_X 取 42.5kΩ 左右。

（3）若 $K=20$ 时，系统不稳定，此时电路中的 R_X 取 25kΩ 左右。

六、实验报告要求

（1）画出三阶系统线性定常系统的实验电路，并写出其闭环传递函数，表明电路中的各参数。

（2）根据测得的系统单位阶跃响应曲线，分析开环增益对系统动态特性及稳定性的影响。

七、实验思考题

对三阶系统，为使系统能稳定工作，开环增益 K 应适量取大还是取小？

实验 4　线性定常系统的稳态误差

一、实验目的

（1）理解系统的跟踪误差与其结构、参数与输入信号的形式、幅值大小之间的关系。

（2）研究系统的开环增益 K 对稳态误差的影响。

二、实验设备

（1）THKKL-B 型模块化自控原理实验系统实验平台，实验模块 CT03。

（2）PC 机一台（含上位机软件）。

（3）USB 接口线。

三、实验内容

（1）观测 0 型二阶系统的单位阶跃响应和单位斜坡响应，并实测它们的稳态误差。

（2）观测Ⅰ型二阶系统的单位阶跃响应和单位斜坡响应，并实测它们的稳态误差。

（3）观测Ⅱ型二阶系统的单位斜坡响应和单位抛物波响应，并实测它们的稳态误差。

四、实验原理

控制系统框图如图 11-26 所示。其中 $G(s)$为系统前向通道的传递函数，$H(s)$为其反馈通道的传递函数。

由图 11-26 求得系统的误差为

$$E(s)=\frac{1}{1+G(s)H(s)}R(s) \tag{11-2}$$

由式（11-2）可知，系统的误差 $E(s)$不仅与其结构和参数有关，而且也与输入信号$R(s)$的形式和大小有关。如果系统稳定，且误差的终值存在，则可用下列的终值定理求取系统的稳态误差

$$e_{ss}=\lim_{s\to 0}sE(s) \tag{11-3}$$

本实验研究系统的稳态误差与上述因素间的关系。下面叙述 0 型、Ⅰ型、Ⅱ型系统对三种不同输入信号所产生的稳态误差 e_{ss}。

1. 0 型二阶系统

0 型二阶系统框图如图 11-27 所示。根据式（11-3）可以计算出该系统对阶跃和斜坡输入时的稳态误差。

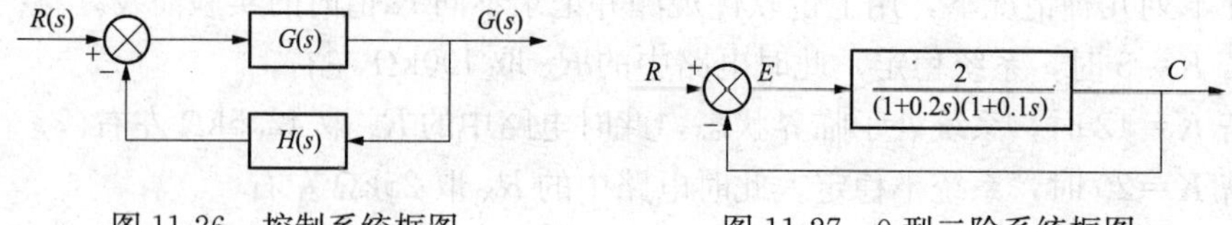

图 11-26 控制系统框图　　图 11-27 0 型二阶系统框图

（1）单位阶跃输入$\left[R(s)=\frac{1}{s}\right]$

$$e_{ss}=\lim_{s\to 0}s\frac{(1+0.2s)(1+0.1s)}{(1+0.2s)(1+0.1s)+2}\frac{1}{s}=\frac{1}{3}$$

（2）单位斜坡输入$\left[R(s)=\frac{1}{s^2}\right]$

$$e_{ss}=\lim_{s\to 0}s\frac{(1+0.2s)(1+0.1s)}{(1+0.2s)(1+0.1s)+2}\frac{1}{s^2}=\infty$$

上述结果表明 0 型二阶系统只能跟踪阶跃输入，但有稳态误差存在，其计算公式为

$$e_{ss}=\frac{R_0}{1+K_P}$$

式中：$K_P \cong \lim_{s\to 0}G(s)H(s)$，$R_0$ 为阶跃信号的幅值。

0 型二阶系统稳态误差响应曲线如图 11-28 所示。

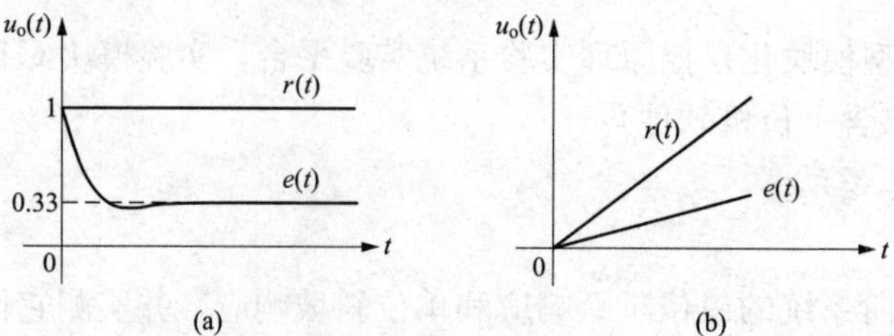

图 11-28 0 型二阶系统稳态误差响应曲线

（a）单位阶跃输入时；（b）单位斜坡输入时

2. Ⅰ型二阶系统

如图 11-29 所示为Ⅰ型二阶系统框图。

(1) 单位阶跃输入

$$E(s)=\frac{1}{1+G(s)}R(s)=\frac{s(1+0.1s)}{s(1+0.1s)+10}\frac{1}{s}$$

$$e_{ss}=\lim_{s\to 0}s\frac{s(1+0.1s)}{s(1+0.1s)+10}\frac{1}{s}=0$$

(2) 单位斜坡输入

$$e_{ss}=\lim_{s\to 0}s\frac{s(1+0.1s)}{s(1+0.1s)+10}\frac{1}{s^2}=0.1$$

这表明Ⅰ型系统的输出信号完全能跟踪阶跃输入信号，在稳态时其误差为零。对于单位斜坡信号输入，该系统的输出也能跟踪输入信号的变化，且在稳态时两者的速度相等（即 $u_r=u_o=1$），但有位置误差存在，其值为$\frac{V_O}{K_V}$，其中 $K_V=\lim_{s\to 0}sG(s)H(s)$，$V_O$ 为斜坡信号对时间的变化率。Ⅰ型二阶系统稳态误差响应曲线如图 11-30 所示。

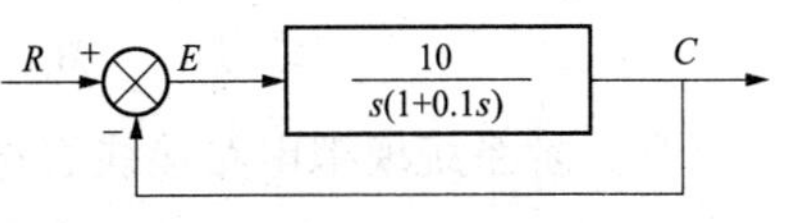

图 11-29　Ⅰ型二阶系统框图

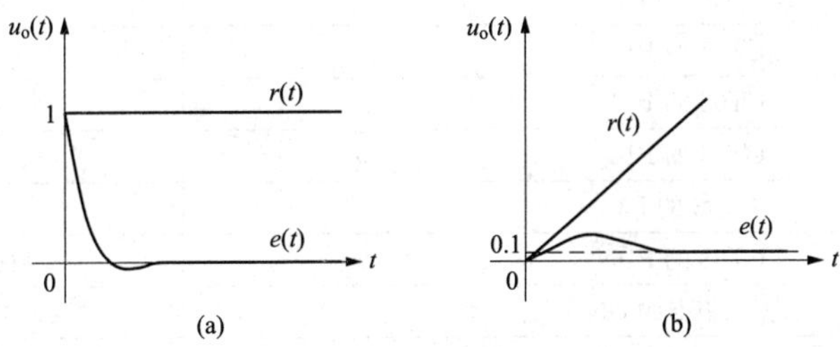

图 11-30　Ⅰ型二阶系统稳态误差响应曲线

(a) 单位阶跃输入时；(b) 单位斜坡输入时

3. Ⅱ型二阶系统

如图 11-31 所示为Ⅱ型二阶系统框图。

同理可证明Ⅱ型二阶系统输出均无稳态误差地跟踪单位阶跃输入和单位斜坡输入。当输入信号 $r(t)=\frac{1}{2}t^2$，即 $R(s)=\frac{1}{s^3}$时，其稳态误差为

$$e_{ss}=\lim_{s\to 0}s\frac{s^2}{s^2+10(1+0.47s)}\frac{1}{s^3}=0.1$$

当单位抛物波输入时Ⅱ型二阶系统的抛物稳态误差响应曲线如图 11-32 所示。

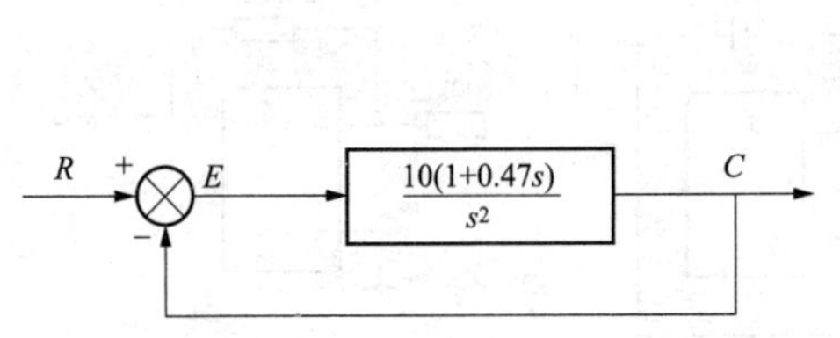

图 11-31　Ⅱ型二阶系统框图

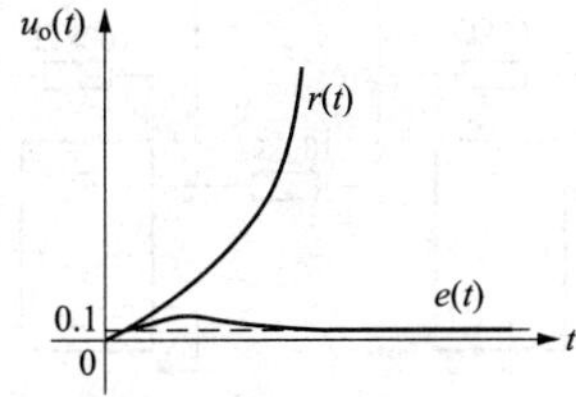

图 11-32　Ⅱ型二阶系统的抛物波稳态误差响应曲线

五、实验步骤

1. 0型二阶系统

根据0型二阶系统框图，用实验模块组建相应的模拟电路，如图11-33所示。

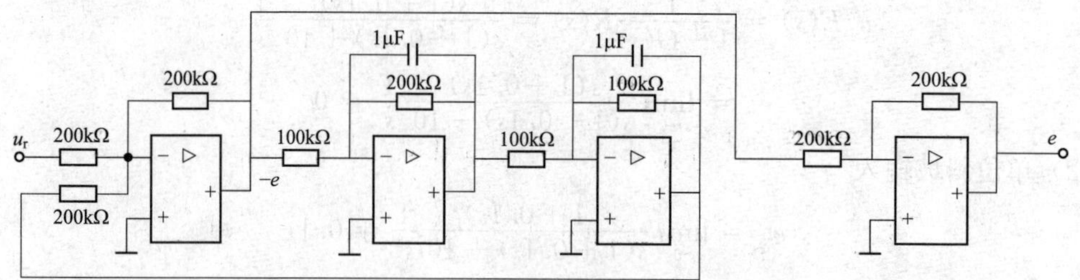

图11-33　0型二阶系统模拟电路图

0型二阶系统模拟电路接线表见表11-10。

表11-10　　0型二阶系统模拟电路接线表

数据采集卡的AO1	CT03的P1
CT03的P5	CT03的P8
CT03的P6	CT03的P8
CT03的P8	CT03的P11
CT03的P12	CT03的P14
CT03的P13	CT03的P14
CT03的P14	CT03的P2
CT03的P3	CT03的P15
CT03的P16	数据采集卡的AI1
数据采集卡的GND	CT03的GND
数据采集卡的DO3自动（自动锁零时连接，手动不连接）	CT03的UI

打开上位机软件的“线性定常系统的稳态误差”界面。注意，上位机软件界面中得的“波形选择”，选好波形后有信号输出。

当输入u_r为一单位阶跃信号时，用上位软件观测图中e点并记录其实验曲线，并与理论偏差值进行比较。

当输入u_r为一单位斜坡信号时，用上位软件观测图中e点并记录其实验曲线，并与理论偏差值进行比较。

2. Ⅰ型二阶系统

根据Ⅰ型二阶系统框图，组建相应的模拟电路，如图11-34所示。

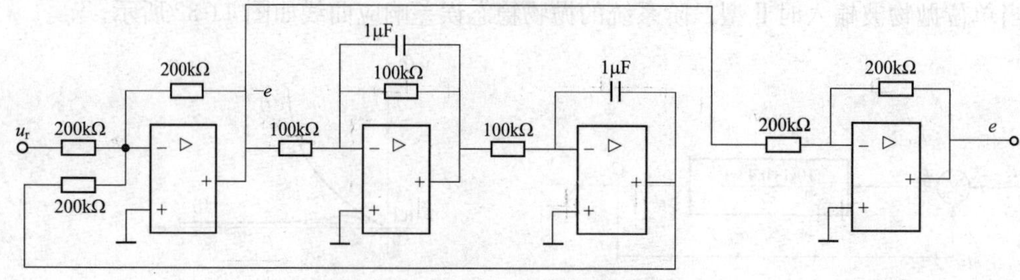

图11-34　Ⅰ型二阶系统模拟电路图

Ⅰ型二阶系统模拟电路接线表见表 11-11。

表 11-11　Ⅰ型二阶系统模拟电路接线表

数据采集卡的 AO1	CT03 的 P1
CT03 的 P5	CT03 的 P8
CT03 的 P7	CT03 的 P8
CT03 的 P8	CT03 的 P11
CT03 的 P12	CT03 的 P14
CT03 的 P14	CT03 的 P2
CT03 的 P3	CT03 的 P15
CT03 的 P16	数据采集卡的 AI1
数据采集卡的 GND	CT03 的 GND
数据采集卡的 DO3 自动（自动锁零时连接，手动不连接）	CT03 的 UI

当输入 u_r 为一单位阶跃信号时，用上位软件观测图中 e 点并记录其实验曲线，并与理论偏差值进行比较。

当输入 u_r 为一单位斜坡信号时，用上位软件观测图中 e 点并记录其实验曲线，并与理论偏差值进行比较。

3. Ⅱ型二阶系统

根据Ⅱ型二阶系统框图，组建相应的模拟电路，如图 11-35 所示。

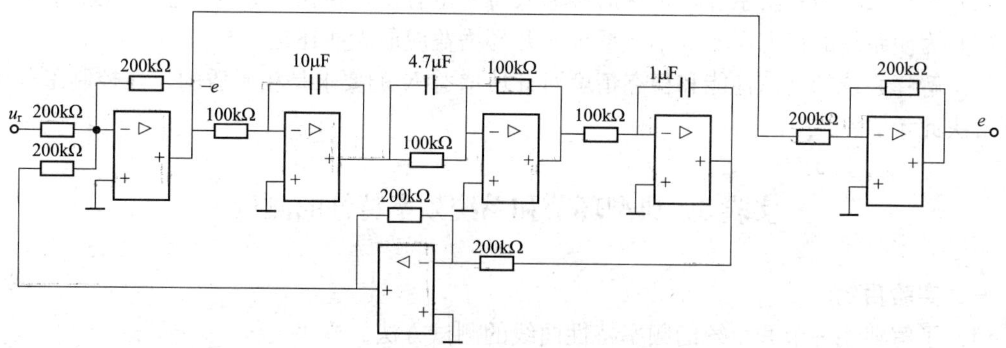

图 11-35　Ⅱ型二阶系统模拟电路图

Ⅱ型二阶系统模拟电路接线表见表 11-12。

表 11-12　Ⅱ型二阶系统模拟电路接线表

数据采集卡的 AO1	CT03 的 P1
CT03 的 P4	CT03 的 P8
CT03 的 P8	CT03 的 P9
CT03 的 P10	CT03 的 P11
CT03 的 P12	CT03 的 P14
CT03 的 P14	CT03 的 P17
CT03 的 P18	CT03 的 P2
CT03 的 P3	CT03 的 P5
CT03 的 P16	数据采集卡的 AI1
数据采集卡的 GND	CT03 的 GND
数据采集卡的 DO3 自动（自动锁零时连接，手动不连接）	CT03 的 UI

当输入 u_r 为一单位斜坡（或单位阶跃）信号时，用上位软件观测图中 e 点并记录其实验曲线，并与理论偏差值进行比较。

当输入 u_r 为一单位抛物波信号时，用上位软件观测图中 e 点并记录其实验曲线，并与理论偏差值进行比较。

注意：本实验中不主张用示波器直接测量给定信号与响应信号的曲线，因它们在时间上有一定的响应误差。

六、实验报告要求

(1) 画出0型二阶系统框图和模拟电路图，并由实验测得系统在单位阶跃和单位斜坡信号输入时的稳态误差。

(2) 画出Ⅰ型二阶系统框图和模拟电路图，并由实验测得系统在单位阶跃和单位斜坡信号输入时的稳态误差。

(3) 画出Ⅱ型二阶系统框图和模拟电路图，并由实验测得系统在单位斜坡和单位抛物线函数作用下的稳态误差。

(4) 观察由于改变输入阶跃信号的幅值、斜坡信号的速度，对二阶系统稳态误差的影响，并分析其产生的原因。

七、实验思考题

(1) 为什么0型二阶系统不能跟踪斜坡输入信号？

(2) 为什么0型二阶系统在阶跃信号输入时一定有误差存在，决定误差的因素有哪些？

(3) 为使系统的稳态误差减小，系统的开环增益应取大些还是小些？

(4) 解释系统的动态性能和稳态精度对开环增益 K 的要求是相矛盾的，在控制工程中应如何解决此矛盾？

实验5 典型环节和系统频率特性的测量

一、实验目的

(1) 了解典型环节和系统的频率特性曲线的测试方法。

(2) 根据实验求得的频率特性曲线求取传递函数。

二、实验设备

(1) THKKL-B型模块化自控原理实验系统实验平台，实验模块CT05。

(2) PC机一台（含上位机软件）。

(3) USB接口线。

三、实验内容

(1) 惯性环节的频率特性测试。

(2) 二阶系统频率特性测试。

(3) 由实验测得的频率特性曲线，求取相应的传递函数。

四、实验原理

1. 系统（环节）的频率特性

设 $G(s)$ 为一最小相位系统（环节）的传递函数。如在它的输入端施加一幅值为 X_m、频率为 ω 的正弦信号，则系统的稳态输出为

$$y = Y_m \sin(\omega t + \phi) = X_m \mid G(j\omega) \mid \sin(\omega t + \phi)$$

式中：Y_m 为最小相位系统输出端信号的幅值。

由上式得出系统输出，输入信号的幅值比相位差

$$\frac{Y_m}{X_m} = \frac{X_m \mid G(j\omega) \mid}{X_m} = \mid G(j\omega) \mid \qquad \text{（幅频特性）}$$

$$\phi(\omega) = \angle G(j\omega) \qquad \text{（相频特性）}$$

式中：$|G(j\omega)|$ 和 $\phi(\omega)$ 都是输入信号 ω 的函数。

2. 频率特性的测试方法

（1）李沙育图形法测试。

1）幅频特性的测试。

由于 $|G(j\omega)| = \dfrac{Y_m}{X_m} = \dfrac{2Y_m}{2X_m}$

改变输入信号的频率，即可测出相应的幅值比，并计算

$$L(\omega) = 20\log A(\omega) = 20\log \frac{2Y_m}{2X_m} \quad (\text{dB})$$

式中：$L(\omega)$ 为系统在不同角频率时输出输入幅值比的对数形式，即对数幅频特性；$A(\omega)$为系统在不同角频率时的输出输入幅值比。

其测试框图如图 11-36 所示。

注意：示波器同一时刻只输入一个通道，即系统（环节）的输入或输出。

2）相频特性的测试。令系统（环节）的输入信号为

$$X(t) = X_m \sin\omega t \tag{11-4}$$

则其输出为
$$Y(t) = Y_m \sin(\omega t + \phi) \tag{11-5}$$

对应的相频特性的测试图(李沙育图形法)如图 11-37 所示。

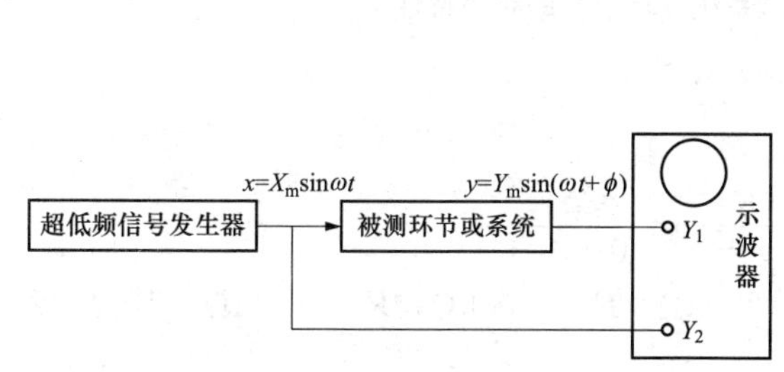

图 11-36　幅频特性的测试图(李沙育图形法)

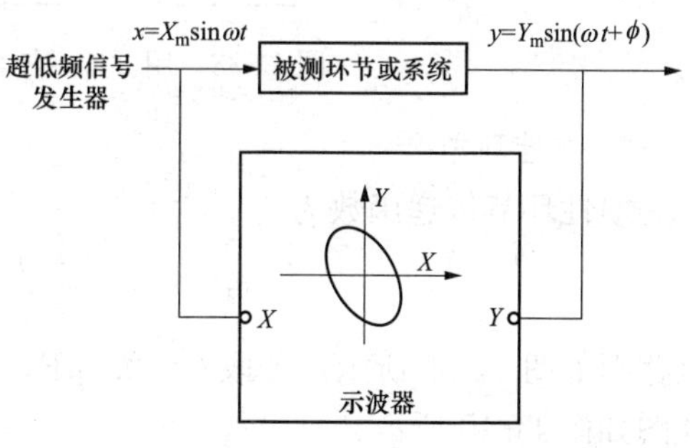

图 11-37　相频特性的测试图(李沙育图形法)

若以 t 为参变量，则 $X(t)$ 与 $Y(t)$ 所确定点的轨迹将在示波器的屏幕上形成一条封闭的曲线（通常为椭圆），当 $t=0$ 时，$X(0)=0$ 由式（11-5）得

$$Y(0) = Y_m \sin(\phi)$$

于是有
$$\phi(\omega) = \sin^{-1}\frac{Y(0)}{Y_m} = \sin^{-1}\frac{2Y(0)}{2Y_m} \tag{11-6}$$

同理可得
$$\phi(\omega) = \sin^{-1}\frac{2X(0)}{2X_m} \tag{11-7}$$

式中：$2Y(0)$ 为椭圆与 Y 轴相交点间的长度；$2X(0)$ 为椭圆与 X 轴相交点间的长度。

式（11-6）、式（11-7）适用于椭圆的长轴在一、三象限；当椭圆的长轴在二、四时相位 ϕ 的计算公式为

$$\phi(\omega)=180^{\circ}-\sin^{-1}\frac{2Y(0)}{2Y_{\mathrm{m}}}$$

或

$$\phi(\omega)=180^{\circ}-\sin^{-1}\frac{2X(0)}{2X_{\mathrm{m}}}$$

李沙育图形相位的计算公式和光点的转向见表11-13。

表11-13　　李沙育图形相位的计算公式和光点的转向

相角 ϕ	超前		滞后	
	$0^{\circ}\sim90^{\circ}$	$90^{\circ}\sim180^{\circ}$	$0^{\circ}\sim90^{\circ}$	$90^{\circ}\sim180^{\circ}$
图形				
计算公式	$\phi=\sin^{-1}2Y(0)/(2Y_{\mathrm{m}})$ $=\sin^{-1}2X(0)/(X_{\mathrm{m}})$	$\phi=180^{\circ}-\sin^{-1}2Y(0)/(2Y_{\mathrm{m}})$ $=180^{\circ}-\sin^{-1}2X(0)/(2X_{\mathrm{m}})$	$\phi=\sin^{-1}2Y(0)/(2Y_{\mathrm{m}})$ $=\sin^{-1}2X(0)/(2X_{\mathrm{m}})$	$\phi=180^{\circ}-\sin^{-1}2Y(0)/(2Y_{\mathrm{m}})$ $=180^{\circ}-\sin^{-1}2X(0)/(2X_{\mathrm{m}})$
光点转向	顺时针	顺时针	逆时针	逆时针

（2）用虚拟示波器测试。如图11-38所示，可直接用软件测试出系统（环节）的频率特性，其中 u_{i} 信号由虚拟示波器扫频输出（直接点击开始分析即可）产生，并由信号发生器1（开关拨至正弦波）输出。测量频率特性时，信号发生器1的输出信号接到被测环节或系统的输入端和示波器接口的通道1。被测环节或系统的输出信号接示波器接口的通道2。

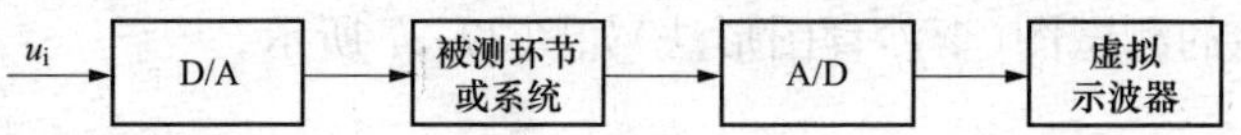

图11-38　用虚拟示波器测试系统（环节）的频率特性

3. 惯性环节

惯性环节传递函数为

$$G(s)=\frac{U_{\mathrm{o}}(s)}{U_{\mathrm{i}}(s)}=\frac{K}{Ts+1}=\frac{1}{0.02s+1}$$

电路图如图11-39所示，若取 $C=0.1\mu\mathrm{F}$，$R_1=200\mathrm{k}\Omega$，$R_2=200\mathrm{k}\Omega$，$R_0=200\mathrm{k}\Omega$，其幅频特性图如图11-40所示。

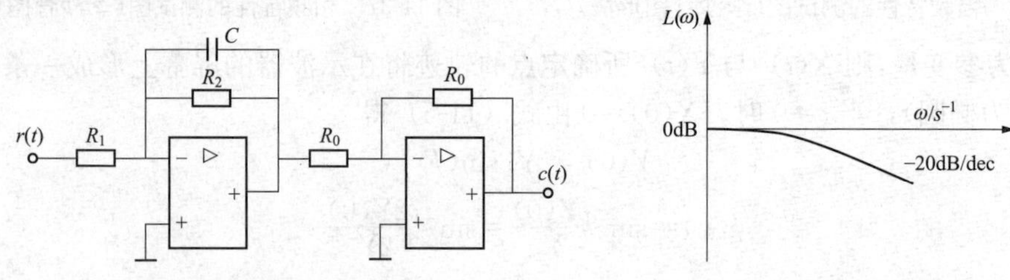

图11-39　惯性环节的电路图　　　　图11-40　惯性环节的幅频特性

则系统的转折频率为 $f_{\mathrm{T}}=\dfrac{1}{2\pi T}=7.96(\mathrm{Hz})$

4. 二阶系统

由图 11-42（R_X=50kΩ）可得系统的传递函数为

$$W(s)=\frac{2000}{s^2+100s+2000}=\frac{\omega_n^2}{s^2+2\xi\omega_n s+\omega_n^2}$$

$$\omega_n=\sqrt{2000},\xi=1.12(\text{过阻尼})$$

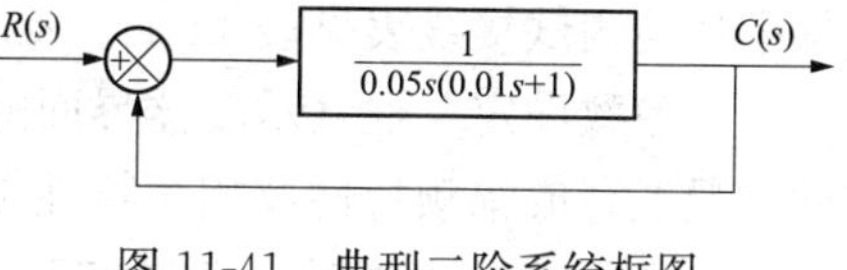

图 11-41　典型二阶系统框图

典型二阶系统框图如图 11-41 所示。

其模拟电路图如图 11-42 所示。

其中 R_X 可调。这里可取 43kΩ(ξ>1)、10kΩ(0<ξ<0.707）两个典型值。

当 R_X=43kΩ 时的幅频特性图如图 11-43 所示。

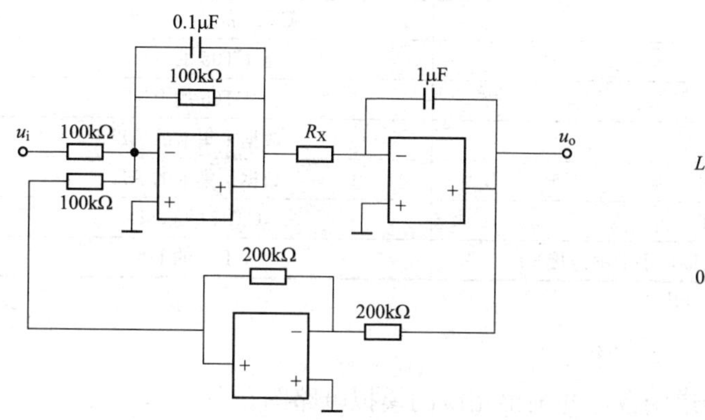

图 11-42　典型二阶系统的电路图

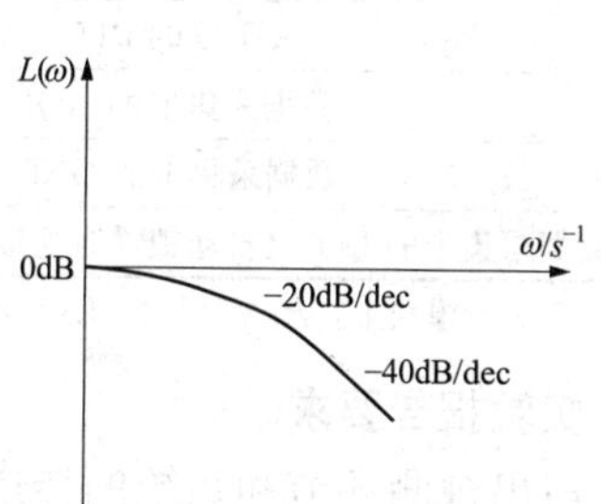

图 11-43　典型二阶系统的幅频特性

五、实验步骤

1. 惯性环节

（1）根据图 11-39，用实验模块组建相应的模拟电路。其中电路的输入端接数据采集卡的“AO1”，电路的输出端接数据采集卡的“AI2”；将数据采集卡的“AO1”与“AI1”连接。惯性环节频率特性测试接线表见表 11-14。

表 11-14　惯性环节频率特性测试接线表

数据采集卡的 AO1	CT05 的 P1
CT05 的 P2	CT05 的 P3
CT05 的 P4	数据采集卡的 AI2
数据采集卡的 AO1	数据采集卡的 AI1
数据采集卡的 GND	CT05 的 GND
数据采集卡的 DO3（自动锁零时连接，手动不连接）	CT05 的 UI

（2）打开上位机软件的“典型环节和系统频率特性的测量”界面。在“参数设定”框（示波器界面的右侧）中，“实验选择”复选框选择“惯性”。

（3）点击软件的“开始”，完成伯德图的幅频特性及相频特性图。

（4）完成实验后，在“奈奎斯特图”界面中查看系统对应的奈奎斯特图。

2. 二阶系统

根据图 11-42 用实验模块组建相应的模拟电路。本实验中 R_X 取 10kΩ 或 43kΩ。二阶系统频率特性测试接线表见表11-15。

在“参数设定”框（示波器界面的右侧）中，“实验选择”复选框选择“二阶”。在下面两种情况下完成幅频特性及相频特性图。

（1）当 $R_X=10\text{k}\Omega$ 时。完成实验后，在“奈奎斯特图”界面中查看系统对应的奈奎斯特图。

（2）当 $R_X=43\text{k}\Omega$ 时。完成实验后，在“奈奎斯特图”界面中查看系统对应的奈奎斯特图。

表11-15　　二阶系统频率特性测试接线表

数据采集卡的AO1	CT05的P5
CT05的P7	CT05的P8（或P9）
CT05的P11	CT05的P3
CT05的P4	CT05的P6
CT05的P11	数据采集卡的AI2
数据采集卡的AO1	数据采集卡的AI1
数据采集卡的GND	CT05的GND
数据采集卡的DO3（自动锁零时连接，手动不连接）	CT05的UI

注：CT05实验模块上，$R_1=10\text{k}\Omega$，$R_2=43\text{k}\Omega$。

六、实验报告要求

（1）写出被测环节和系统的传递函数，并画出相应的模拟电路图。

（2）绘出被测环节和系统的伯德图，奈奎斯特图。

（3）根据实验测得二阶系统（$R_X=10\text{k}\Omega$ 时）闭环幅频特性曲线及其数据列表，给出该系统的谐振峰值和谐振频率，写出系统实际传递函数。并与理论分析结果（谐振峰值、谐振频率和传递函数）相比较。

七、实验思考题

（1）如何测试系统的频率特性曲线，有哪几种测试方法？

（2）如何根据系统的开环对数幅频特性图求取系统的传递函数？

（3）控制系统开环频率域指标有哪些？闭环频率域指标有哪些？

（4）根据上位机测得的伯德图的幅频特性，就能确定系统（或环节）的相频特性，试问这在什么系统时才能实现？

实验6　线性定常系统的串联校正

一、实验目的

（1）理解所加校正装置的结构、特性和对系统性能的影响。

（2）掌握串联校正几种常用的设计方法和对系统的实时调试技术。

二、实验设备

（1）THKKL-B型模块化自控原理实验系统实验平台，实验模块CT06。

（2）PC机一台（含上位机软件）。

（3）USB接口线。

三、实验内容

（1）观测未加校正装置时系统的动态、静态性能。

（2）按动态性能的要求，分别用时域法或频域法设计串联校正装置。

（3）观测引入校正装置后系统的动态、静态性能，并予以实时调试，使动态、静态性能均满足设计要求。

四、实验原理

如图 11-44 所示为一加串联校正后系统框图。图中校正装置 $G_c(s)$ 是与被控对象 $G_o(s)$ 串联连接。

串联校正有以下三种形式：

（1）超前校正。这种校正是利用超前校正装置的相位超前特性来改善系统的动态性能。

（2）滞后校正。这种校正是利用滞后校正装置的高频幅值衰减特性，使系统在满足稳态性能的前提下又能满足其动态性能的要求。

（3）滞后超前校正。由于这种校正既有超前校正的特点，又有滞后校正的优点，因而它适用系统需要同时改善稳态和动态性能的场合。校正装置有无源和有源两种。基于后者与被控对象相连接时，不存在负载效应，故得到广泛应用。

下面介绍两种常用的校正方法：零极点对消法（时域法）和期望特性校正法（频域法）。

1. 零极点对消法（时域法）

零极点对消法是使校正变量 $G_c(s)$ 中的零点抵消被控对象 $G_o(s)$ 中不希望的极点，以使系统的动、静态性能均能满足设计要求。设校正前系统框图如图 11-45 所示。

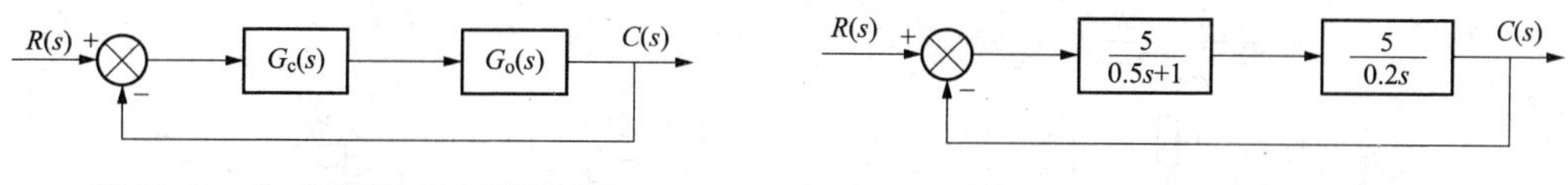

图 11-44　加串联校正后系统框图　　图 11-45　二阶闭环系统框图

（1）性能要求。静态速度误差系数为 $K_V \geqslant 25$，超调量 $\sigma_p \leqslant 20\%$，上升时间 $t_s \leqslant 1\text{s}$。

（2）校正前系统的性能分析。校正前系统的开环传递函数为

$$G_o(s)=\frac{5}{0.2s(0.5s+1)}=\frac{25}{s(0.5s+1)}$$

误差系数为 $K_V=\lim\limits_{s\to 0} sG_o(s)=25$，刚好满足稳态的要求。根据系统的闭环传递函数为

$$\Phi(s)=\frac{G_o(s)}{1+G_o(s)}=\frac{50}{s^2+2s+50}=\frac{\omega_n^2}{s^2+2\xi\omega_n s+\omega_n^2}$$

求得 $\omega_n=\sqrt{50}$，$2\xi\omega_n=2$，$\xi=\dfrac{1}{\omega_n}=\dfrac{1}{\sqrt{50}}=0.14$

代入二阶系统超调量 σ_p 的计算公式，即可确定该系统的超调量 σ_p，即

$$\sigma_p=e^{-\frac{\xi\pi}{\sqrt{1-\xi^2}}}=63\%,t_s\approx\frac{3}{\xi\omega_n}=3\text{s}(\Delta=\pm 0.05)$$

这表明当系统满足稳态性能指标 K_V 的要求后，其动态性能距设计要求甚远。为此，必须在系统中加一合适的校正装置，以使校正后系统的性能同时满足稳态和动态性能指标的要求。

（3）校正装置的设计。根据对校正后系统的性能指标要求，确定系统的 ξ 和 ω_n。由

$\sigma_p \leqslant 0.2 = e^{-\frac{\xi\pi}{\sqrt{1-\xi^2}}}$，求得 $\xi \geqslant 0.5$

$t_s \approx \frac{3}{\xi\omega_n} \leqslant 1(s)$　$(\Delta = \pm 0.05)$，解得 $\omega_n \geqslant \frac{3}{0.5} = 6$

根据零极点对消法则，令校正装置的传递函数 $G_c(s) = \frac{0.5s+1}{Ts+1}$

则校正后系统的开环传递函数为

$$G(s) = G_c(s)G_o(s) = \frac{0.5s+1}{Ts+1} \times \frac{25}{s(0.5s+1)} = \frac{25}{s(Ts+1)}$$

相应的闭环传递函数为

$$\Phi(s) = \frac{G(s)}{G(s)+1} = \frac{25}{Ts^2+s+25} = \frac{25/T}{s^2+s/T+25/T} = \frac{\omega_n^2}{s^2+2\xi\omega_n s+\omega_n^2}$$

于是有 $\omega_n^2 = \frac{25}{T}$，$2\xi\omega_n = \frac{1}{T}$

为使校正后系统的超调量 $\sigma_p \leqslant 20\%$，这里取 $\xi = 0.5(\sigma_p \approx 16.3\%)$，则 $2\times 0.5\sqrt{\frac{25}{T}} = \frac{1}{T}$，$T = 0.04(s)$。

这样所求校正装置的传递函数为

$$G_o(s) = \frac{0.5s+1}{0.04s+1}$$

设校正装置 $G_c(s)$ 的模拟电路如图 11-46 或图 11-47（实验时可选其中一种）所示。

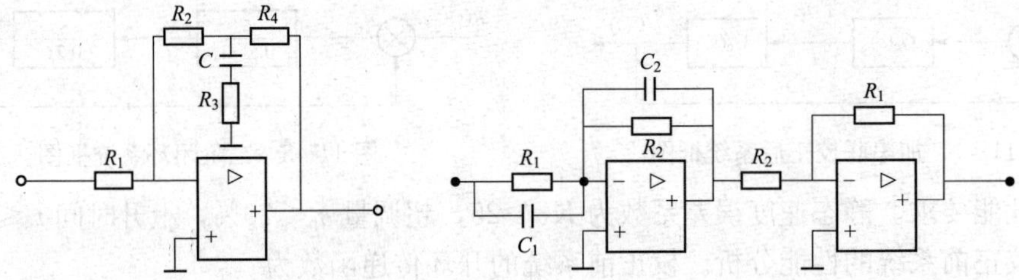

图 11-46　校正装置的电路图 1　　　　图 11-47　校正装置的电路图 2

图 11-46 中 $R_2 = R_4 = 200\text{k}\Omega$，$R_1 = 400\text{k}\Omega$，$R_3 = 10\text{k}\Omega$，$C = 4.7\mu\text{F}$ 时

$$T = R_3C = 10\times 10^3 \times 4.7\times 10^6 \approx 0.04(\text{s})$$

$$\frac{R_2R_3+R_2R_4+R_3R_4}{R_2+R_4}C = \frac{2000+40000+2000}{400}\times 4.7\times 10^6 \approx 0.5$$

则有 $G_o(s) = \frac{R_2+R_4}{R_1}\times\frac{1+\frac{R_2R_3+R_2R_4+R_3R_4}{R_2+R_4}Cs}{R_3Cs+1} = \frac{0.5s+1}{0.04s+1}$

图 11-47 中 $R_1 = 510\text{k}\Omega$，$C_1 = 1\mu\text{F}$，$R_2 = 390\text{k}\Omega$，$C_2 = 0.1\mu\text{F}$ 时有

$$G_o(s) = \frac{R_1C_1s+1}{R_2C_2s+1} = \frac{0.51s+1}{0.039s+1} \approx \frac{0.5s+1}{0.04s+1}$$

图 11-48 为二阶系统校正前后系统的单位阶跃响应的示意曲线。

2. 期望特性校正法

根据图 11-44 和给定的性能指标，确定期望的开环对数幅频特性 $L(\omega)$，并令它等于校正

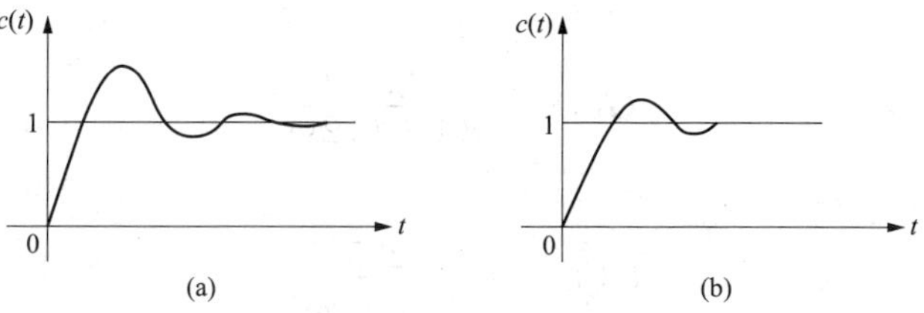

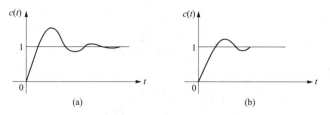

图 11-48　加校正装置前后二阶系统的阶跃响应曲线

(a)（σ_p 约为 63%）；(b)（σ_p 约为 16.3%）

装置的对数幅频特性 $L_c(\omega)$ 和未校正系统开环对数幅频特性 $L_o(\omega)$ 之和，即

$$L(\omega) = L_c(\omega) + L_o(\omega)$$

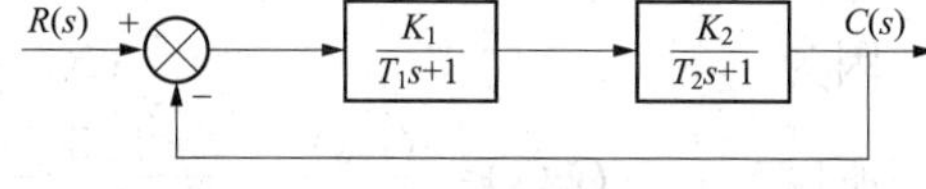

图 11-49　二阶系统框图

当知道期望开环对数幅频特性 $L(\omega)$ 和未校正系统的开环幅频特性 $L_o(\omega)$，就可以从伯德图上求出校正装置的对数幅频特性

$$L_c(\omega) = L(\omega) - L_o(\omega)$$

据此，可确定校正装置的传递函数，设校正前二阶系统框图如图 11-49 所示，这是一个 0 型二阶系统。

其开环传递函数为

$$G_o(s)=\frac{K_1K_2}{(T_1s+1)(T_2s+1)}=\frac{2}{(s+1)(0.2s+1)}$$

其中 $T_1=1$，$T_2=0.2$，$K_1=1$，$K_2=2$，$K=K_1K_2=2$。

则相应的模拟电路如图 11-50 所示。

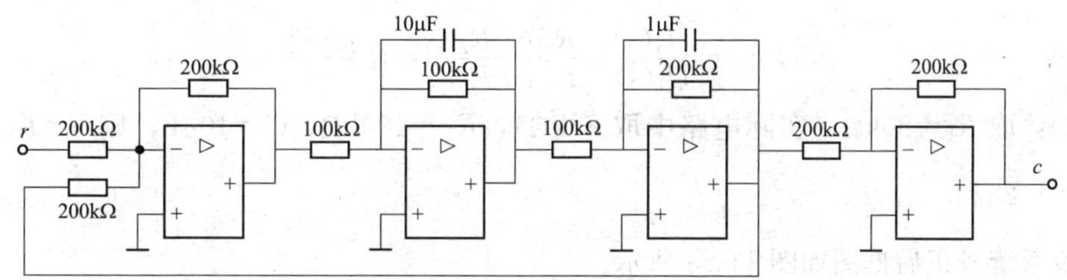

图 11-50　二阶系统的模拟电路图

由于图 11-50 是一个 0 型二阶系统，当系统输入端输入一个单位阶跃信号时，系统会有一定的稳态误差，其误差的计算方法请参考“实验 4 线性定常系统的稳态误差”。

(1) 设校正后系统的性能指标为：系统的超调量为 $\sigma_p \leqslant 10\%$，速度误差系数为 $K_V \geqslant 2$。后者表示校正后的系统为Ⅰ型二阶系统，使它跟踪阶跃输入无稳态误差。

(2) 设计步骤。

1）绘制未校正系统的开环对数幅频特性曲线，由图 11-50 可得

$$L_o(\omega) = 20\lg 2 - 20\lg\sqrt{1+\left(\frac{\omega}{1}\right)^2} - 20\lg\sqrt{1+\left(\frac{\omega}{5}\right)^2}$$

其对数幅频特性曲线如图 11-51 中曲线 L_o 所示。

2）根据对校正后系统性能指标的要求，取 $\sigma_p=4.3\% \leqslant 10\%$，$K_V=2.5 \geqslant 2$，相应的开

环传递函数为

$$G(s)=\frac{2.5}{s(1+0.2s)}$$

其频率特性为

$$G(\mathrm{j}\omega)=\frac{2.5}{\mathrm{j}\omega\left(1+\frac{\mathrm{j}\omega}{5}\right)}$$

据此作出 $L(\omega)$ 曲线（$K_V=\omega_C=2.5$，$\omega_1=5$），如图 11-51 中曲线 L 所示。

3）求 $G_c(s)$。

因为 $$G(s)=G_c(s)G_o(s)$$

所以 $$G_c(s)=\frac{G(s)}{G_o(s)}=\frac{2.5}{s(1+0.2s)}\times\frac{(1+s)(1+0.2s)}{2}=\frac{1.25(1+s)}{s}$$

由上式表示校正装置 $G_c(s)$ 是 PI 调节器，它的模拟电路图如图 11-52 所示。

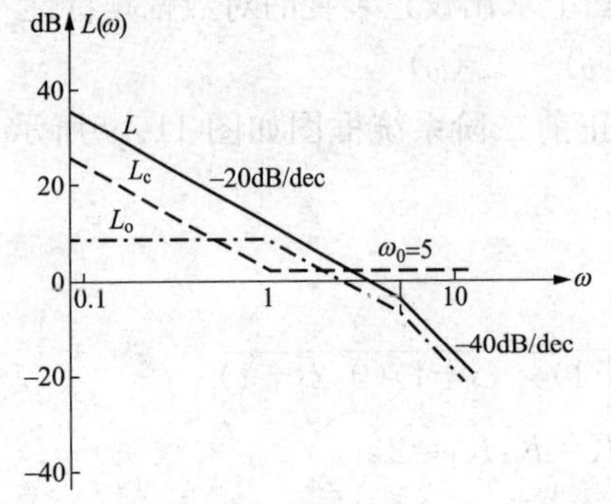

图 11-51 二阶系统校正前、校正后的幅频特性曲线

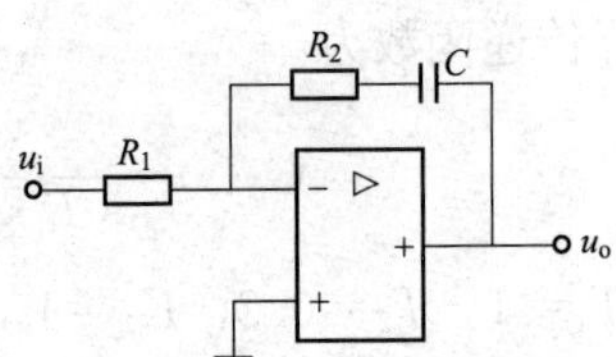

图 11-52 PI 校正装置的电路图

由于 $$G_c(s)=\frac{U_o(s)}{U_i(s)}=\frac{R_2}{R_1}\frac{1+R_2Cs}{1+R_1Cs}=K\frac{\tau s+1}{\tau s}$$

式中：取 $R_1=80\text{k}\Omega$（实际电路中取 $82\text{k}\Omega$），$R_2=100\text{k}\Omega$，$C=10\mu\text{F}$，则 $\tau=R_2C=1\text{s}$，$K=\frac{R_2}{R_1}=1.25$。

二阶系统校正后框图如图 11-53 所示。

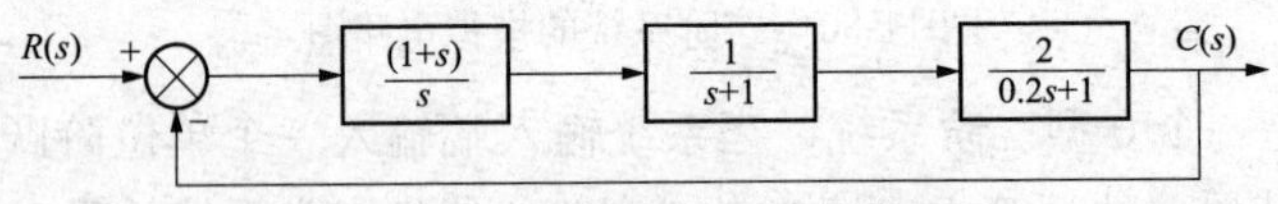

图 11-53 二阶系统校正后框图

图 11-54 分别为加校正装置前后二阶系统的单位阶跃响应曲线。

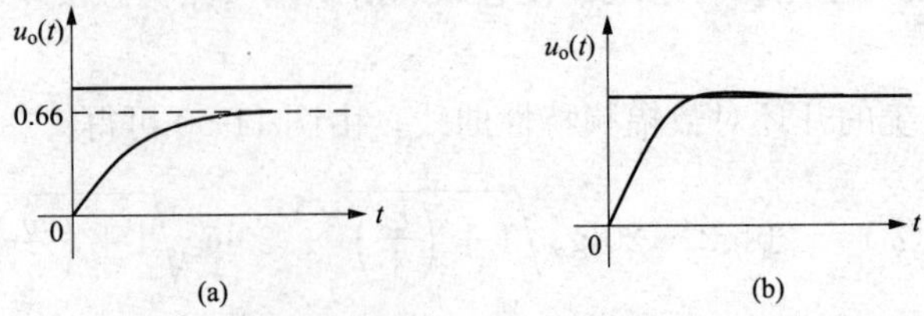

图 11-54 加校正装置前后二阶系统的单位阶跃响应曲线

(a) 稳态误差为 0.33；(b) σ_p 约为 4.3%

五、实验步骤

1. 零极点对消法（时域法）进行串联校正

（1）校正前。根据图 11-45，用实验模块组建相应的模拟电路，如图 11-55 所示。二阶闭环系统的模拟电路接线表见表 11-16。

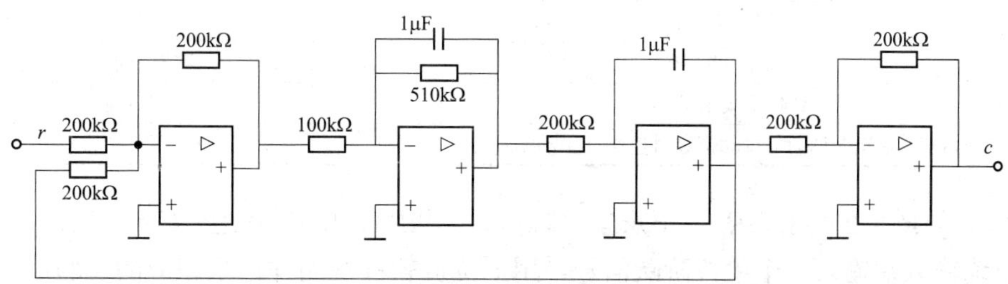

图 11-55　二阶闭环系统的模拟电路图（时域法）

打开上位机软件的“线性定常系统的串联校正”界面。

在 r 输入端输入一个单位阶跃信号，用上位机软件观测并记录相应的实验曲线，并与理论值进行比较。

表 11-16　　二阶闭环系统的模拟电路接线表（时域法校正前）

数据采集卡的 AO1	CT06 的 P1
CT06 的 P3	CT06 的 P10
CT06 的 P11	CT06 的 P2
CT06 的 P11	CT06 的 P4
CT06 的 P5	数据采集卡的 AI1
数据采集卡的 GND	CT06 的 GND
数据采集卡的 DO3（自动锁零时连接，手动不连接）	CT06 的 UI

（2）校正后。在图 11-55 的基础上串联如图 11-46 所示校正装置，所得电路如图 11-56 所示。二阶闭环系统校正后的模拟电路接线表见表 11-17。

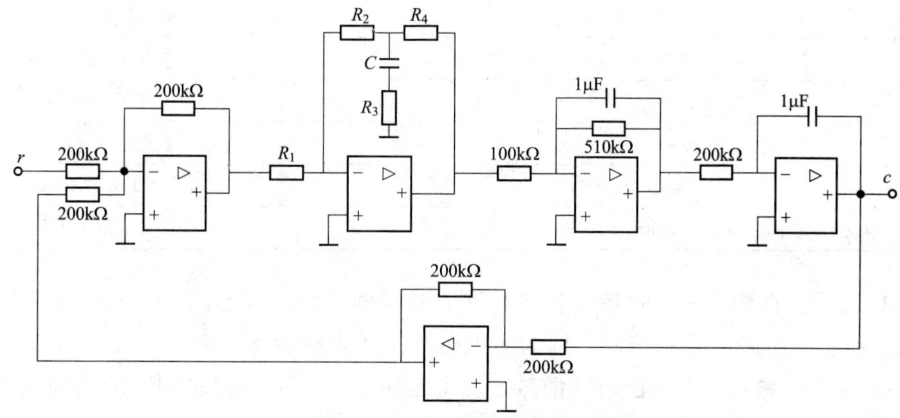

图 11-56　二阶闭环系统校正后的模拟电路图（时域法）

表 11-17　　二阶闭环系统校正后的模拟电路接线表（时域法）

数据采集卡的 AO1	CT06 的 P1
CT06 的 P3	CT06 的 P8
CT06 的 P9	CT06 的 P10
CT06 的 P11	CT06 的 P4
CT06 的 P5	CT06 的 P2
CT06 的 P11	数据采集卡的 AI1
数据采集卡的 GND	CT06 的 GND
数据采集卡的 DO3（自动锁零时连接，手动不连接）	CT06 的 UI

其中 $R_2=R_4=200\text{k}\Omega$，$R_1=400\text{k}\Omega$（实际取 390kΩ），$R_3=10\text{k}\Omega$，$C=4.7\mu\text{F}$。

在系统输入端输入一个单位阶跃信号，用上位机软件观测并记录相应的实验曲线，并与理论值进行比较，观测 σ_P 是否满足设计要求。

2. 期望特性校正法（频域法）进行串联校正

（1）校正前。根据图 11-49 用实验模块组建相应的模拟电路，如图 11-57 所示。二阶闭环系统的模拟电路接线表见表 11-18。

在系统输入端输入一个单位阶跃信号，用上位机软件观测并记录相应的实验曲线，并与理论值进行比较。

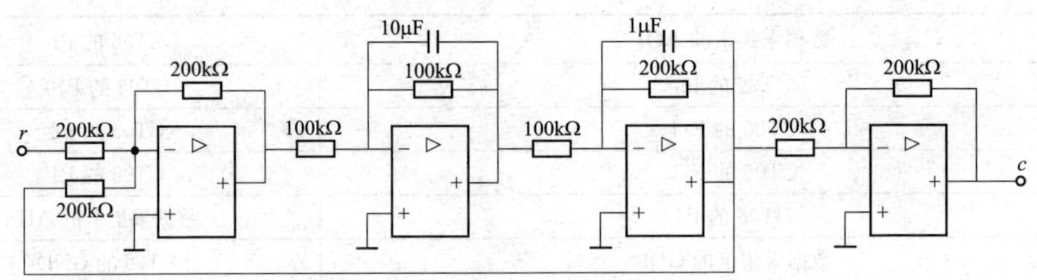

图 11-57　二阶闭环系统的模拟电路图（频域法）

表 11-18　　二阶闭环系统的模拟电路接线表（频域法校正前）

数据采集卡的 AO1	CT06 的 P1
CT06 的 P3	CT06 的 P12
CT06 的 P13	CT06 的 P2
CT06 的 P13	CT06 的 P4
CT06 的 P5	数据采集卡的 AI1
数据采集卡的 GND	CT06 的 GND
数据采集卡的 DO3（自动锁零时连接，手动不连接）	CT06 的 UI

（2）校正后。在图 11-57 的基础上加上一个串联校正装置（见图 11-52），校正后的系统如图 11-58 所示。二阶闭环系统校正后的模拟电路接线表见表 11-19。

在系统输入端输入一个单位阶跃信号，用上位机软件观测并记录相应的实验曲线，并与理论值进行比较，观测 σ_p 和 t_s 是否满足设计要求。

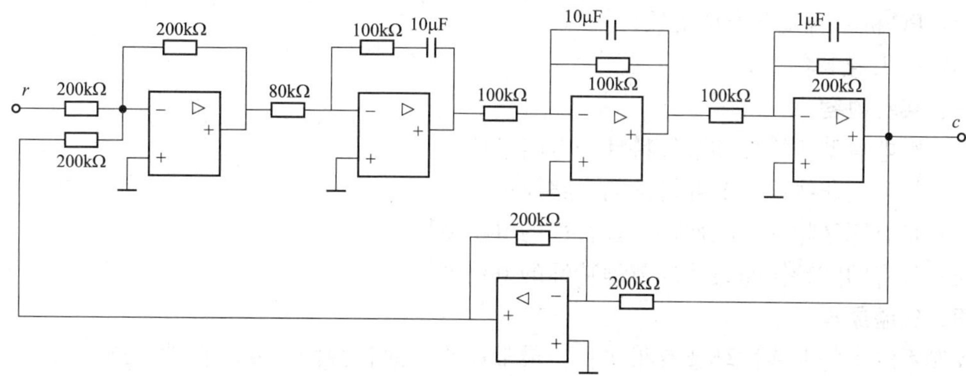

图 11-58　二阶闭环系统校正后的模拟电路图（频域法）

表 11-19　　二阶闭环系统校正后的模拟电路接线表（频域法）

数据采集卡的 AO1	CT06 的 P1
CT06 的 P3	CT06 的 P6
CT06 的 P7	CT06 的 P12
CT06 的 P13	CT06 的 P4
CT06 的 P5	CT06 的 P2
CT06 的 P13	数据采集卡的 AI1
数据采集卡的 GND	CT06 的 GND
数据采集卡的 DO3（自动锁零时连接，手动不连接）	CT06 的 UI

六、实验报告要求

（1）根据对系统性能的要求，设计系统的串联校正装置，并画出它的电路图。

（2）根据实验结果，画出校正前系统的阶跃响应曲线及相应的动态性能指标。

（3）观测引入校正装置后系统的阶跃响应曲线，并将由实验测得的性能指标与理论计算值作比较。

七、实验思考题

（1）加入超前校正装置后，为什么系统的瞬态响应会变快？

（2）什么是超前校正装置和滞后校正装置，它们各利用校正装置的什么特性对系统进行校正？

（3）说明系统开环对数幅频特性（低频段/中频段/高频段）与系统性能指标间的关系（稳态/动态性能）。

实验 7　典型非线性环节的静态特性

一、实验目的

（1）了解典型非线性环节输出—输入的静态特性及其相关的特征参数。

（2）掌握典型非线性环节用模拟电路实现的方法。

二、实验设备

（1）THKKL-B 型模块化自控原理实验系统实验平台，实验模块 CT07。

(2) PC机一台（含上位机软件）。

(3) USB接口线。

三、实验内容

(1) 继电器型非线性环节静特性的电路模拟。

(2) 饱和型非线性环节静特性的电路模拟。

(3) 具有死区特性非线性环节静特性的电路模拟。

(4) 具有间隙特性非线性环节静特性的电路模拟。

四、实验原理

控制系统中的非线性环节有很多种，最常见的有饱和特性、死区特性、继电器特性和间隙特性。基于这些特性对系统的影响是各不相同的，因而了解它们输出－输入的静态特性将有助于对非线性系统的分析研究。

1. 继电器型非线性环节

如图11-59所示为继电器型非线性环节模拟电路及其静态特性。

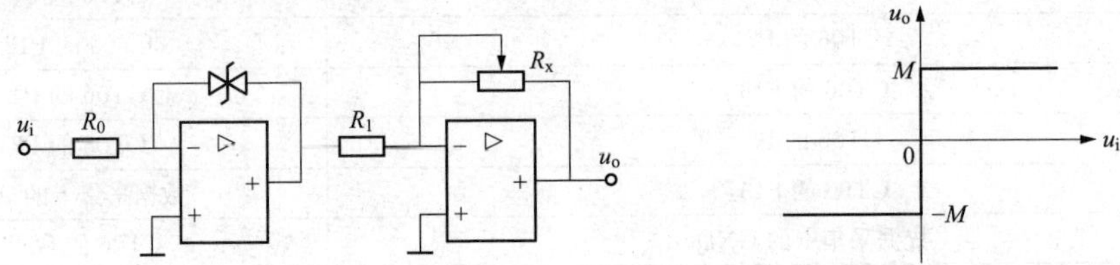

图11-59 继电器型非线性环节模拟电路及其静态特性

继电器特性参数M是由双向稳压管的稳压值（4.9～6V）和后级运放的放大倍数（R_X/R_1）决定的，调节可变电位器R_X的阻值，就能很方便的改变M值的大小。输入u_i信号用正弦信号（频率一般均小于10Hz）作为测试信号。实验时，用示波器的李沙育显示模式进行观测。

2. 饱和型非线性环节

如图11-60所示为饱和型非线性环节模拟电路及其静态特性。

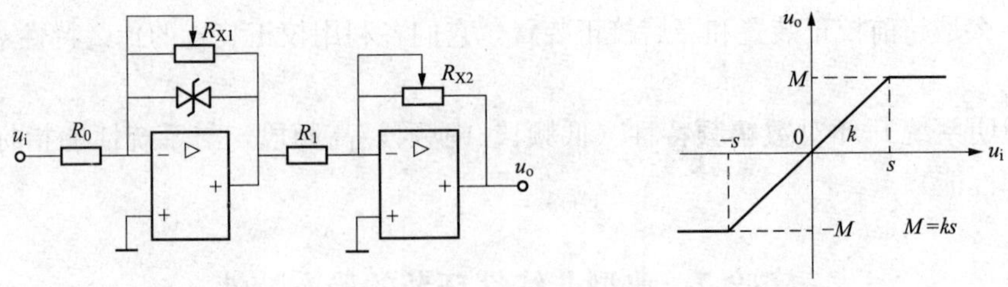

图11-60 饱和型非线性环节模拟电路及其静态特性

图中饱和型非线性特性的饱和值M等于稳压管的稳压值（4.9～6V）与后一级放大倍数的乘积。线性部分斜率k等于两级运放增益之积。在实验时若改变前一级运放中电位器的阻值可改变k值的大小，而改变后一级运放中电位器的阻值则可同时改变M和k值的大小。

实验时，可以用正弦信号作为测试信号，注意信号频率的选择应足够低（一般小于10Hz）。实验时，用示波器的李沙育显示模式进行观测。

3. 具有死区特性的非线性环节

如图 11-61 所示为死区特性非线性环节的模拟电路及其静态特性。

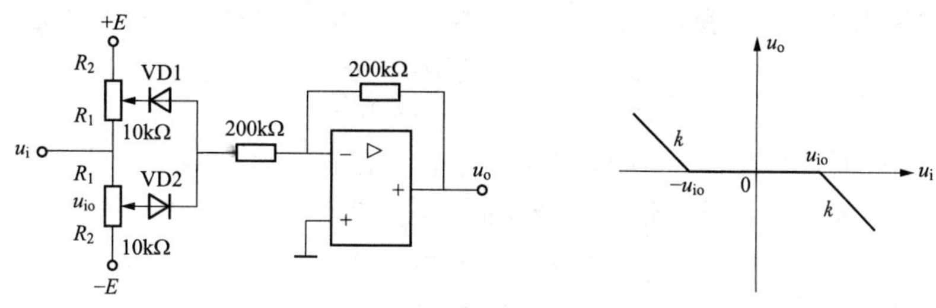

图 11-61　死区特性非线性环节的模拟电路及其静态特性

图中后一运放为反相器。由图中输入端的限幅电路可知，当二极管 VD1（或 VD2）导通时的临界电压 u_{io} 为

$$u_{io}=\pm\frac{R_1}{R_2}E=\pm\frac{\alpha}{1-\alpha}E\left(\text{在临界状态时}\frac{R_2}{R_1+R_2}u_{io}=\pm\frac{R_1}{R_1+R_2}E\right)\tag{11-8}$$

其中 $\alpha=\dfrac{R_1}{R_1+R_2}$

当 $|u_i|>|u_{io}|$ 时，二极管 VD1（或 VD2）导通，此时电路的输出电压为

$$u_o=\pm\frac{R_2}{R_1+R_2}(u_i-u_{io})=\pm(1-\alpha)(u_i-u_{io})$$

令 $k=(1-\alpha)$，则上式变为

$$u_o=\pm k(u_i-u_{io})\tag{11-9}$$

反之，当 $|u_i|\leqslant|u_{io}|$ 时，二极管 VD1（或 VD2）均不导通，电路的输出电压 u_o 为零。显然，该非线性电路的特征参数为 k 和 u_{io}。只要调节 α，就能实现改变 k 和 u_{io} 的大小。

实验时，可以用正弦信号作为测试信号，注意信号频率的选择应足够低（一般小于 10Hz）。实验时，用示波器的李沙育显示模式进行观测。

4. 具有间隙特性的非线性环节

间隙特性非线性环节的模拟电路图及其静态特性如图 11-62 所示。

由图 11-62 可知，当 $u_i<\dfrac{\alpha}{1-\alpha}E$ 时，二极管 VD1 和 VD2 均不导通，电容 C_1 上没有电压，即 C_1 两端的电压 $u_C=0$，$u_o=0$；当 $u_i>\dfrac{\alpha}{1-\alpha}E$ 时，二极管 VD2 导通，u_i 向 C_1 充电，其电压为

$$u_o=\pm(1-\alpha)(u_i-u_{io})$$

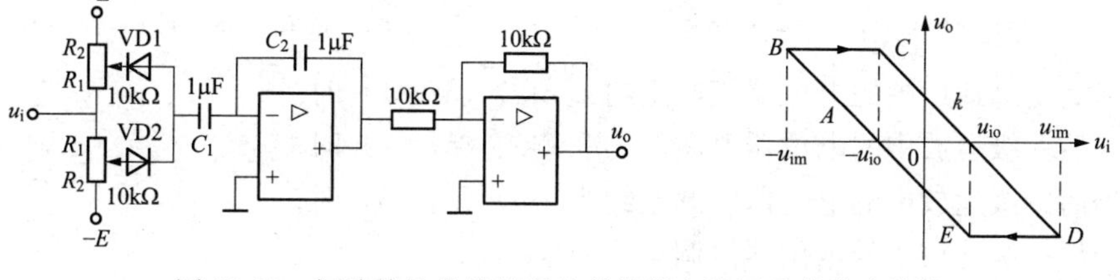

图 11-62　间隙特性非线性环节的模拟电路图及其静态特性

令 $k=(1-\alpha)$，则上式变为

$$u_o = \pm k(u_i - u_{io})$$

当 $u_i = u_{im}$ 时（u_{im} 为输入电压 u_i 的最大值），u_i 开始减小，由于 VD1 和 VD2 都处于截止状态，电容 C_1 端电压保持不变，此时 C_1 上的端电压和电路的输出电压分别为

$$u_C = (1-\alpha)(u_{im} - u_{io})$$
$$u_o = k(u_{im} - u_{io})$$

当 $u_i = u_{im} - u_{io}$ 时，二极管 VD1 处于临界导通状态，若 u_i 继续减小，则二极管 VD1 导通，此时 C_1 放电，u_C 和 u_0 都将随着 u_i 减小而下降，即

$$u_C = (1-\alpha)(u_{im} + u_{io})$$
$$u_o = k(u_{im} + u_{io})$$

当 $u_i = -u_{io}$ 时，电容 C_1 放电完毕，输出电压 $u_o = 0$。同理，可分析当 u_i 向负方向变化时的情况。在实验中，主要改变 α 值，就可改变 k 和 u_{io} 的值。

实验时，可以用正弦信号作为测试信号，注意信号频率的选择。实验时，用示波器的李沙育显示模式进行观测。

五、实验步骤

1. 继电器型非线性环节

如图 11-63 所示，在 u_i 输入端输入一个低频率的正弦波，正弦波的 Vp-p 值大于 12V，频率为 10Hz。u_i 端接至示波器的第一通道，u_o 端接至示波器的第二通道，测量静态特性 M 值的大小并记录。

（1）当 47kΩ 可调电位器调节至约 1.8kΩ（M=1）时。

（2）当 47kΩ 可调电位器调节至约 3.6kΩ（M=2）时。

（3）当 47kΩ 可调电位器调节至约 5.4kΩ（M=3）时。

（4）当 47kΩ 可调电位器调节至约 10kΩ（M=6 左右）时。

2. 饱和型非线性环节

如图 11-64 所示，在 u_i 输入端输入一个低频率的正弦波，正弦波的 Vp-p 值大于 12V，频率为 10Hz。将前一级运放中的电位器值调至 10kΩ（此时 k=1），u_i 端接至示波器的第一通道，u_o 端接至示波器的第二通道，测量静态特性 M 和 k 值的大小并记录。

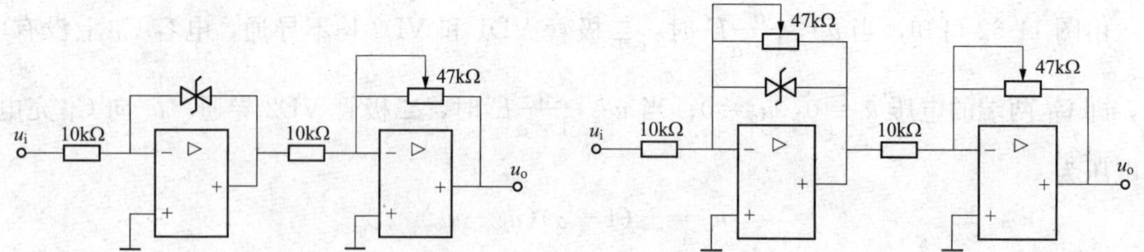

图 11-63 继电型非线性环节模拟电路　　图 11-64 饱和型非线性环节模拟电路

（1）当后一级运放中的电位器值调至约 1.8kΩ（M=1）时。

（2）当后一级运放中的电位器值调至约 3.6kΩ（M=2）时。

（3）当后一级运放中的电位器值调至约 5.4kΩ（M=3）时。

（4）当后一级运放中的电位器值调至约 10kΩ 时。

3. 死区特性非线性环节

如图 11-65 所示，在 u_i 输入端输入一个低频率的正弦波，正弦波的 Vp-p 值大于 12V，频率

为 10Hz。u_i 端接至示波器的第一通道，u_o 端接至示波器的第二通道，测量静态特性 u_{io} 和 k 值的大小并记录。

（1）调节两个可变电位器，当两个 $R_1=2.0\text{k}\Omega$，$R_2=8.0\text{k}\Omega$ 时。

（2）调节两个可变电位器，当两个 $R_1=2.5\text{k}\Omega$，$R_2=7.5\text{k}\Omega$ 时。

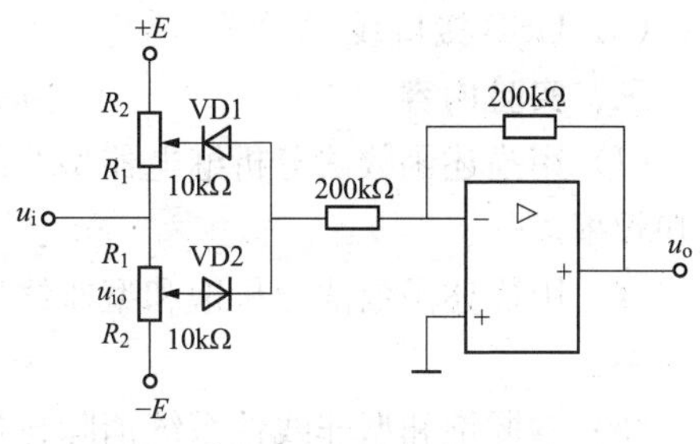

图 11-65　死区特性非线性环节模拟电路

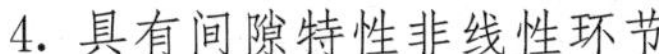

4. 具有间隙特性非线性环节

如图 11-66 所示，在 u_i 输入端输入一个低频率的正弦波，正弦波的 Vp-p 值大于 12V，频率为 10Hz。u_i 端接至示波器的第一通道，u_o 端接至示波器的第二通道，测量静态特性 u_{io} 和 k 值的大小并记录。

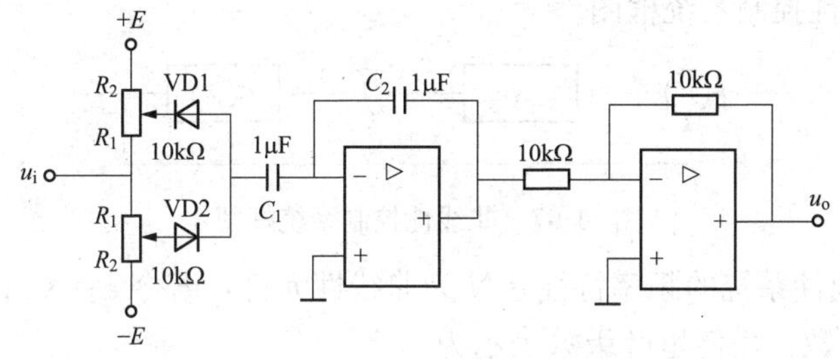

图 11-66　间隙特性非线性环节模拟电路

（1）调节两个可变电位器，当两个 $R_1=2.0\text{k}\Omega$，$R_2=8.0\text{k}\Omega$ 时。

（2）调节两个可变电位器，当两个 $R_1=2.5\text{k}\Omega$，$R_2=7.5\text{k}\Omega$ 时。

注意由于元件（二极管、电阻等）参数数值的分散性，造成电路不对称，因而引起电容上电荷累积，影响实验结果，故每次实验启动前，需对电容进行短接放电。

六、实验报告要求

（1）画出各典型非线性环节的模拟电路图，并选择好相应的参数。

（2）根据实验，绘制相应非线性环节的实际静态特性，并与理想情况下的静态特性相比较，分析电路参数对特性曲线的影响？

七、实验思考题

（1）模拟继电器型电路的特性与理想特性有何不同？为什么？

（2）死区非线性环节中二极管的临界导通电压 u_{io} 是如何确定的？

实验 8　非线性系统的描述函数法

一、实验目的

（1）熟悉非线性控制系统的电路模拟方法。

（2）掌握用描述函数法分析非线性控制系统。

（3）了解非线性系统产生自持振荡的条件和非线性参数对系统性能的影响。

二、实验设备

（1）THKKL-B 型模块化自控原理实验系统实验平台，实验模块 CT07、CT08。

（2）PC 机一台（含上位机软件）。

（3）USB接口线。

三、实验内容

（1）用描述函数法分析继电器型非线性三阶系统的稳定性，并由实验测量自持振荡的振幅和频率。

（2）用描述函数法分析饱和型非线性三阶系统的稳定性，并由实验测量自持振荡的振幅和频率。

（3）掌握饱和型非线性系统消除自持振荡的方法。

四、实验原理

用描述函数法分析非线性系统的内容有：

（1）判别系统是否稳定。

（2）如果系统不稳定，试确定自持振荡的频率和幅值。

图11-67为非线性控制系统框图。

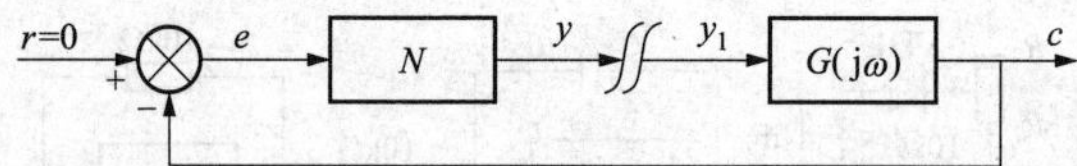

图11-67　非线性控制系统框图

图中$G(j\omega)$为线性系统的频率特性，N为非线性元件，若令$e=X\sin\omega t$，则N的输出为一非正弦周期性的函数，用傅里叶级数表示为

$$y=A_0+A_1\sin\omega t+B_1\cos\omega t+A_2\sin 2\omega t+B_2\cos 2\omega t+\cdots$$

如果非线性元件的特性对坐标原点是奇对称的（即$A_0=0$），且$G(j\omega)$具有良好的低通滤波器特性，它能把y中各高次项谐波滤去，只剩下一次谐波，即

$$y_1=A_1\sin\omega t+B_1\cos\omega t=Y_1\sin(\omega t+\phi_1)$$

式中　$Y_1=\sqrt{A_1^2+B_1^2}$，$\phi_1=\arctan\dfrac{B_1}{A_1}$。

于是非线性元件N的近似输出Y_1与输入信号间的关系为

$$N(X)=\frac{Y_1}{X}\angle\phi_1 \tag{11-10}$$

$N(X)$称非线性特性的描述函数，它表示非线性元件输出的一次谐波分量对正弦输入的复数比。Y_1为一次谐波幅值，X为正弦输入信号的幅值，ϕ_1为输出一次谐波分量相对于正弦输入信号的相移。

由于描述函数法用于分析非线性控制系统的自持振荡问题，故可令$r=0$。若在$G(j\omega)$的输入端施加一正弦信号$y_1=Y_1\sin\omega t$（见图11-67），则$N(X)$的输出为

$$y=-G(j\omega)N(X)Y_1\sin\omega t$$

如果$y=y_1$，即$1+G(j\omega)N(X)=0$

$$G(j\omega)=-\frac{1}{N(X)} \tag{11-11}$$

此时即使撤去Y_1的信号，系统的振荡也能持续进行。因此式（11-11）就是系统产生自持振荡的条件，式中$-\dfrac{1}{N(X)}$称描述函数的负倒特性。

本实验应用描述函数法分析具有继电器型和饱和型非线性特性的三阶系统。

1. 继电器型非线性三阶系统

图 11-68 为继电器型非线性三阶系统框图。

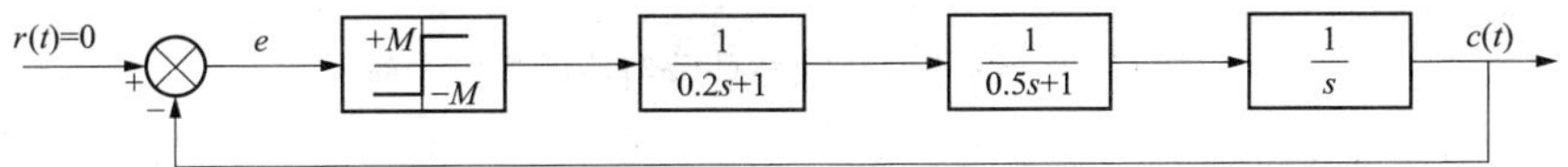

图 11-68　继电器型非线性三阶系统框图

继电器型非线性环节的描述函数为

$$N(X)=\frac{4M}{\pi X}$$

式中：X 为 N 元件（非线性元件）输入正弦信号的幅值。

在复平面上分别画出 $-\frac{1}{N(X)}$ 和 $G(j\omega)$ 曲线，如图 11-69 所示。$\left(\text{如令 } M=1,\ -\frac{1}{N}=-\frac{\pi X}{4}\right)$

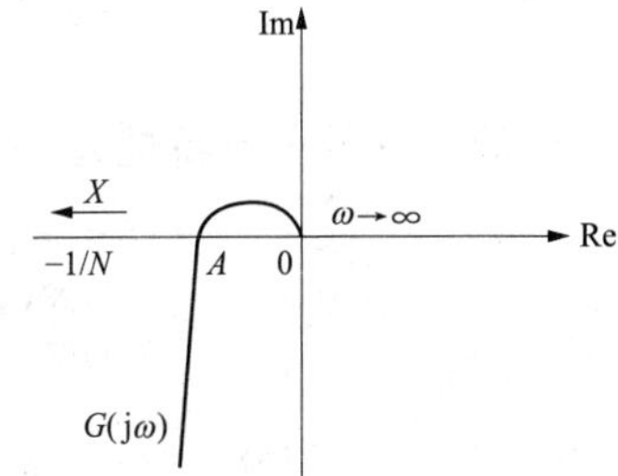

图 11-69　$-\frac{1}{N(X)}$ 与 $G(j\omega)$ 曲线

由于两曲线有交点 A，则表明该系统一定有极限环，即产生等幅稳定的自振荡。

由图 11-69 可知

$$G(j\omega)=\frac{1}{j\omega(1+j0.5\omega)(1+j0.2\omega)} \tag{11-12}$$

令 $\mathrm{Im}G(j\omega)=0$，则 $\phi(\omega_A)=-90^\circ-\tan^{-1}0.5\omega_A-\tan^{-1}0.2\omega_A=-180^\circ$

即 $\tan^{-1}0.5\omega_A+\tan^{-1}0.2\omega_A=90^\circ$

解得

$$\omega_A=\sqrt{10}=3.16 \tag{11-13}$$

于是得 $|G(j\omega_A)|=\frac{1}{\sqrt{10}\sqrt{1+(0.5\sqrt{10})^2}\sqrt{1+(0.2\sqrt{10})^2}}=\frac{1}{\sqrt{10}\sqrt{3.8}\sqrt{1.4}}=0.143$

由 $-\frac{1}{N(X_A)}=\mathrm{Re}G(j\omega_A)$ 可得：$-\frac{\pi X_A}{4M}=-0.143$（$X_A$ 为交点处的幅值）

若令 $M=1$，则得

$$X_A=\frac{4\times 0.143}{3.14159}\approx 0.18 \tag{11-14}$$

根据以上计算可知，当 $M=1$ 时，系统的单位阶跃响应曲线如图 11-70。其中振荡曲线的振荡周期为 0.5Hz。

2. 饱和型非线性三阶系统

如图 11-71、图 11-72 所示为饱和型非线性环节的静态特性及其对应的控制系统。

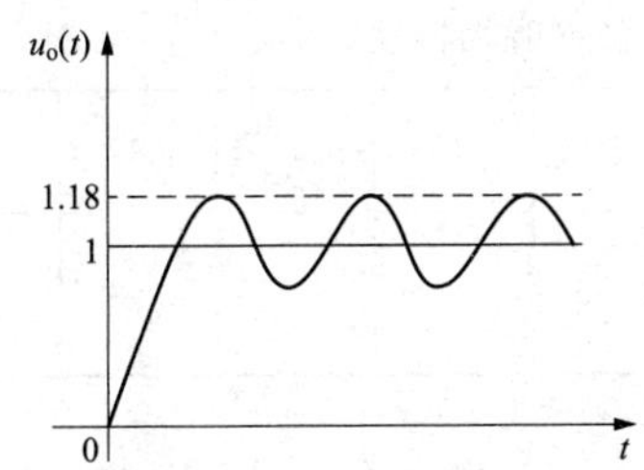

图 11-70　继电器型非线性三阶系统的单位阶跃响应曲线

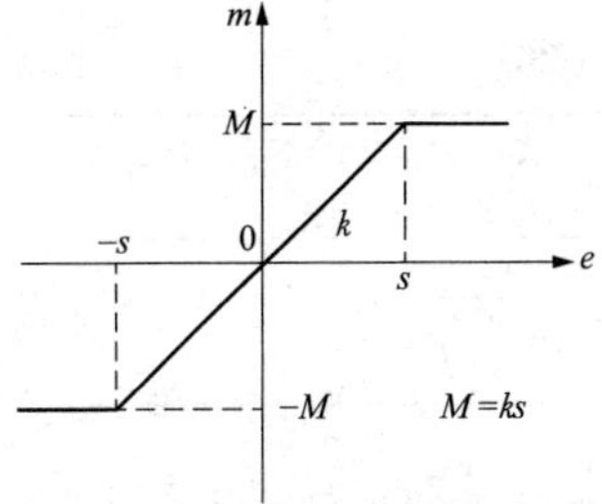

图 11-71　饱和型非线性环节的静态特性

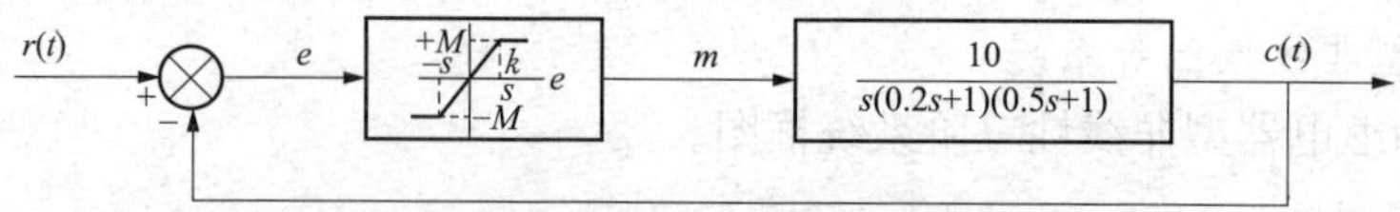

图 11-72 饱和型非线性环节对应的控制系统

基于饱和型非线性的描述函数为

$$N(X)=\frac{2k}{\pi}\left[\arcsin\frac{s}{X}+\frac{s}{X}\sqrt{1-\left(\frac{s}{X}\right)^{2}}\right]$$

因而，它的负倒特性为

$$-\frac{1}{N(X)}=\frac{-\pi}{2k\left[\arcsin\frac{s}{X}+\frac{s}{X}\sqrt{1-\left(\frac{s}{X}\right)^{2}}\right]}$$

当 $X=s$ 时，$-\frac{1}{N(X)}$的起点为$\left(-\frac{1}{k}，\mathrm{j}0\right)$；当 $X\to\infty$时，$-\frac{1}{N(X)}\to\infty$，故它是一条位于实轴上起始于$\left(-\frac{1}{k}，\mathrm{j}0\right)$点，终止于$-\infty$的直线，如图 11-73 的粗实线所示。如果$-\frac{1}{N(X)}$与 $G(\mathrm{j}\omega)$ 两曲线相交，则系统会产生稳定的自振荡。

图 11-73 $-\frac{1}{N(X)}$与 $G(\mathrm{j}\omega)$ 曲线

由图 11-72 可知

$$G(\mathrm{j}\omega)=\frac{10}{\mathrm{j}\omega(1+\mathrm{j}0.5\omega)(1+\mathrm{j}0.2\omega)} \tag{11-15}$$

由式（11-13）可知，$G(\mathrm{j}\omega)$ 曲线与负实轴相交处的频率为

$$\omega_{\mathrm{A}}=\sqrt{10}=3.16,\ |G(\mathrm{j}\omega_{\mathrm{A}})|=1.43 \tag{11-16}$$

由$-\frac{1}{N(X_{\mathrm{A}})}=\mathrm{Re}G(\mathrm{j}\omega_{\mathrm{A}})$ 且 $s=1$，$k=1$ 时

$$\frac{1}{N(X_{\mathrm{A}})}=\frac{\pi}{2k\left[\arcsin\frac{s}{X_{\mathrm{A}}}+\frac{s}{X_{\mathrm{A}}}\sqrt{1-\left(\frac{s}{X_{\mathrm{A}}}\right)^{2}}\right]}=1.43 \tag{11-17}$$

查表 11-20 中 $N/k\sim s/X$ 的关系可得 $s/X_{\mathrm{A}}\cong0.57$，故 $X_{\mathrm{A}}=1.75$。

表 11-20 饱和型非线性描述函数的负倒幅相特性

$\frac{X}{s}$	1	2	3	4	5	6	7	8	9	10
$-\frac{1}{N\left(\frac{X}{s}\right)}$	1	1.64	2.40	3.17	3.95	4.73	5.52	6.30	7.08	7.87

如果减小线性部分 $G(\mathrm{j}\omega)$ 的增益，使之与$-\frac{1}{N(X)}$曲线不相交，则自振荡消失，系统呈

稳定运行。

根据以上计算可知：当 $s=1$，$k=1$ 时，饱和型非线性三阶系统的单位阶跃响应曲线如图 11-74。其中振荡曲线的振荡周期为 0.5Hz。

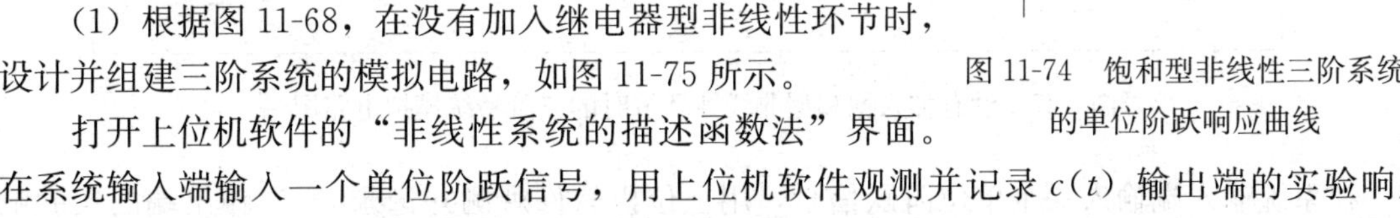

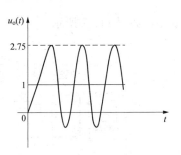

图 11-74　饱和型非线性三阶系统的单位阶跃响应曲线

五、实验步骤

1. 继电器型非线性三阶系统

（1）根据图 11-68，在没有加入继电器型非线性环节时，设计并组建三阶系统的模拟电路，如图 11-75 所示。

打开上位机软件的“非线性系统的描述函数法”界面。在系统输入端输入一个单位阶跃信号，用上位机软件观测并记录 $c(t)$ 输出端的实验响应曲线。

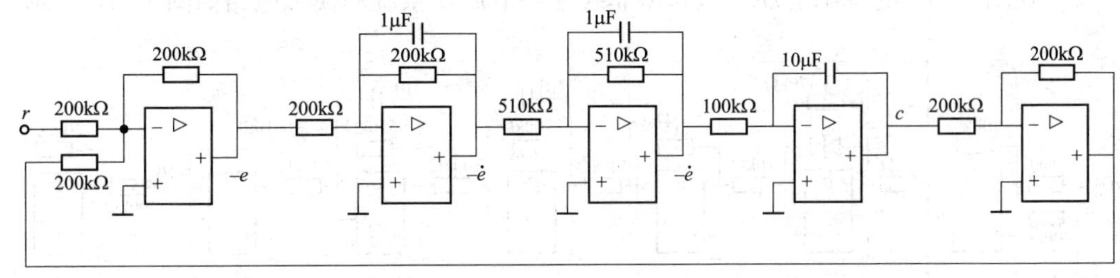

图 11-75　没有加入继电型非线性环节时的三阶系统模拟电路图

（2）在图 11-75 的基础上加入继电型非线性环节后，系统的模拟电路如图 11-76 所示。

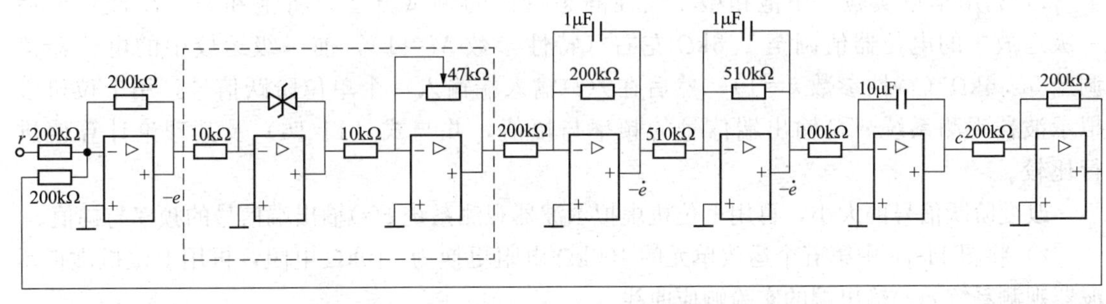

图 11-76　继电型非线性三阶系统的模拟电路图

在系统输入端输入一个单位阶跃信号。在下列几种情况下用上位机虚拟示波器观测系统 $c(t)$ 输出端信号的频率与幅值，并与式（11-13）、式（11-14）的理论计算值进行比较。

1）当 47kΩ 可调电位器调节到 1.8kΩ 左右（继电型非线性的特性参数 $M=1$）时。

2）当 47kΩ 可调电位器调节到 3.6kΩ 左右（继电型非线性的特性参数 $M=2$）时。

注意：当 $M=2$ 时，系统输出信号的频率与幅值请实验人员参照 $M=1$ 的计算方法进行计算。改变阶跃信号的大小，重复 1）、2）步骤。此时再用上位机虚拟示波器观测系统 $c(t)$ 输出端信号的频率与幅值。

2. 饱和型非线性三阶系统

（1）根据图 11-72，在没有加入饱和型非线性环节时，设计并组建相应三阶系统的模拟电路，如图 11-77 所示。

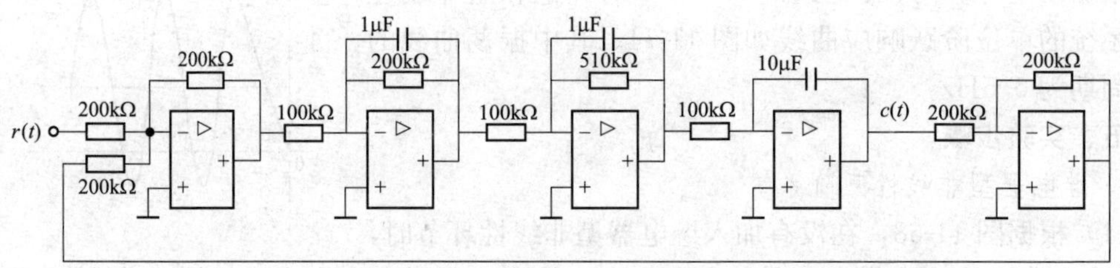

图 11-77　没有加入饱和型非线性环节时的三阶系统模拟电路图

在系统输入端输入一个单位阶跃信号，用上位机软件观测并记录 $c(t)$ 输出端的实验响应曲线。

（2）在图 11-77 的基础上加入饱和型非线性环节后，系统的模拟电路如图 11-78 所示。

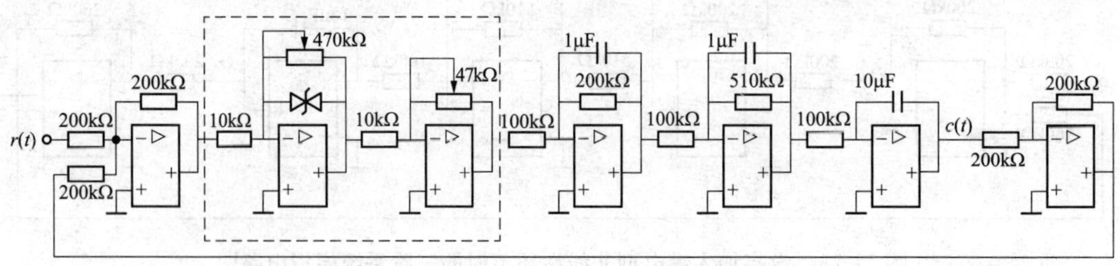

图 11-78　饱和型非线性三阶系统的模拟电路图

1）利用本章实验 7 中饱和型非线性静态特性的测试方法，将饱和型非线性环节后一级运放中的电位器值调至 1.8kΩ 左右（特性参数 $M=1$），前一级运放中的电位器值调至 55.6kΩ（特性参数 $k=1$）；然后在 $r(t)$输入端输入一个单位阶跃信号，用上位机虚拟示波器观测系统 $c(t)$输出端信号的频率与幅值，并与式（11-16）及其理论计算值进行比较。

改变阶跃信号的大小，再用上位机虚拟示波器观测系统 $c(t)$输出端信号的频率与幅值。

2）将图 11-78 中第五个运放单元的 100kΩ 电阻更换为 510kΩ 电阻，再用上位机虚拟示波器观测系统 $c(t)$输出端的实验响应曲线。

3）在步骤 1）的基础上，调节饱和型非线性环节前一级运放中的电位器，用上位机虚拟示波器观测系统 $c(t)$输出端的实验响应曲线。当系统自振荡消除时，记下此时电位器的阻值，并计算此时的 k 值。

另外本实验还可以通过改变 M 的方法观测系统输出端信号的频率与幅值，具体计算方法参考式（11-16）、式（11-17）。

六、实验报告要求

（1）观测继电器型非线性系统的自持振荡，将由实验测量自振荡的幅值与频率与理论计算值相比较，并分析两者产生差异的原因。

（2）调节系统的开环增益 K，使饱和非线性系统产生自持振荡，由实验测量其幅值与频率，并与理论计算值相比较。

七、实验思考题

（1）应用描述函数法分析非线性系统有哪些限制条件？

（2）为什么继电器型非线性系统产生的自振荡是稳定的自振荡？

（3）为什么减小开环增益 K，可使饱和型非线性系统的自振荡消失，系统变为稳定？而继电型非线性系统却不能消除自持振荡？

实验 9　非线性系统的相平面分析法

一、实验目的

（1）熟悉非线性系统的电路模拟研究方法。

（2）熟悉用相平面法分析非线性系统的特性。

二、实验设备

（1）THKKL-B 型模块化自控原理实验系统实验平台，实验模块 CT07、CT08。

（2）PC 机一台（含上位机软件）。

（3）USB 接口线。

三、实验内容

（1）用相平面法分析继电器型非线性系统的阶跃响应和稳态误差。

（2）用相平面法分析带速度负反馈的继电型非线性控制系统的阶跃响应和稳态误差。

（3）用相平面法分析饱和型非线性控制系统的阶跃响应和稳态误差。

四、实验原理

非线性系统的相平面分析法是状态空间分析法在二维空间特殊情况下的应用。它是一种不用求解方程，而用图解法给出 $x_1=e$，$x_2=\dot{e}$ 的相平面图。由相平面图就能清晰地知道系统的动态性能和稳态精度。

本实验主要研究具有继电器型和饱和型非线性特性系统的相轨迹及其所描述相应系统的动态、静态性能。

1. 未加速度反馈的继电器型非线性闭环系统

如图 11-79 所示为继电器型非线性系统框图。由图 11-79 得

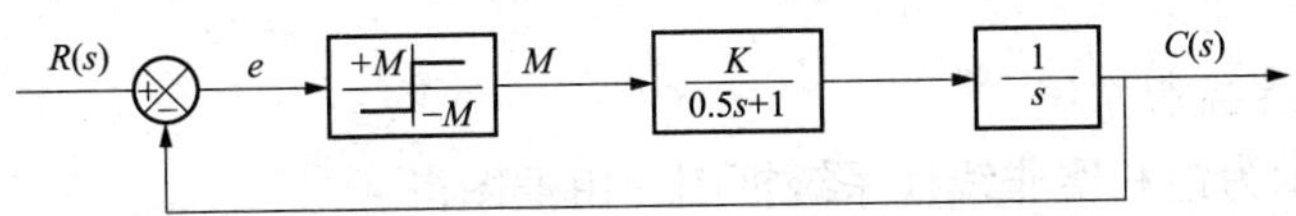

图 11-79　继电器型非线性系统框图

$$T\ddot{c}+\dot{c}-KM=0 \qquad (e>0)$$

$$T\ddot{c}+\dot{c}+KM=0 \qquad (e<0)$$

式中：T 为时间常数（$T=0.5$）；$\ddot{c}$ 为输出量的二阶导数；$\dot{c}$ 为输出量的一阶导数；K 为线性部分开环增益；M 为继电器特性的限幅值。

因为　$e=r-c$

$$r=R\cdot 1(t) \qquad \dot{e}=-\dot{c}$$

则有

$$T\ddot{e}+\dot{e}+KM=0 \qquad (e>0) \tag{11-18}$$

$$T\ddot{e}+\dot{e}-KM=0 \qquad (e<0) \tag{11-19}$$

基于 $\ddot{e}=\dot{e}\dfrac{\mathrm{d}\dot{e}}{\mathrm{d}e}$，令 $\alpha=\dfrac{\mathrm{d}\dot{e}}{\mathrm{d}e}$，则式（11-18）改写为

$$0.5\alpha\dot{e}+\dot{e}=-KM \qquad \dot{e}=\frac{-KM}{1+0.5\alpha} \tag{11-20}$$

同理式（11-19）改写为

$$0.5\alpha\dot{e}+\dot{e}=KM \qquad \dot{e}=\frac{KM}{1+0.5\alpha} \tag{11-21}$$

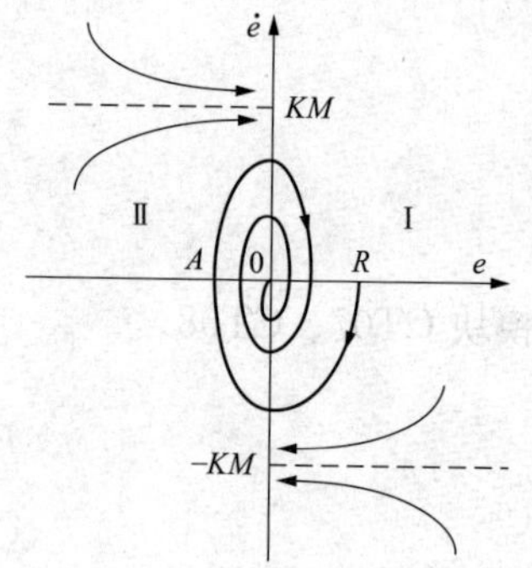

图 11-80 阶跃信号作用下继电器型非线性系统的相轨迹

根据式（11-20）、式（11-21），用等倾线法可画出该系统的相轨迹，如图 11-80 所示。不难看出，该系统的阶跃响应为一衰减振荡的曲线，其稳态误差为零，其中 A 线段表示超调量的大小。

2. 带有速度负反馈的继电器型非线性闭环控制系统

如图 11-81 所示为带速度负反馈的继电器型非线性系统框图。

由框图得 $e_1=e-\beta\dot{c}=e+\beta\dot{e}$

由于理想继电器型非线性的分界线为 $e_1=0$，于是得 $\dot{e}=-\dfrac{1}{\beta}e$

上式为引入速度负反馈后相轨迹的切换线，由等倾线法作为的其相轨迹如图 11-82 所示。

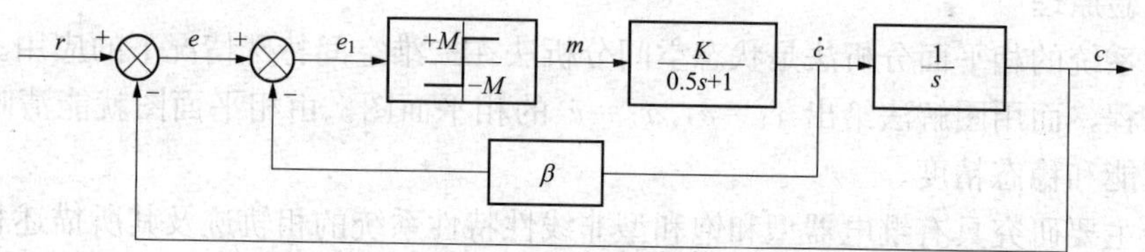

图 11-81 带有速度负反馈的继电器型非线性系统框图

引入了速度负反馈，使相轨迹状态的切换提前进行，从而改善了非线性系统的动态性能，使超调量减小。

3. 饱和型非线性控制系统

如图 11-83 所示为饱和型非线性系统框图。由框图得

$T\ddot{c}+\dot{c}=KM$，因为 $r-c=e$

所以 $T\ddot{e}+\dot{e}+KM=T\ddot{r}+\dot{r}$

基于饱和非线性的特点，它把相平面分割成下面三个区域。

Ⅰ区域：$m=e$，$|e|<e_0$

Ⅱ区域：$m=M$，$e>e_0$

Ⅲ区域：$m=-M$，$e<-e_0$

三个区域的运动方程分别为

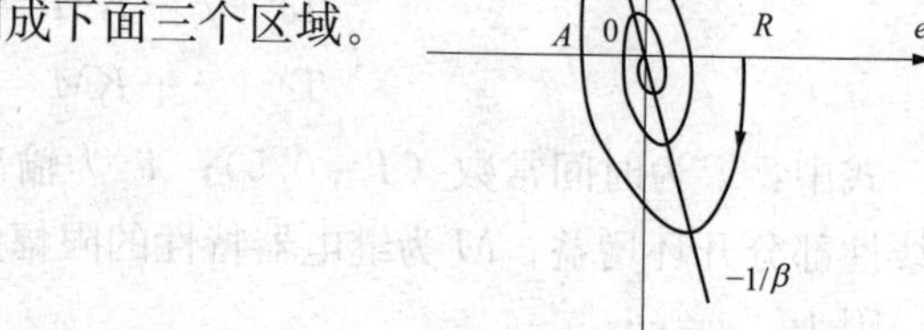

图 11-82 带有速度负反馈的继电器型非线性系统的相轨迹

$$T\ddot{e}+\dot{e}+Ke=T\ddot{r}+\dot{r} \qquad |e|<e_0 \tag{11-22}$$

$$T\ddot{e}+\dot{e}+KM=T\ddot{r}+\dot{r} \qquad e>e_0 \tag{11-23}$$

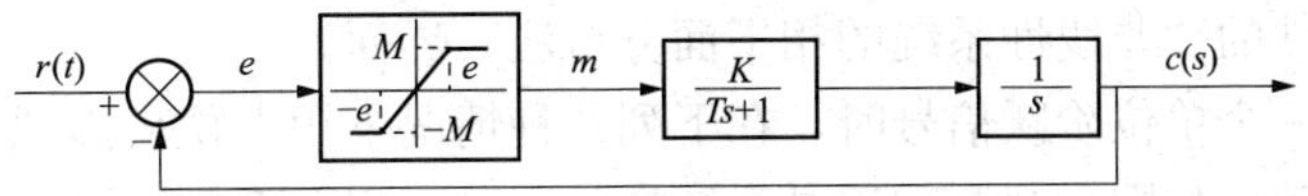

图 11-83　饱和型非线性系统框图

$$T\ddot{e}+\dot{e}-KM=T\ddot{r}+\dot{r}\qquad e<-e_0\tag{11-24}$$

下面分析阶跃输入下的相轨迹。

1）线性区 $|e|<e_0$，当 $t>0$ 时，$\ddot{r}=\dot{r}=0$，则式（11-22）改写为

$$T\ddot{e}+\dot{e}+Ke=0\tag{11-25}$$

因 $\ddot{e}=\dot{e}\dfrac{\mathrm{d}\dot{e}}{\mathrm{d}e}$，$\alpha=\dfrac{\mathrm{d}\dot{e}}{\mathrm{d}e}$，则上式对应相轨迹的等倾线为

$$\dot{e}=-\frac{Ke}{1+T\alpha}\qquad（区域 Ⅰ）$$

由式（11-25）可知，该区域的奇点在坐标原点，且它为稳定焦点或稳定节点。

2）饱和区时，式（11-23）、式（11-24）改写为

$$T\ddot{e}+\dot{e}+KM=0\qquad(e>e_0)$$

$$T\ddot{e}+\dot{e}-KM=0\qquad(e<-e_0)$$

或写为

$$\dot{e}=-\frac{KM}{1+T\alpha}\qquad(e>e_0)\qquad（区域 Ⅱ）$$

$$\dot{e}=\frac{KM}{1+T\alpha}\qquad(e<-e_0)\qquad（区域 Ⅲ）$$

其相轨迹分别如图 11-84 和图 11-85 所示

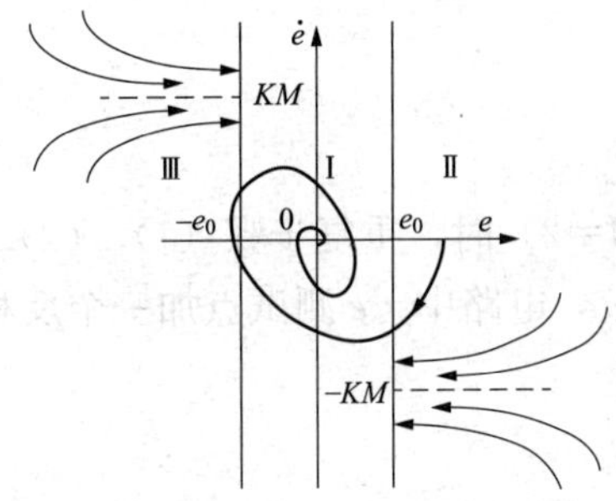

图 11-84　阶跃信号作用下系统的相轨迹

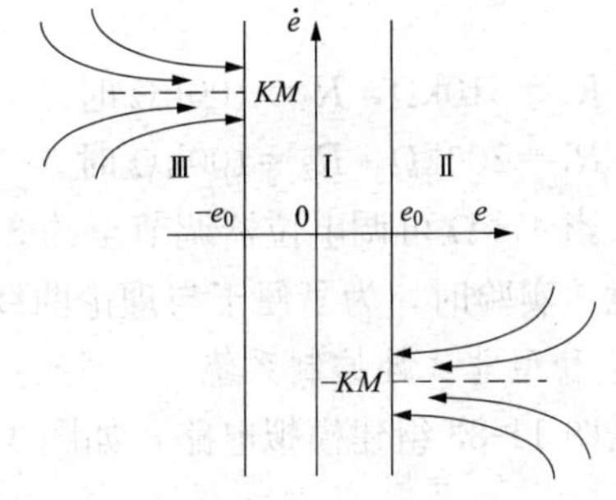

图 11-85　饱和区域的相轨迹

五、实验步骤

1. 未加速度反馈的继电器型非线性控制系统

根据图 11-79 所示组建相应的模拟电路，如图 11-86 所示。

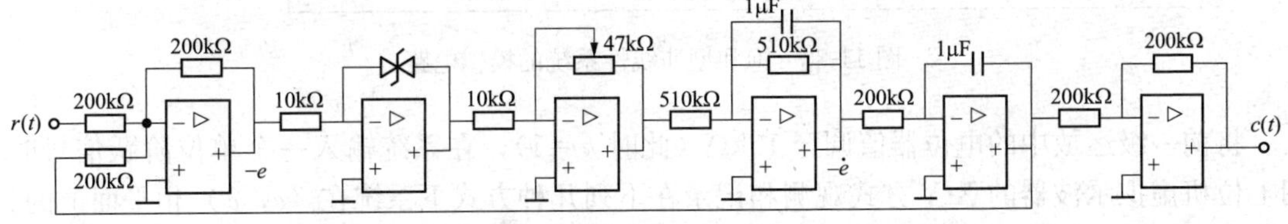

图 11-86　继电器型非线性闭环系统模拟电路图

打开上位机软件的“非线性系统的相平面分析法”界面。

当输入端输入一个单位阶跃信号时，在下列几种情况下用上位机虚拟示波器的李沙育模式（本实验中其他部分相同）观测和记录系统在（e，$\dot{e}$）相平面上的相轨迹。

（1）当47kΩ可调电位器调节至约1.8kΩ（$M=1$）时。

（2）当47kΩ可调电位器调节至约3.6kΩ（$M=2$）时。

（3）当47kΩ可调电位器调节至约5.4kΩ（$M=3$）时。

注意：实验时，为了便于与理论曲线进行比较，电路中$-e$和$-\dot{e}$测试点可各加一个反相器，并将e端接到示波器通道1输入端、$\dot{e}$端接到示波器通道2输入端。

2. 带有速度负反馈的继电器型非线性控制系统

根据图11-81所示组建相应的模拟电路，如图11-87所示。

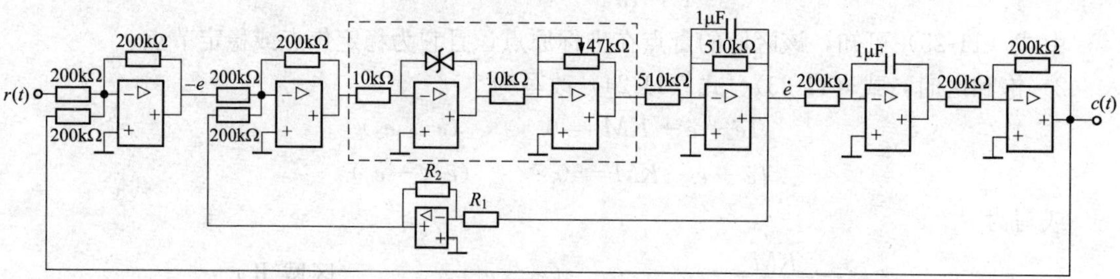

图11-87　带有速度负反馈的继电器型非线性系统模拟电路图

当输入端输入一个单位阶跃信号且将47kΩ可调电位器调节至约1.8kΩ（$M=1$）时，在下列几种情况下用上位机虚拟示波器的X-Y方式观测和记录系统在（e，$\dot{e}$）相平面上的相轨迹。

（1）$R_1=510\text{k}\Omega$，$R_2=100\text{k}\Omega$时。

（2）$R_1=200\text{k}\Omega$，$R_2=100\text{k}\Omega$时。

（3）当47kΩ可调电位器调节至约3.6kΩ（$M=2$）时，重复步骤（1）、（2）。

注意：实验时，为了便于与理论曲线进行比较，电路中$-e$测试点加一个反相器。

3. 饱和型非线性控制系统

根据图11-83组建模拟电路，如图11-88所示。

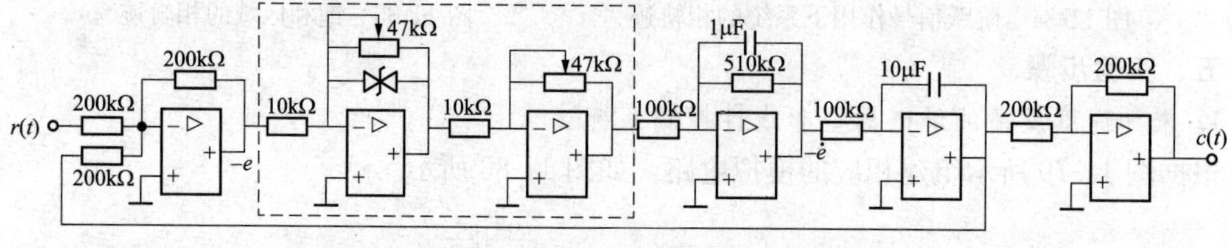

图11-88　饱和型非线性系统的模拟电路

将前一级运放中的电位器值调至10kΩ（此时$k=1$），在系统输入一个单位阶跃信号时，用上位机虚拟示波器的X-Y方式观测和记录在下列几种方式下系统在（e，$\dot{e}$）相平面上的相轨迹。

（1）当后一级运放中的电位器值调至约 1.8kΩ（$M=1$）时。

（2）当后一级运放中的电位器值调至约 3.6kΩ（$M=2$）时。

（3）当后一级运放中的电位器值调至约 5.4kΩ（$M=3$）时。

（4）将图 11-88 中积分环节的电容改为 1μF，再重复步骤（1）、（2）、（3）。

注意：实验时，为了便于与理论曲线进行比较，电路中 $-e$ 和 $-\dot{e}$ 测试点可各加一个反相器。

六、实验报告要求

（1）作出由实验求得的继电型非线性控制系统在阶跃信号作用下的相轨迹，据此求出超调量 σ_p 和稳态误差 e_{ss}。

（2）作出由实验求得的具有速度负反馈的继电型非线性控制系统在阶跃作用下的相轨迹，并求出系统的超调量 σ_p 和稳态误差 e_{ss}。

（3）作出由实验求得的饱和非线性控制系统在阶跃作用下的相轨迹，并求出超调量 σ_p 和稳态误差 e_{ss}。

七、实验思考题

（1）为什么引入速度负反馈后，继电器型非线性系统阶跃响应的动态性能会变好？

（2）饱和非线性系统，若区域Ⅰ内线性方程有两个相异负实根，则系统的相轨迹会如何变化？

实验 10　系统能控性与能观性分析

一、实验目的

（1）通过本实验加深对系统状态的能控性和能观性的理解。

（2）验证实验结果所得系统能控、能观的条件与由它们的判据求得的结果完全一致。

二、实验设备

（1）THKKL-B 型模块化自控原理实验系统实验平台，实验模块 CT05。

（2）PC 机一台（含上位机软件）。

（3）USB 接口线。

三、实验内容

（1）线性系统能控性实验。

（2）线性系统能观性实验。

四、实验原理

系统的能控性是指输入信号 u 对各状态变量 x 的控制能力。如果对于系统任意的初始状态，可以找到一个容许的输入量，在有限的时间内把系统所有的状态变量转移到状态空间的坐标原点，则称系统是能控的。

系统的能观性是指由系统的输出量确定系统所有初始状态的能力。如果在有限的时间内，根据系统的输出能唯一地确定系统的初始状态，则称系统能观。

如图 11-89 所示的电路系统，设 i_L 和 u_c 分别为系统的两个状态变量，如果电桥中$\dfrac{R_1}{R_2}\neq\dfrac{R_3}{R_4}$，则输入电压 u 能控制 i_L 和 u_c 状态变量的变化，此时，状态是能控的；状态变量 i_L 与 u_c

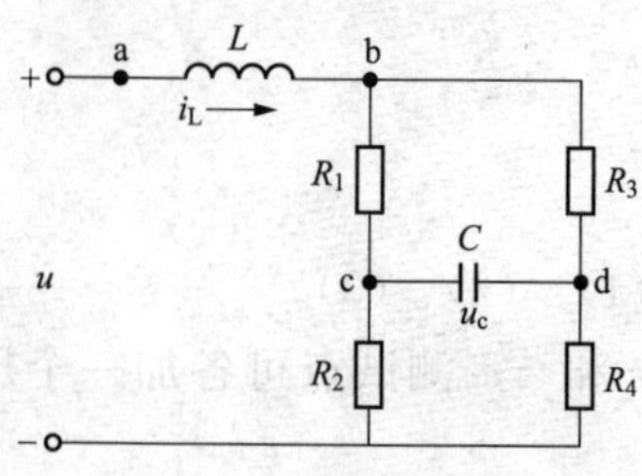

图 11-89 系统能控性与能观性实验电路图

有耦合关系，输出 u_c 中含有 i_L 的信息，因此对 u_c 的检测能确定 i_L，即系统是能观的。

反之，当$\frac{R_1}{R_2}=\frac{R_3}{R_4}$时，电桥中的 c 点和 d 点的电位始终相等，$u_c$ 不受输入 u 的控制，u 只能改变 i_L 的大小，故系统不能控；由于输出 u_c 和状态变量 i_L 没有耦合关系，故 u_c 的检测不能确定 i_L，即系统不能观。

(1) 当$\frac{R_1}{R_2}\neq\frac{R_3}{R_4}$时，有

$$\begin{bmatrix}\dot{i}_L\\ \dot{u}_c\end{bmatrix}=\begin{bmatrix}-\frac{1}{\boldsymbol{L}}\left(\frac{\boldsymbol{R}_1\boldsymbol{R}_2}{\boldsymbol{R}_1+\boldsymbol{R}_2}+\frac{\boldsymbol{R}_3\boldsymbol{R}_4}{\boldsymbol{R}_3+\boldsymbol{R}_4}\right) & -\frac{1}{\boldsymbol{L}}\left(\frac{\boldsymbol{R}_1\boldsymbol{R}_2}{\boldsymbol{R}_1+\boldsymbol{R}_2}-\frac{\boldsymbol{R}_3\boldsymbol{R}_4}{\boldsymbol{R}_3+\boldsymbol{R}_4}\right)\\ -\frac{1}{\boldsymbol{C}}\left(\frac{\boldsymbol{R}_1\boldsymbol{R}_2}{\boldsymbol{R}_1+\boldsymbol{R}_2}+\frac{\boldsymbol{R}_3\boldsymbol{R}_4}{\boldsymbol{R}_3+\boldsymbol{R}_4}\right) & -\frac{1}{\boldsymbol{C}}\left(\frac{1}{\boldsymbol{R}_1+\boldsymbol{R}_2}-\frac{1}{\boldsymbol{R}_3+\boldsymbol{R}_4}\right)\end{bmatrix}\begin{bmatrix}i_L\\ u_c\end{bmatrix}+\begin{bmatrix}\frac{1}{\boldsymbol{L}}\\ 0\end{bmatrix}u_r \tag{11-26}$$

$$y=u_c=\begin{bmatrix}0 & 1\end{bmatrix}\begin{bmatrix}i_L\\ u_c\end{bmatrix} \tag{11-27}$$

式 (11-26) 可简写为

$$\dot{x}=Ax+bu \tag{11-28}$$

$$y=cx \tag{11-29}$$

式中

$$\boldsymbol{A}=\begin{bmatrix}-\frac{1}{\boldsymbol{L}}\left(\frac{\boldsymbol{R}_1\boldsymbol{R}_2}{\boldsymbol{R}_1+\boldsymbol{R}_2}+\frac{\boldsymbol{R}_3\boldsymbol{R}_4}{\boldsymbol{R}_3+\boldsymbol{R}_4}\right) & -\frac{1}{\boldsymbol{L}}\left(\frac{\boldsymbol{R}_1\boldsymbol{R}_2}{\boldsymbol{R}_1+\boldsymbol{R}_2}-\frac{\boldsymbol{R}_3\boldsymbol{R}_4}{\boldsymbol{R}_3+\boldsymbol{R}_4}\right)\\ -\frac{1}{\boldsymbol{C}}\left(\frac{\boldsymbol{R}_1\boldsymbol{R}_2}{\boldsymbol{R}_1+\boldsymbol{R}_2}+\frac{\boldsymbol{R}_3\boldsymbol{R}_4}{\boldsymbol{R}_3+\boldsymbol{R}_4}\right) & -\frac{1}{\boldsymbol{C}}\left(\frac{1}{\boldsymbol{R}_1+\boldsymbol{R}_2}-\frac{1}{\boldsymbol{R}_3+\boldsymbol{R}_4}\right)\end{bmatrix}$$

$$x=\begin{bmatrix}\boldsymbol{i}_L\\ \boldsymbol{u}_C\end{bmatrix}$$

$$\boldsymbol{b}=\begin{bmatrix}\frac{1}{\boldsymbol{L}}\\ 0\end{bmatrix}$$

$$\boldsymbol{c}=\begin{bmatrix}0 & 1\end{bmatrix}$$

由系统能控、能观性判据得

$$rank\begin{bmatrix}\boldsymbol{b} & \boldsymbol{Ab}\end{bmatrix}=2 \quad rank\begin{bmatrix}\boldsymbol{c}\\ \boldsymbol{cA}\end{bmatrix}=2$$

故系统既能控，又能观。

(2) 当$\frac{R_1}{R_2}=\frac{R_3}{R_4}$时，式 (11-26) 变为

$$\begin{bmatrix}\dot{\boldsymbol{i}}_L\\ \dot{\boldsymbol{u}}_c\end{bmatrix}=\begin{bmatrix}-\frac{1}{\boldsymbol{L}}\left(\frac{\boldsymbol{R}_1\boldsymbol{R}_2}{\boldsymbol{R}_1+\boldsymbol{R}_2}+\frac{\boldsymbol{R}_3\boldsymbol{R}_4}{\boldsymbol{R}_3+\boldsymbol{R}_4}\right) & 0\\ 0 & -\frac{1}{\boldsymbol{C}}\left(\frac{1}{\boldsymbol{R}_1+\boldsymbol{R}_2}-\frac{1}{\boldsymbol{R}_3+\boldsymbol{R}_4}\right)\end{bmatrix}\begin{bmatrix}\boldsymbol{i}_L\\ \boldsymbol{u}_c\end{bmatrix}+\begin{bmatrix}\frac{1}{\boldsymbol{L}}\\ 0\end{bmatrix}\boldsymbol{u}_r \tag{11-30}$$

$$y = u_c = [0 \quad 1]\begin{pmatrix} i_L \\ u_c \end{pmatrix} \tag{11-31}$$

由系统能控能观性判据得

$$rank[b \quad Ab] = 1 < 2 \qquad rank\begin{bmatrix} c \\ cA \end{bmatrix} = 1 < 2$$

故系统既不能控，又不能观，若把式（11-30）展开则有

$$\dot{i}_L = -\frac{1}{L}\left(\frac{R_1R_2}{R_1+R_2} + \frac{R_3R_4}{R_3+R_4}\right)i_L + \frac{1}{L}u \tag{11-32}$$

$$\dot{u}_c = -\frac{1}{C}\left(\frac{1}{R_1+R_2} - \frac{1}{R_3+R_4}\right)u_c \tag{11-33}$$

这是两个独立的方程。式（11-33）中的 u_c 既不受输入 u 的控制，也与状态变量 i_L 没有任何耦合关系，故电路的状态为不能控。同时输出 u_c 中不含有 i_L 的信息，因此对 u_c 的检测不能确定 i_L，即系统不能观。

五、实验步骤

（1）按图11-89连接实验电路，其中 $R_1=1\text{k}\Omega$，$R_2=1\text{k}\Omega$，$R_3=1\text{k}\Omega$，$R_4=2\text{k}\Omega$。

（2）打开上位机软件的“系统能控性与能观性”界面。当阶跃信号的值分别为1、2V时，用上位机软件观测并记录电路中电感和电容器两端电压 u_{ab}、$u_{cd}(u_c)$ 的大小。

（3）当 R_3 取（通过波档开关切换）2kΩ，阶跃信号的值分别为1、2V时，用上位机软件观测并记录电路中电感和电容器两端电压 u_{ab}、$u_{cd}(u_c)$ 的大小。

（4）当 R_3 取3kΩ，阶跃信号的值分别为1、2V时，用上位机软件观测并记录电路中电感和电容器两端电压 u_{ab}、$u_{cd}(u_c)$ 的大小。

注意：①在a点与b点间串入1kΩ的电阻的目的是为了便于测量并比较 u_{ab} 的电压在不同情况下的关系。②为了减小负载对阶跃信号输出电压的影响，建议在阶跃信号输出端接一个跟随器（反向器单元），输出接系统的能控性和能观性单元的输入端。

六、实验报告

写出图11-89电路图的状态空间表达式，并分析系统的能控性和能观性。

实验11　控制系统极点的任意配置

一、实验目的

（1）掌握用全状态反馈的设计方法实现控制系统极点的任意配置。

（2）用电路模拟的方法，研究参数的变化对系统性能的影响。

二、实验设备

（1）THKKL-B型模块化自控原理实验系统实验平台，实验模块CT09。

（2）PC机一台（含上位机软件）。

（3）USB接口线。

三、实验内容

（1）用全状态反馈实现二阶系统极点的任意配置，并用电路模拟的方法予予以实现。

（2）用全状态反馈实现三阶系统极点的任意配置，并通过电路模拟的方法予以实现。

四、实验原理

由于控制系统的动态性能主要取决于它的闭环极点在s平面上的位置，因而人们常把对系统动态性能的要求转化为一组希望的闭环极点。一个单输入单输出的N阶系统，如果仅靠系统的输出量进行反馈，显然不能使系统的n个极点位于所希望的位置。基于一个N阶系统有N个状态变量，如果把它们作为系统的反馈信号，则在满足一定的条件下就能实现对系统极点任意配置，这个条件就是系统能控。理论证明，通过状态反馈的系统，其动态性能一定会优于只有输出反馈的系统。

设系统受控系统的动态方程为

$$\dot{x} = Ax + bu$$
$$y = cx$$

如图11-90所示为其状态变量图。

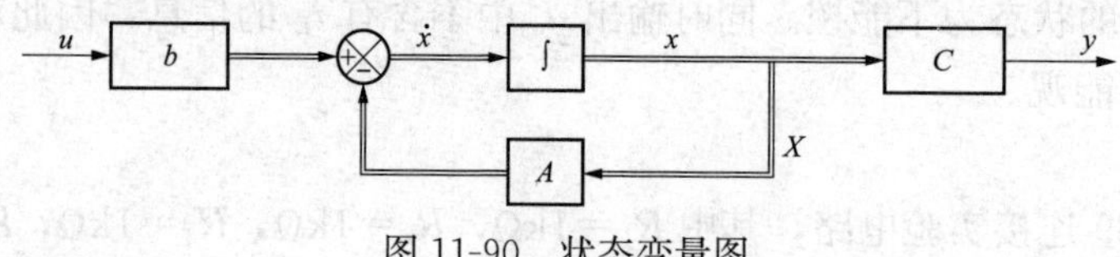

图11-90 状态变量图

令$u=r-\boldsymbol{K}\boldsymbol{x}$，其中$\boldsymbol{K}=[\boldsymbol{k}_1 \quad \boldsymbol{k}_2 \quad \cdots \quad \boldsymbol{k}_n]$，$r$为系统的给定量，$\boldsymbol{x}$为$n\times1$系统状态变量，$\boldsymbol{u}$为$1\times1$控制量。则引入状态反馈后系统的状态方程变为

$$\dot{\boldsymbol{x}} = (\boldsymbol{A} - \boldsymbol{bK})\boldsymbol{x} + \boldsymbol{bu}$$

相应的特征多项式为

$$\det[sI-(A-bK)]$$

式中：s为复变量；I为单位矩阵。

调节状态反馈阵$\boldsymbol{K}$的元素$[\boldsymbol{k}_1 \quad \boldsymbol{k}_2 \quad \cdots \quad \boldsymbol{k}_n]$，就能实现闭环系统极点的任意配置。如图11-91所示为引入状态反馈后系统框图。

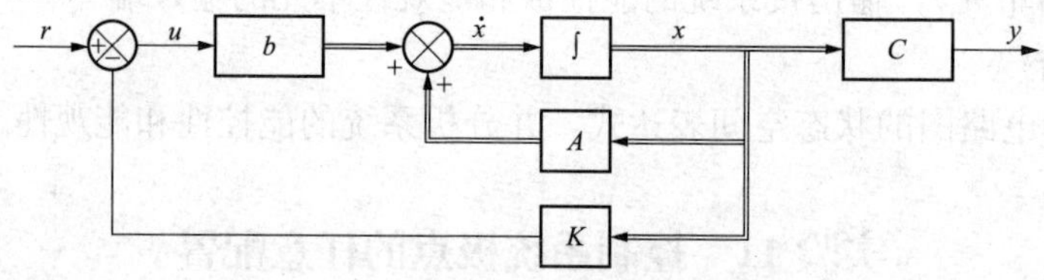

图11-91 引入状态变量后系统框图

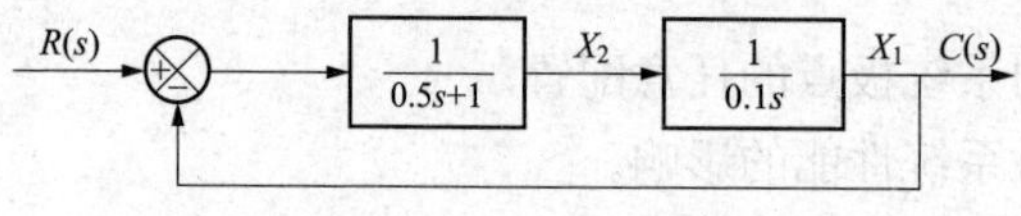

图11-92 二阶系统框图

1. 典型二阶系统全状态反馈的极点配置

二阶系统框图如图11-92所示。

(1) 由图得$G(s)=\dfrac{10}{s(0.5s+1)}$，然后求得$\xi=0.223$，$\sigma_p\approx48\%$

同时由框图可得$(R-X_1)\dfrac{1}{0.5s+1}=X_2$，$\dot{X}_1=10X_2$

所以$\dot{X}_2=-2X_1-2X_2+2R$

$$\dot{X}=\begin{bmatrix}0 & 10\\ -2 & -2\end{bmatrix}X+\begin{bmatrix}0\\ 2\end{bmatrix}R$$

$$y = X_1 = [1 \quad 0]X$$

（2）系统能控性为

$$rank[\boldsymbol{b} \quad \boldsymbol{Ab}] = rank\begin{bmatrix} 0 & 20 \\ 2 & -4 \end{bmatrix} = 2$$

所以系统完全能控，即能实现极点任意配置。

（3）由性能指标确定希望的闭环极点。

令性能指标 $\sigma_p \leqslant 0.20$，$T_p \leqslant 0.5s$

由$\sigma_p = e^{\frac{-\xi\pi}{\sqrt{1-\xi^2}}} \leqslant 0.20$，选择 $\xi = \frac{1}{\sqrt{2}} = 0.707(\sigma_p = 4.3\%)$

$T_p = \frac{\pi}{\omega_n\sqrt{1-\xi^2}} \leqslant 0.5s$，选择 $\omega_n = 10$

于是求得希望的闭环极点为

$$s_{1,2} = -\xi\omega_n \pm j\omega_n\sqrt{1-\xi^2} = -7.07 \pm j10\sqrt{1-\frac{1}{2}} = -7.07 \pm j7.07$$

希望的闭环特征多项式为

$$\varphi^*(s) = (s + 7.07 - j7.07)(s + 7.07 + j7.07) = s^2 + 14.14s + 100 \qquad (11\text{-}34)$$

（4）确定状态反馈系数 K_1 和 K_2。引入状态反馈后的二阶系统框图如图 11-93 所示。

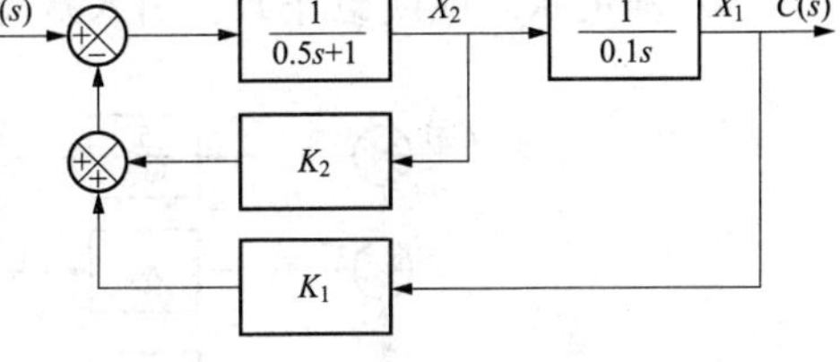

图 11-93　引入状态反馈后的二阶系统框图

其特征方程式为

$$|sI-(A-bK)| = \begin{bmatrix} s & -10 \\ 2+2K_1 & s+2+2K_2 \end{bmatrix} = s^2 + (2+2K_2)s + 20K_1 + 20 \qquad (11\text{-}35)$$

由式（11-34）、式（11-35）解得

$$K_1 = 4, \quad K_2 = 6.1$$

根据以上计算可知，二阶系统在引入状态反馈前后的理论曲线如图 11-94 所示。

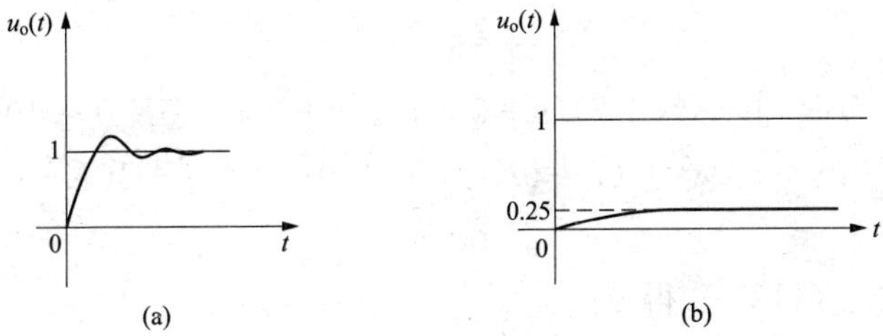

图 11-94　引入状态反馈前后二阶系统的单位阶跃响应曲线
（a）引入状态反馈前；（b）引入状态反馈后

2. 典型三阶系统全状态反馈的极点配置

（1）系统框图。三阶系统框图如图 11-95 所示。

（2）状态方程。由图得

$$\dot{X}_1 = X_2 \qquad C = y = X_1 = [1 \quad 0 \quad 0]X$$

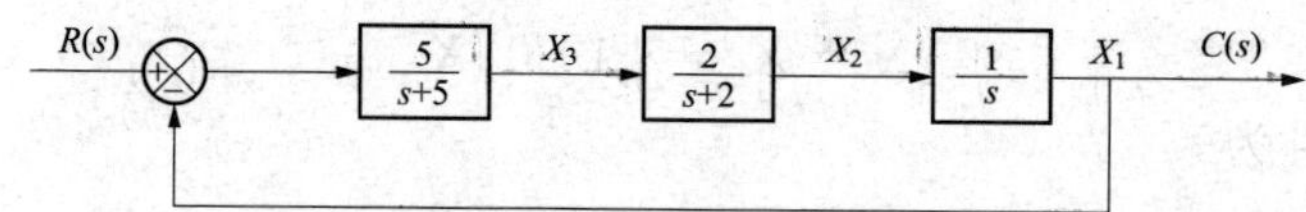

图 11-95　三阶系统框图

$$\dot{X}_2 = -2X_2 + 2X_3$$

$$\dot{X}_3 = -5X_1 - 5X_3 + 5R$$

其动态方程为

$$\dot{X} = \begin{bmatrix} 0 & 1 & 0 \\ 0 & -2 & 2 \\ -5 & 0 & -5 \end{bmatrix} X + \begin{bmatrix} 0 \\ 0 \\ 5 \end{bmatrix} R$$

(3) 能控性。由动态方程可得

$$rank[\boldsymbol{A} \quad \boldsymbol{Ab} \quad \boldsymbol{A}^2\boldsymbol{b}] = rank\begin{bmatrix} 0 & 0 & 10 \\ 0 & 10 & -70 \\ 5 & -25 & 125 \end{bmatrix} = 3$$

所以系统能控，其极点能任意配置。

设一组理想的极点为 $p=-10$，$p_{2,3}=-2\pm j2$，则由它们组成希望的特征多项式为

$$\varphi^* = (s+10)(s+2-j2)(s+2+j2) = s^3 + 14s^2 + 48s + 80 \qquad (11\text{-}36)$$

(4) 确定状态反馈矩阵 K。引入状态反馈后的三阶系统框图如图 11-96 所示。

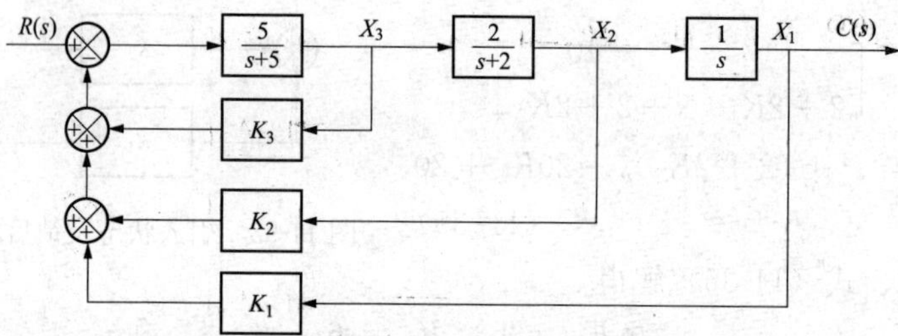

图 11-96　引入状态反馈后的三阶系统框图

由图 11-96 可得

$$\begin{aligned} \det[sI-(A-BK)] &= s(s+2)(s+5+5K_3) + 2(5+5K_1) + 10sK_2 \\ &= s^3 + (7+5K_3)s^2 + (10+10K_2+10K_3)s + 10 + 10K_1 \end{aligned} \qquad (11\text{-}37)$$

由式 (11-36)、式 (11-37) 得

$$7+5K_3 = 14 \qquad K_3 = 1.4$$

$$10+10K_2+10K_3 = 48 \qquad K_2 = 2.4$$

$$10+10K_1 = 80 \qquad K_1 = 7$$

图 11-96 对应的模拟电路图如图 11-101 所示。图中电阻 R_{X1}、R_{X2}、R_{X3} 按下列关系式确定。

$$\frac{200k}{R_{X1}} = 7, \frac{200k}{R_{X2}} = 2.4, \frac{200k}{R_{X3}} = 1.4$$

根据以上计算可知，引入状态反馈前后三阶系统的单位阶跃响应曲线如图 11-97 所示。

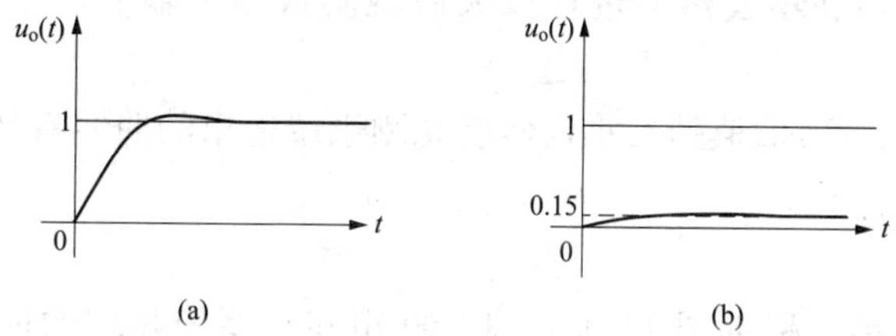

图 11-97　引入状态反馈前后三阶系统的单位阶跃响应曲线

(a) 引入状态反馈前；(b) 引入状态反馈后

五、实验步骤

1. 典型二阶系统

(1) 引入状态反馈前。根据图 11-92 设计并组建该系统相应的模拟电路，如图 11-98 所示。

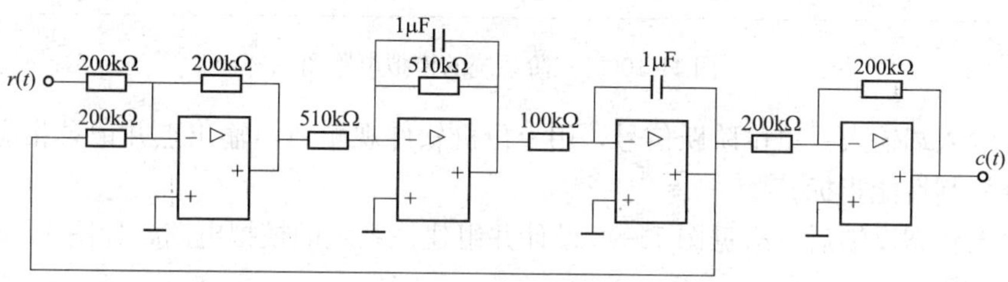

图 11-98　引入状态反馈前的二阶系统模拟电路图

打开上位机软件的“控制系统极点的任意配置”界面。在系统输入端输入一单位阶跃信号，用上位机软件观测 $c(t)$ 输出点并记录相应的实验曲线。

(2) 引入状态反馈后。根据图 11-93 设计并组建该系统相应的模拟电路，如图 11-99 所示。

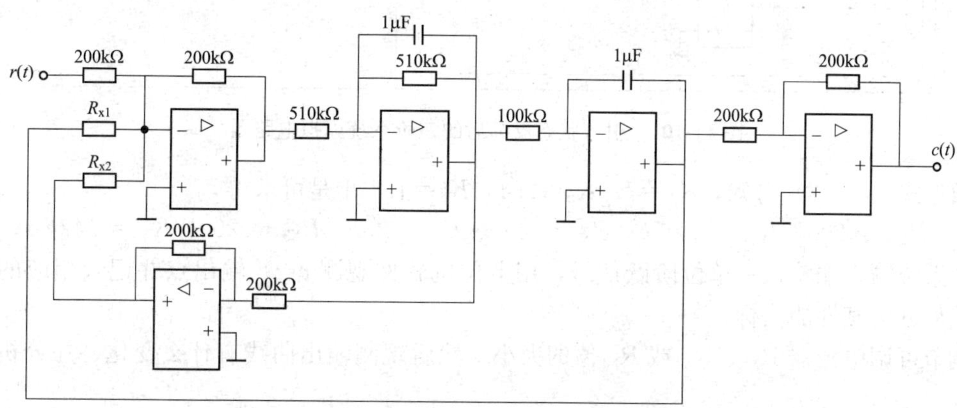

图 11-99　状态反馈后的二阶系统模拟电路图

根据式 (11-35) 可知，$K_1=4$，$K_2=6.1$，于是可求得

$$R_{X1}=200k/K_1=50k,\quad R_{X2}=200k/K_2=32.7k$$

在系统输入端输入一单位阶跃信号，用上位机软件观测 $c(t)$ 输出点并记录相应的实验曲线（若测量值太小，可在示波器上进行放大后观测或增大输入的阶跃信号，如取 2 倍），然后分析其性能指标。

调节可调电位器 R_{x1} 或 R_{x2} 值的大小，然后观测系统输出的曲线有什么变化，并分析其性能指标。

2. 典型三阶系统

(1) 引入状态反馈前。根据图 11-95，设计并组建该系统相应的模拟电路，如图 11-100 所示。

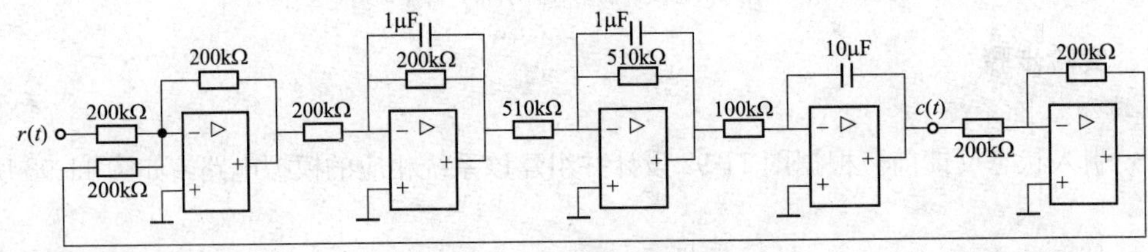

图 11-100　三阶系统的模拟电路图

在系统输入端输入一单位阶跃信号，用上位机软件观测 $c(t)$ 输出点并记录相应的实验曲线，然后分析其性能指标。

(2) 引入状态反馈后。根据图 11-96 设计并组建该系统的模拟电路，如图 11-101 所示。

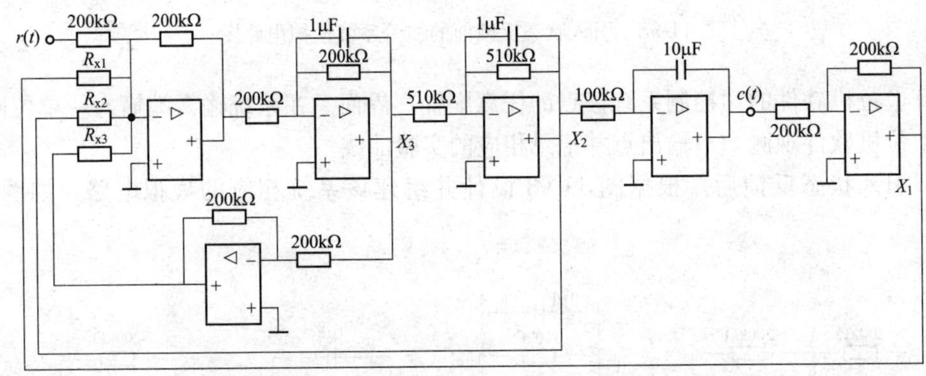

图 11-101　引入状态反馈后的三阶系统模拟电路图

根据式 (11-37) 可知，$K_1=7$，$K_2=2.4$，$K_3=1.4$ 于是可求得

$$R_{X1}=200k/K_1=28.5k \quad R_{X2}=200k/K_2=83k \quad R_{X3}=200k/K_3=142k$$

在系统输入端输入一单位阶跃信号，用上位机软件观测 $c(t)$ 输出点并记录相应的实验曲线然后分析其性能指标。

调节可调电位器 R_{X1}、R_{X2} 或 R_{X3} 值的大小，然后观测输出曲线有什么变化，并分析其性能指标。

六、实验报告要求

(1) 画出二阶和三阶系统的模拟电路图，实测它们的阶跃响应曲线和动态性能，并与计算所得的各种性能指标进行比较和分析。

(2) 根据系统要求的性能指标，确定系统希望的特征多项式，并计算出状态反馈增益矩阵。

（3）画出引入状态反馈后的二阶和三阶系统的电路图，由实验测得它们的阶跃响应曲线的特征量，并分析是否满足系统的设计要求。

七、实验思考题

（1）系统极点能任意配置的充要条件是什么?

（2）为什么引入状态反馈后的系统，其瞬态响应一定会优于输出反馈的系统?

（3）图 11-92 所示的系统引入状态反馈后，能不能使输出的稳态值等于给定值?

实验 12　具有内部模型的状态反馈控制系统

一、实验目的

（1）了解内模控制的原理。

（2）掌握具有内部模型的状态反馈设计的方法。

二、实验设备

（1）THKKL-B 型模块化自控原理实验系统实验平台，实验模块 CT10。

（2）PC 机一台（含上位机软件）。

（3）USB 接口线。

三、实验内容

（1）不引入内部模型，按要求设计系统的模拟电路，并由实验求取其阶跃响应和稳态输出。

（2）设计该系统引入内部模型后系统的模拟电路，并由实验观测其阶跃响应和稳态输出。

四、实验原理

系统极点任意配置（状态反馈），仅从系统获得满意的动态性能考虑，即系统具有一组希望的闭环极点，但不能实现系统无误差。本实验在上一实验的基础上，增加了系统内部模型控制。

根据经典控制理论，系统的开环传递函数中，若含有某控制信号的极点，则该系统对此输入信号就无稳态误差产生。据此，在具有状态反馈系统的前向通道中引入 $R(s)$ 的模型，则系统既具有理想的动态性能，又有对该系统无稳态误差产生。

1. 内部模型控制实验原理

设受控系统的动态方程为

$$\dot{x} = Ax + bu \quad y = cx$$

令参考输入为阶跃信号 r，则有 $\dot{r}=0$

令系统的输出与输入间的跟踪误差为

$$e = y - r$$

则有

$$\dot{e} = \dot{y} - \dot{r} = c\dot{x} \tag{11-38}$$

若令 $Z=\dot{x}$，$\omega=\dot{u}$ 为两个中间变量，则得

$$\dot{Z} = A\dot{x} + b\dot{u} = Az + b\omega \tag{11-39}$$

把式（11-38）、式（11-39）写成矩阵形式为

$$\begin{bmatrix}\dot{\boldsymbol{e}}\\ \dot{\boldsymbol{z}}\end{bmatrix}=\begin{bmatrix}0 & \boldsymbol{c}\\ 0 & \boldsymbol{A}\end{bmatrix}\begin{bmatrix}\boldsymbol{e}\\ \boldsymbol{z}\end{bmatrix}+\begin{bmatrix}0\\ \boldsymbol{b}\end{bmatrix}\boldsymbol{\omega} \tag{11-40}$$

若式（11-40）能控，则可求得如下形式的状态反馈

$$\omega=-K_1e-K_2z\quad (K_2=[k_2\quad k_3]) \tag{11-41}$$

这不仅使系统稳定，而且实现稳态误差为零。对式（11-41）积分得

$$u=-K_1\int e(t)\mathrm{d}t-K_2x(t)$$

引入参考输入的内部模型后系统框图如图 11-102 所示。

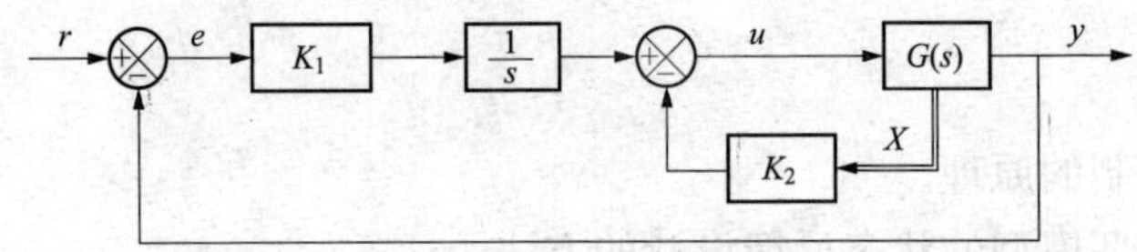

图 11-102　引入参考输入的内部模型后系统框图

2. 系统的极点配置

已知给定电路的动态方程为

$$\dot{X}=\begin{bmatrix}0 & 1\\ -4 & -1\end{bmatrix}X+\begin{bmatrix}0\\ 1\end{bmatrix}u,\quad y=[1\quad 0]X \tag{11-42}$$

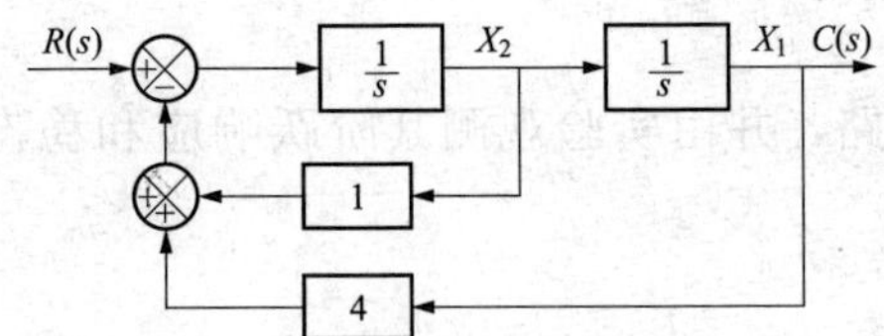

图 11-103　引入状态反馈前的二阶系统框图

或写成

$$\dot{x}_1=x_2$$

$$\dot{x}_2=-4x_1-x_2+u$$

由于 $rank[\boldsymbol{b}\quad \boldsymbol{A}b]=2$，故系统能控。

引入状态反馈前的二阶系统框图如图 11-103 所示。

由动态方程可得

$$T(s)=C(sI-A)^{-1}b=[1\quad 0]\begin{bmatrix}s & -1\\ 4 & s+1\end{bmatrix}^{-1}\begin{bmatrix}0\\ 1\end{bmatrix}=\frac{1}{4}\times\frac{4}{s^2+s+4}$$

由于 $2\xi\omega_n=1$，故 $\xi=0.25$。此时超调量较大（约为 50%左右），当单位阶跃输入时，$e_{ss}=0.75$。

令状态反馈矩阵 $\boldsymbol{K}=[K_1\quad K_2]$，$u=r-\boldsymbol{K}x$，式中 r 为系统的给定量。

则引入状态反馈后的状态方程为

$$\dot{x}=(A-b\boldsymbol{K})x+br$$

相应的特征多项式为

$$\varphi(s)=|sI-(A-bK)|=\begin{bmatrix}s & -1\\ 4+K_1 & s+1+K_2\end{bmatrix}=s^2+(1+K_2)s+4+K_1 \tag{11-43}$$

设闭环系统的希望极点为 $s_{1,2}=-1\pm 1\mathrm{j}$。

则由它们组成希望的特征多项式为

$$\varphi^*=(s+1-\mathrm{j}1)(s+1+\mathrm{j}1)=s^2+2s+2 \tag{11-44}$$

对比式（11-43）和式（11-44）得

$$K_1 = -2 \qquad K_2 = 1$$

此时 $T(s)=C[sI-(A-bK)]^{-1}b=[1\quad 0]\begin{bmatrix} s & -1 \\ 2 & s+2 \end{bmatrix}^{-1}\begin{bmatrix} 0 \\ 1 \end{bmatrix}=\frac{1}{2}\times\frac{2}{s^2+2s+2}$

由于 $2\xi\sqrt{2}=2$，故 ξ 时超调量约为 4.3%，$e_{ss}=0.5$。

引入状态反馈后系统框图如图 11-104 所示。

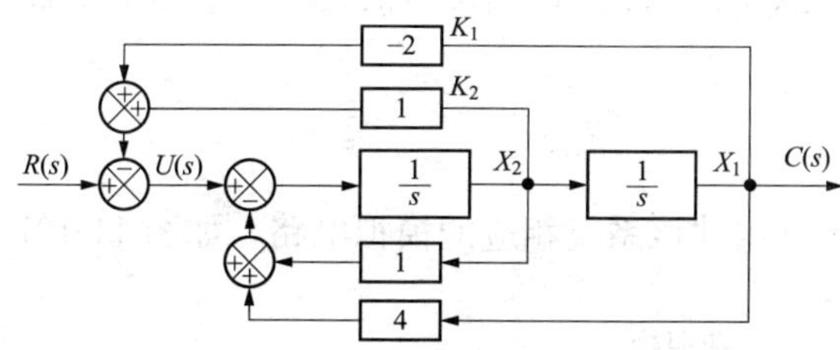

图 11-104　引入状态反馈后的二阶系统方框图

3. 内部模型控制器的设计

为使校正后的系统不仅具有良好的动态性能，而且要以零稳态误差跟踪输入，因此需在状态反馈的基础上引入内部模型控制。根据式（11-40）和式（11-42）得

$$\begin{bmatrix} \dot{\boldsymbol{e}} \\ \dot{\boldsymbol{z}} \end{bmatrix}=\begin{bmatrix} 0 & 1 & 0 \\ 0 & 0 & 1 \\ 0 & -4 & -1 \end{bmatrix}\begin{bmatrix} \boldsymbol{e} \\ \boldsymbol{z} \end{bmatrix}+\begin{bmatrix} 0 \\ 0 \\ 1 \end{bmatrix}\boldsymbol{\omega}$$

设闭环系统的希望极点为 $s_{1,2}=-1\pm \mathrm{j}$，$s_3=-10$，则得希望的闭环特征方程式为

$$\varphi^*(s)=(s+1-\mathrm{j})(s+1+\mathrm{j})(s+10)=s^3+12s^2+22s+20 \tag{11-45}$$

引入状态反馈后系统的特征多项式为

$$\det[sI-(A-bK)]=\det\begin{bmatrix} s & -1 & 0 \\ 0 & s & -1 \\ K_1 & 4+K_2 & s+1+K_3 \end{bmatrix}$$

$$=s^3+(1+K_3)s^2+(4+K_2)s+K_1 \tag{11-46}$$

对比式（11-42）、式（11-43）得

$$K_1=20,\quad K_2=18,\quad K_3=11$$

故校正后系统框图如图 11-105 所示。

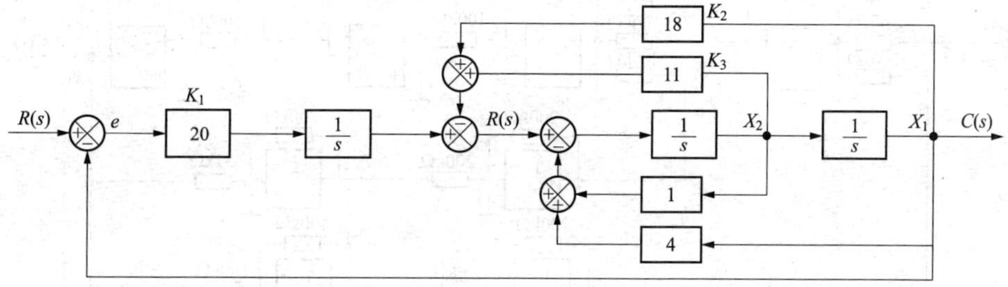

图 11-105　校正后系统框图

根据以上计算可知，二阶系统在引入状态反馈前后的理论曲线如图 11-106 所示。

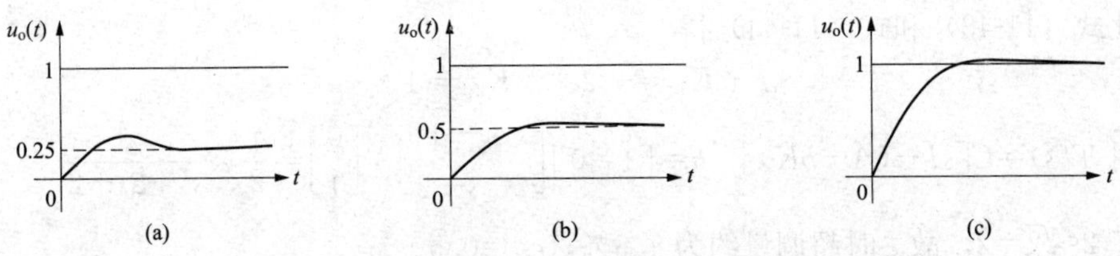

图 11-106　内模控制引入前后的阶跃响应曲线

（a）引入极点配置前；（b）引入极点配置后；（c）引入内模控制后

五、实验步骤

1. 极点配置前

根据图 11-103，设计并组建该系统相应的模拟电路，如图 11-107 所示。

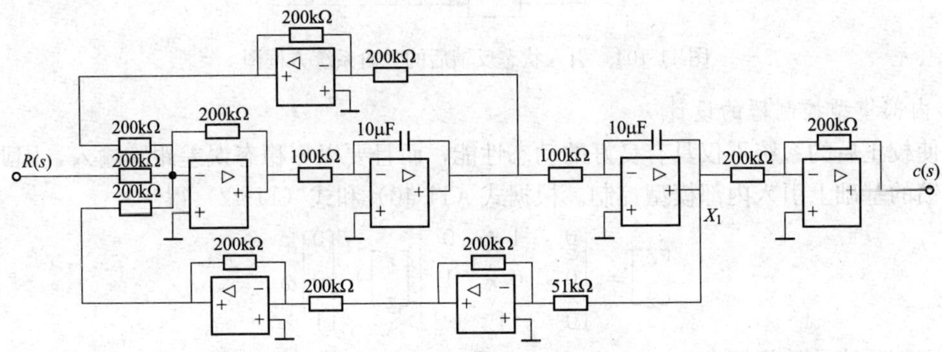

图 11-107　引入极点配置前系统的模拟电路图

打开上位机软件的“具有内部模型的状态反馈控制系统”界面。在系统输入端输入一单位阶跃信号，用上位机软件观测 $c(t)$ 输出点并记录相应的实验曲线，然后分析其性能指标。

2. 系统引入极点配置

根据图 11-104 设计并组建该系统相应的模拟电路，如图 11-108 所示。

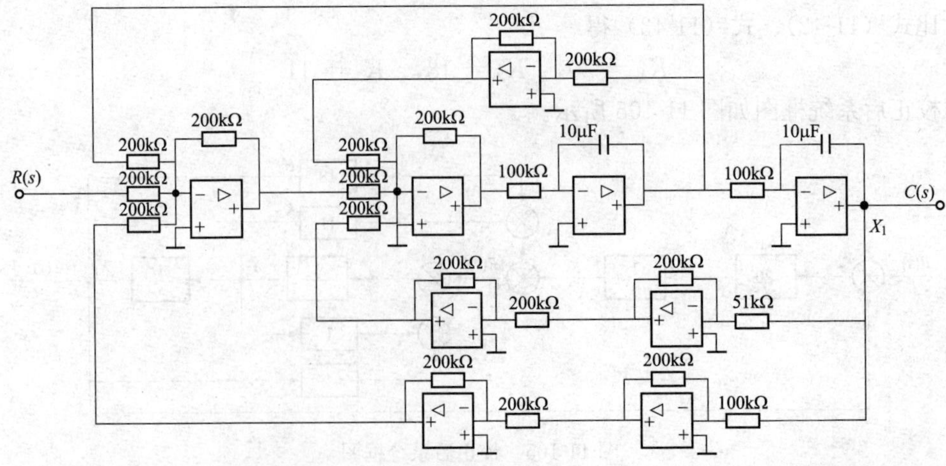

图 11-108　引入极点配置后系统的模拟电路图

在系统输入端输入一单位阶跃信号，用上位机软件观测 $c(t)$输出点并记录相应的实验曲线，然后分析其性能指标。

3. 加内模控制后

根据图 11-105，设计并组建该系统相应的模拟电路，如图 11-109 所示。

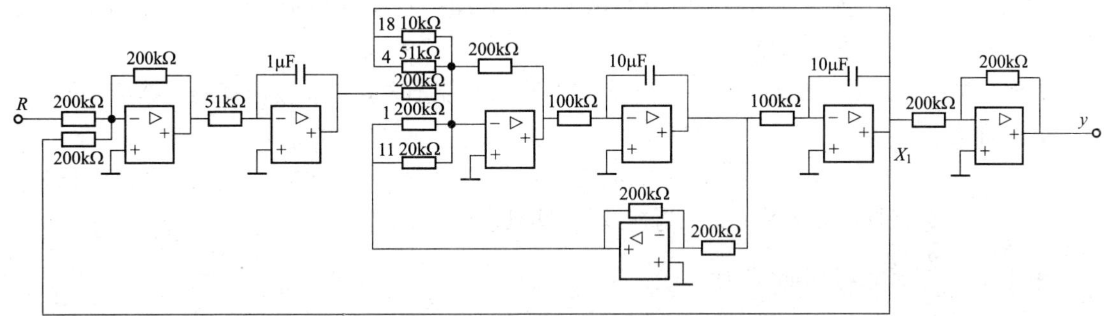

图 11-109　引入内模控制后系统的模拟电路图

在输入端输入一个阶跃信号（由于积分电路有截止饱和本实验阶跃信号的值不能超过 0.6V，建议使用 0.5V)，用上位机软件观测 $c(t)$ 输出点并记录相应的实验曲线，然后分析其性能指标。

六、实验报告要求

(1) 画出不引入内部模型，只有状态反馈系统的模拟电路图，并由实验画出它的阶跃响应曲线和确定稳态输出值。

(2) 画出引入内部模型后系统的模拟电路图，并由实验绘制它的阶跃响应曲线和求出稳态输出值。

七、实验思考题

(1) 试从理论上解释引入内部模型后系统的稳态误差为零的原因?

(2) 如果输入 $r(t)=t$，则系统引入的内部模型应作如何变化?

实验 13　采样控制系统的分析

一、实验目的

(1) 熟悉用 LF398 组成的采样控制系统。

(2) 理解香农定理和零阶保持器 ZOH 的原理及其实现方法。

(3) 观察系统在阶跃作用下的稳态误差。研究开环增益 K 和采样周期 T 的变化对系统动态性能的影响。

二、实验设备

(1) THKKL-B 型模块化自控原理实验系统实验平台，实验模块 CT12。

(2) PC 机一台（含上位机软件)。

(3) USB 接口线。

三、实验内容

(1) 设计一个对象为二阶环节的模拟电路，并与采样电路组成一个数-模混合系统。

(2) 分别改变系统的开环增益 K 和采样周期 T，研究它们对系统动态性能及稳态精度的影响。

四、实验原理

1. 采样定理

如图 11-110 所示为连续信号的采样与恢复框图，图中$x(t)$是 t 的连续信号，经采样开关采样后，变为离散信号 $X^*(t)$。

香农采样定理证明要使被采样后的离散信号 $X^*(t)$ 能不失真地恢复原有的连续信号$X(t)$，其充分条件为

$$\omega_s \geqslant 2\omega_{max} \tag{11-47}$$

式中：ω_s 为采样的角频率；ω_{max} 为连续信号的最高角频率。

由于 $\omega_s=\frac{2\pi}{T}$，采样周期 T 为

$$T \leqslant \frac{\pi}{\omega_{max}} \tag{11-48}$$

采样控制系统稳定的充要条件是其特征方程的根均位于 z 平面上以坐标原点为圆心的单位圆内，且这种系统的动态、静态性能均只与采样周期 T 有关。

2. 采样控制系统性能的研究

如图 11-111 所示为二阶采样控制系统框图。

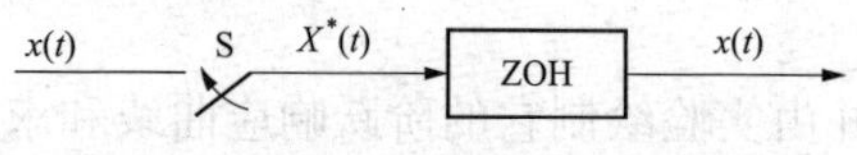

图 11-110　连续信号的采样与恢复框图

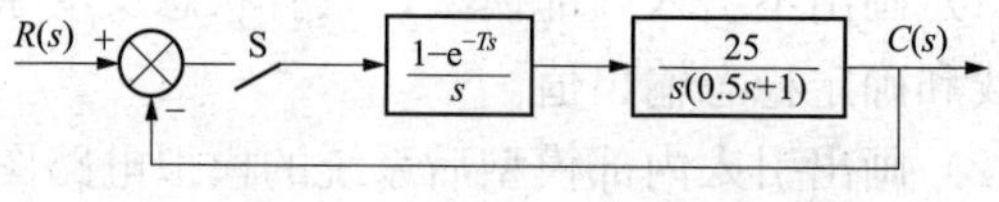

图 11-111　二阶采样控制系统框图

由图 11-111 所示系统的开环脉冲传递函数为

$$G(z)=Z\left[\frac{25(1-e^{-Ts})}{s^2(0.5s+1)}\right]=25(1-z^{-1})Z\left[\frac{2}{s^2(s+2)}\right]=25(1-z^{-1})Z\left(\frac{1}{s^2}-\frac{0.5}{s}+\frac{0.5}{s+2}\right)$$

$$=25(1-z^{-1})\left[\frac{Tz}{(z-1)^2}-\frac{0.5z}{z-1}+\frac{0.5z}{z-e^{-2T}}\right]$$

$$=\frac{12.5(2T-1+e^{-2T})z+(1-e^{-2T}-2Te^{-2T})}{(z-1)(z-e^{-2T})}$$

闭环脉冲传递函数为

$$\frac{C(z)}{R(z)}=\frac{12.5[(2T-1+e^{-2T})z+(1-e^{-2T}-2Te^{-2T})]}{z^2-(1+e^{-2T})z+e^{-2T}+12.5[2T-1+e^{-2T}]z+(1-e^{2T}-2Te^{-2T})]}$$

$$=\frac{12.5[2T-1+e^{-2T}]z+(1-e^{-2T}-2Te^{-2T})}{z^2-(25T-13.5+11.5e^{-2T})z+e^{-2T}+(12.52T-11.5e^{-2T}-25Te^{-2T})} \tag{11-49}$$

根据式 (11-49) 可判别该采样控制系统否稳定，并可用迭代法求出该系统的阶跃响应。

五、实验步骤

1. 零阶保持器

本实验采用“采样-保持器”组件 LF398，它具有将连续信号离散后的零阶保持器输出信号的功能。图 11-112 为采样-保持电路。图中 MC14538 为单稳态电路，改变输入方波信号的

周期，即改变采样周期 T。

将数据采集卡的“AO1”接到“AI1”和采样保持电路的“信号输入”端，将低频函数信号发生器的输出接到采样保持电路的“方波输入”端，采样保持电路的“信号输出”端接到数据采集卡的“AI2”。

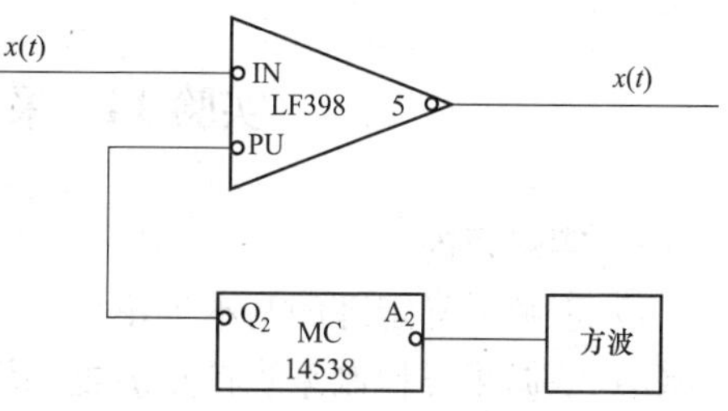

图 11-112　采样保持电路

打开上位机软件的“采样保持器”界面。在虚拟示波器界面的右侧，设置正弦波的幅值和频率，设置低频函数信号发生器输出方波的幅值和频率，点击“开始”按钮，观察实验结果。在下列几种情况下，用虚拟示波器观察采样保持电路的输出信号：

(1) 当方波（采样产生）信号为 100Hz 时。

(2) 当方波（采样产生）信号为 50Hz 时。

(3) 当方波（采样产生）信号为 10Hz 时。

注意：方波的幅值要尽可能大。

2. 采样系统的动态性能

根据图 11-111，设计并组建该系统的模拟电路，如图 11-113 所示。

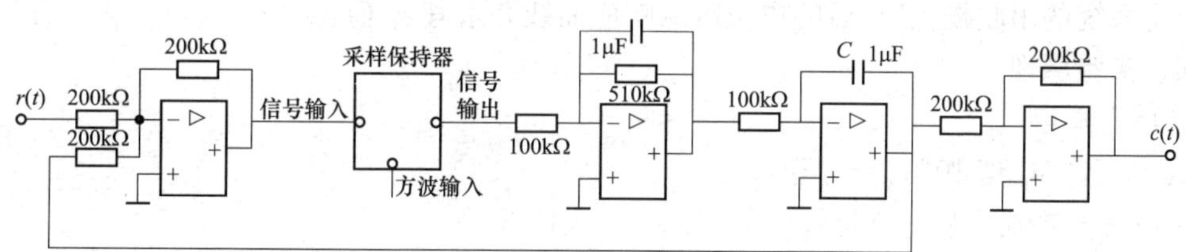

图 11-113　采样控制二阶系统模拟电路图

图 11-113 积分单元中取 $C=1\text{uF}$，$R=100\text{k}\Omega$（$k=10$）时，在输入端输入一个单位阶跃信号，在下面几种情况下用上位机软件观测并记录 $c(t)$ 的输出响应曲线，然后分析其性能指标：

(1) 当采样周期为 0.01s（100Hz）时。

(2) 当采样周期为 0.05s（20Hz）时。

(3) 当采样周期为 0.2s（5Hz）时。

(4) 将图 11-121 中积分单元的电容与电阻更换为 $C=1\text{uF}$，$R=51\text{k}\Omega$（$k=20$）时，重复步骤 (1)、(2)、(3)。

注意：实验中的采样周期最好小于 0.25s（大于 4Hz）。

六、实验报告要求

(1) 按图 11-110 所示框图画出相应的模拟电路图。

(2) 研究采样周期 T 的变化对系统性能的响应。

七、实验思考题

(1) 连续二阶线性定常系统，不论开环增益 K 多大，闭环系统均是稳定的，而为什么离散后的二阶系统在 K 大到某一值或采样周期很小时会产生不稳定？

(2) 试分析采样周期的变化对系统性能的影响？

实验14 采样控制系统的动态校正

一、实验目的

(1) 理解采样定理的基本理论。

(2) 掌握采样控制系统校正装置的设计和调试方法。

(3) 认识采样控制系统与线性连续定常系统的本质区别和采样周期 T 对系统性能的影响。

二、实验设备

(1) THKKL-B 型模块化自控原理实验系统实验平台，实验模块 CT12。

(2) PC 机一台（含上位机软件）。

(3) USB 接口线。

三、实验内容

(1) 构造一个被控对象为二阶环节的模拟电路。

(2) 在满足 K_V 的要求下，观测系统的单位阶跃响应曲线，据此确定超调量 σ_p 值。

(3) 在满足 K_V 的要求且采样周期 $T=0.1$s 时，观测该系统加入校正环节（见"实验6 线性定常系统的串联校正"）后的单位阶跃响应曲线并求其 σ_p 值。

四、实验原理

1. 性能指标

$K_V \leqslant 5$, $\sigma_p \leqslant 10\%$。

2. 校正前系统的性能分析

如图 11-114 所示为未加校正环节的采样控制系统框图。

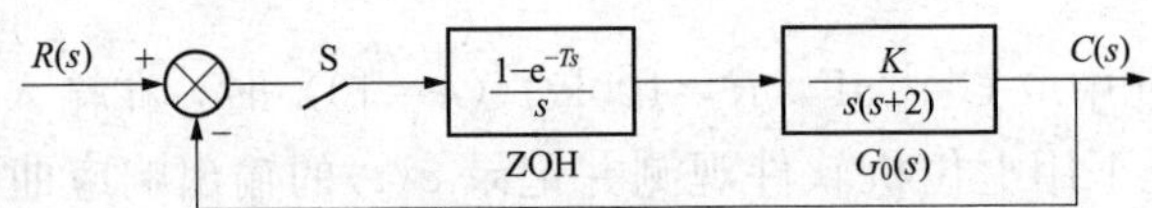

图 11-114 未加校正环节的采样控制系统框图

图 11-114 所示系统的开环脉冲传递函数为

$$G(z)=(1-z^{-1})Z\left[\frac{K}{s^2(s+2)}\right]=\frac{0.0046Kz+0.0045K}{z^2-1.8187z+0.8187}$$

$$\frac{C(z)}{R(z)}=\frac{0.0046Kz+0.0045K}{z^2-(1.8187-0.0046K)z+0.8187+0.0045K} \tag{11-50}$$

对式 (11-50) 的分母进行双线性变换，由劳斯判据求得系统临界稳定的 K 值约为 40。其中取 $K=10(K_V=5)$，$T=0.1$s 时

$$G(z)=\frac{0.0468z+0.0438}{z^2-1.8187z+0.8187}$$

$$\frac{C(z)}{R(z)}=\frac{0.0468z+0.0438}{z^2-1.7719z+0.8625}$$

$$c(k)=1.7719c(k-1)-0.8625c(k-2)+0.0438r(k-1)+0.0468r(k-2)$$

据此求得系统的单位阶跃响应曲线，其超调量 σ_p 约为 38%。

3. 校正后系统（$K_V=5$，$T=0.1s$）

本实验采用“实验6”中连续系统的校正环节，其传递函数为

$$G_c(s)=\frac{bs+1}{as+1}=\frac{0.5s+1}{0.05s+1}$$

图11-114加上校正环节后系统框图如图11-115所示。

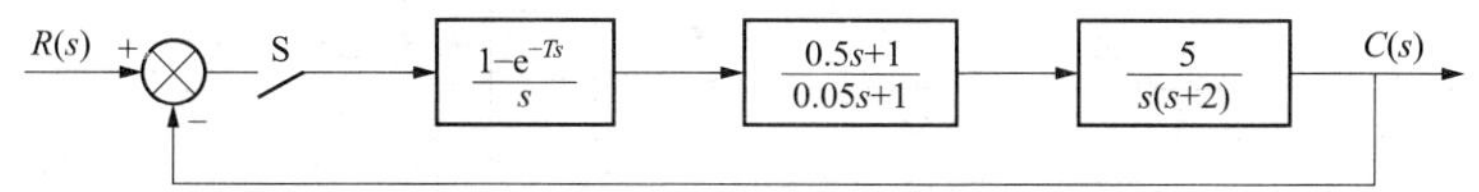

图11-115　加校正环节后的采样控制系统框图

图11-115所示系统的开环脉冲传递函数为

$$G(z)=\frac{0.2838z+0.1485}{z^2-1.1353z+0.1353}$$

$$\frac{C(z)}{R(z)}=\frac{0.2838z^{-1}+0.1485z^{-2}}{1-0.8515z^{-1}+0.2838z^{-2}} \tag{11-51}$$

$$c(k)=0.8515c(k-1)-0.2838c(k-2)+0.2838r(k-1)+0.1485r(k-2)$$

据此可计算出系统的超调量σ_p约为4.3%。

五、实验步骤

1. 校正前系统

根据图11-114设计并组建该系统的模拟电路，如图11-116所示。

打开上位机软件的“采样控制系统的动态性能及校正”界面。令输入为一单位阶跃信号，在采样周期为$T=0.1s$（10Hz）时用上位机软件观测并记录$c(t)$的输出响应曲线，然后分析其性能指标，并与其理论计算的σ_p相比较。

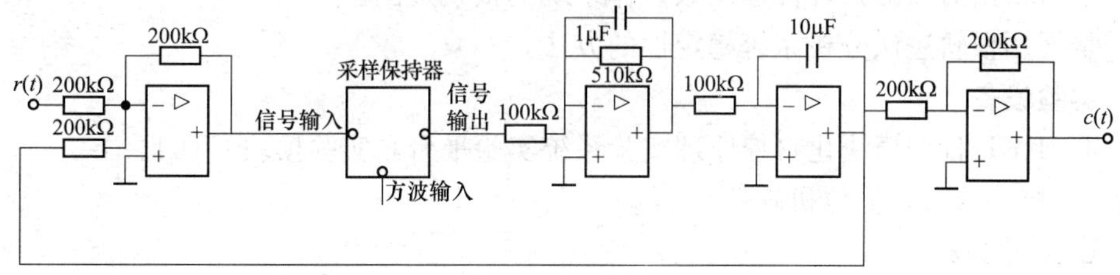

图11-116　未加校正环节前的采样控制系统电路图

改变采样周期，如$T=0.01s$（100Hz）时，用上位机软件观测并记录$c(t)$的输出响应曲线，然后分析其性能指标。

2. 校正后系统

根据图11-115设计并组建该系统的模拟电路，如图11-117所示。

令系统输入为一单位阶跃信号，在采样周期为$T=0.1s$（10Hz）时，用上位机软件观测并记录$c(t)$的输出响应曲线，然后分析加校正环节后系统的性能指标。

改变采样周期，如$T=0.01s$（100Hz）时，用上位机软件观测并记录$c(t)$的输出响应曲线，然后分析系统的性能指标。

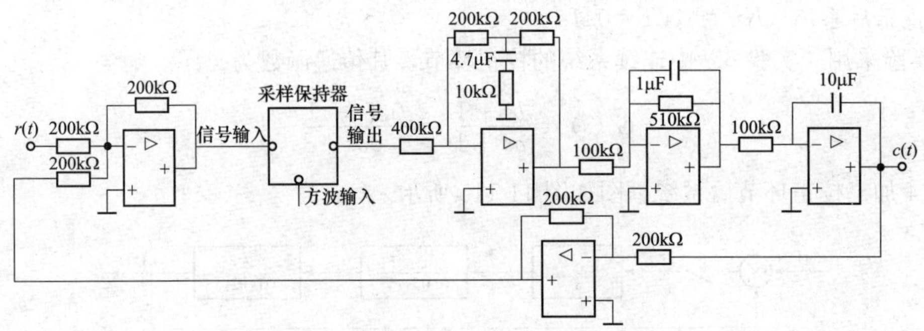

图 11-117　加校正环节后的采样控制系统电路图

六、实验报告要求

(1) 按图 11-114 所示框图画出相应的模拟电路图。

(2) 根据图 11-115 设计加校正环节后系统的采样控制电路图。

(3) 研究加校正环节后系统的动态性能，并画出校正后系统的阶跃响应曲线。

(4) 研究采样周期 T 的变化对系统性能的响应。

七、实验思考题

(1) 连续二阶线性定常系统，不论开环增益 K 多人，闭环系统总是稳定的，而为什么离散后的二阶系统在一定 K 值时会产生不稳定？

(2) 试分析采样周期 T 的变化对系统性能的影响？

实验 15　线性系统的根轨迹分析

一、实验目的

(1) 学习根据对象的开环传递函数，作系统的根轨迹图。

(2) 掌握用根轨迹法分析系统稳定性的方法。

二、实验设备

(1) THKKL-B 型模块化自控原理实验系统实验平台，实验模块 CT04。

(2) PC 机一台（含上位机软件）。

(3) USB 接口线。

三、实验内容

(1) 三阶系统的阶跃响应。

(2) 通过系统的根轨迹图分析系统的稳定性。

四、实验原理

1. 实验对象的结构

三阶系统框图和模拟电路如图 11-118、图 11-119 所示。

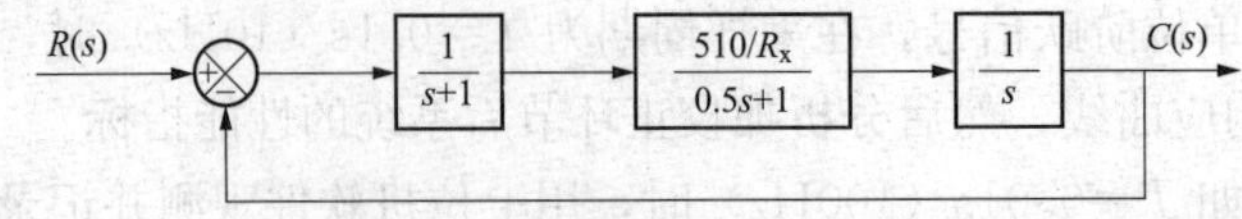

图 11-118　三阶系统框图

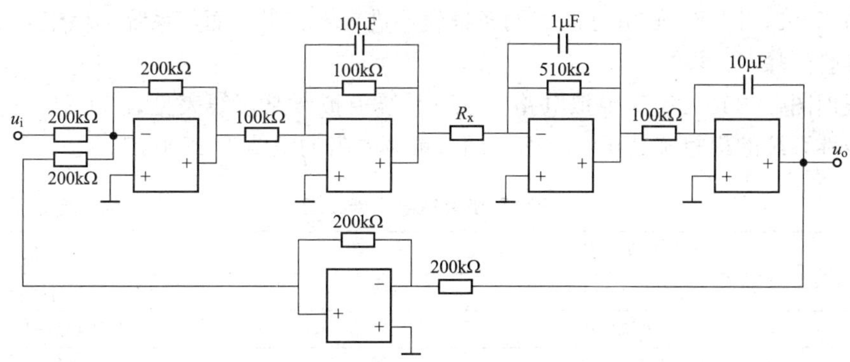

图 11-119　三阶系统模拟电路图

系统的开环传递函数为

$$G(s)=\frac{K}{s(s+1)(0.5s+1)},$$
$$K=510/R_X$$

2. 实验对象根轨迹的绘制

开环传递函数的分母多项式的最高阶次 $n=3$，故根轨迹分支数位 3。开环传递函数的极点有 3 个：$p_1=0$，$p_2=-1$，$p_3=-2$。

实轴上的根轨迹，起始于 0、−1、−2，其中−2 终止于无穷远处。起始于 0 和−1 的两条根轨迹在实轴上相遇后分离，分离点为

$$G(s)=\frac{\mathrm{d}[s(s+1)(0.5s+1)]}{\mathrm{d}s}=1.5s^2+3s+1=0\Rightarrow s_1=-0.422, s_2=-1.578$$

显然 s_2 不在根轨迹上，所以 s_1 为系统的分离点，将 $s_1=-0.422$ 代入特征方程式 $s(s+1)(0.5s+1)+K=0$ 得 $K=0.193$

将 $s=\mathrm{j}\omega$ 代入特征方程得 $\mathrm{j}(2\omega-\omega^3)+2K-3\omega^2=0$

则有 $\begin{cases}2\omega-\omega^3=0\\2K-3\omega^2=0\end{cases}$ 得 $K=3$，$\omega=\pm 2$。

根据以上运算，将这些数值标注在 s 平面上，并连成光滑的粗实线，如图 11-120 所示，其中，箭头表示随着 K 值的增加根轨迹的变化趋势。

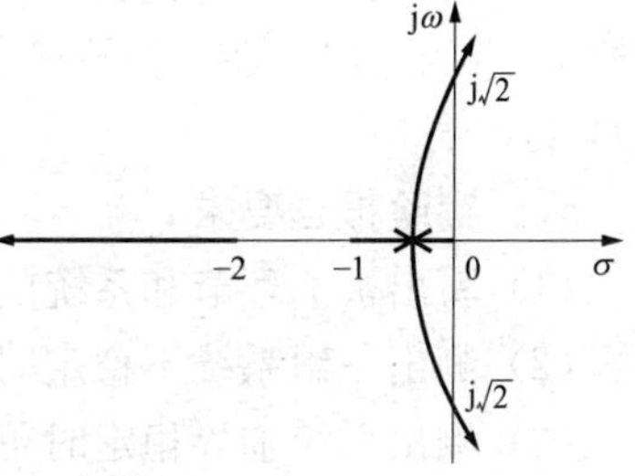

图 11-120　三阶系统的根轨迹

3. 由根轨迹图分析系统的稳定性

当开环增益 K 由零变化到无穷大时，可获得系统的下述性能：

(1) 当 $0<K<0.193$ 时，即 $R>2642\mathrm{k}\Omega$ 时（由于器件精度问题，实际取值有偏差）；闭环极点均为负实数，由于阶跃响应为非周期过程且最靠近虚轴的实数闭环极点离开虚轴向左移动，所以系统的调整时间变小。

(2) 当 $0.193<K<3$ 时，即 $170\mathrm{k}\Omega<R<2642\mathrm{k}\Omega$ 时；闭环极点有一对实部为负的共轭负数，系统为衰减振荡过程。

(3) 当 $K=3$，即 $R=170\mathrm{k}\Omega$ 时；闭环极点有一对在虚轴上的根，系统为等幅振荡，临界稳定。

（4）当 $K>3$，即 $R<170\text{k}\Omega$ 时；两条根轨迹进入 s 右半平面，系统不稳定。

五、实验步骤

（1）根据图 11-119，组建模拟电路。三阶系统模拟电路接线表见表 11-21。打开上位机软件的“线性系统的根轨迹分析”界面。调节可调电阻的阻值为 2700kΩ。

表 11-21 三阶系统模拟电路接线表

数据采集卡的 AO1	CT04 的 P1
CT04 的 P4	可调电阻
可调电阻	CT04 的 P11
CT04 的 P13	CT04 的 P2
CT04 的 P12	数据采集卡的 AI1
数据采集卡的 GND	CT04 的 GND
数据采集卡的 DO3 自动（自动锁零时连接，手动不连接）	CT04 的 UI

当输入 u_i 为一单位阶跃信号时，观察 u_o 端的输出。继续增大可调电阻，观察实验结果。在“根轨迹仿真”界面中，设置参数并运行仿真，参考仿真结果分析实验现象。

（2）调节可调电阻的阻值为 2000kΩ。当输入 u_i 为一单位阶跃信号时，观察 u_o 端的输出；继续减小可调电阻，观察实验结果。在“根轨迹仿真”界面中，设置参数并运行仿真，参考仿真结果分析实验现象。

（3）调节可调电阻的阻值为 166.8kΩ。当输入 u_i 为一单位阶跃信号时，观察 u_o 端的输出；（由于器件精度问题）可稍微调整可调电阻的阻值使 u_o 端输出一等幅振荡的曲线。在“根轨迹仿真”界面中，设置参数并运行仿真，参考仿真结果分析实验现象。

（4）在步骤（3）的基础上，继续减小可调电阻的阻值；当输入 u_i 为一单位阶跃信号时，观察 u_o 端的输出。在“根轨迹仿真”界面中，设置参数并运行仿真，参考仿真结果分析实验现象。

六、实验报告要求

（1）写出被测环节和系统的传递函数，并画出相应的模拟电路图。

（2）测出一组系统不稳定时可调电阻的阻值，并绘制系统的响应曲线和根轨迹。

（3）测出系统临界稳定时可调电阻的阻值，并绘制系统的响应曲线和根轨迹。

（4）测出两组系统稳定时可调电阻的阻值，并绘制系统的响应曲线和根轨迹。

七、实验思考题

（1）画出以 K 为参变量的根轨迹。

（2）确定系统稳定的临界 K 值。

（3）确定根轨迹分离点的 K 值。

第 12 章　综 合 创 新 实 验

实验 1　数字 PID 调节器算法的研究

一、实验目的

(1) 学习并熟悉常规的数字 PID 控制算法的原理。

(2) 学习并熟悉积分分离 PID 控制算法的原理。

(3) 掌握具有数字 PID 调节器控制系统的实验和调节器参数的整定方法。

二、实验设备

(1) THKKL-B 型模块化自控原理实验系统实验平台，实验模块 CC01、CC02。

(2) PC 机 1 台（含软件“THKKL-B”、“keil uVision4”）。

(3) USB 数据线。

三、实验内容

(1) 采用常规的 PI 和 PID 调节器，构成计算机闭环系统，并对调节器的参数进行整定，使之具有满意的动态性能。

(2) 对系统采用积分分离 PID 控制，并整定调节器的参数。

四、实验原理

在工业过程控制中，应用最广泛的控制器是 PID 控制器，它是按偏差的比例（P）、积分（I）、微分（D）组合而成的控制规律。而数字 PID 控制器则是由模拟 PID 控制规律直接变换所得。

在 PID 控制规律中，引入积分的目的是为了消除静差，提高控制精度，但系统中引入了积分，往往使之产生过大的超调量，这对某些生产过程是不允许的。因此在工业生产中常用改进的 PID 算法，如积分分离 PID 算法，其思想是当被控量与设定值偏差较大时取消积分控制；当控制量接近给定值时才将积分作用投入，以消除静差，提高控制精度。这样，既保持了积分的作用，又减小了超调量。

1. 被控对象的模拟与计算机闭环控制系统的构成

图 12-1 中信号的离散化通过数据采集卡的采样开关来实现。

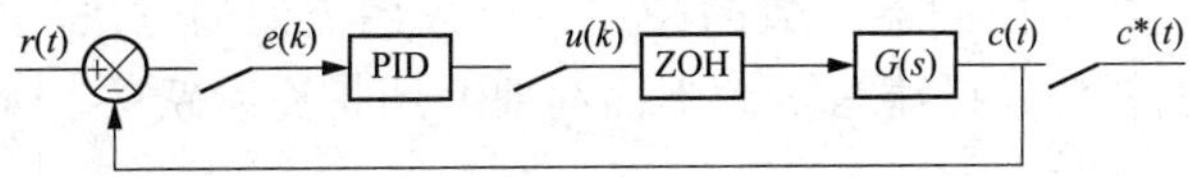

图 12-1　数-模混合控制系统框图

被控对象的传递函数为

$$G(s)=\frac{10}{(s+1)(s+2)}=\frac{5}{(s+1)(0.5s+1)}$$

它的模拟电路图如图 12-2 所示。

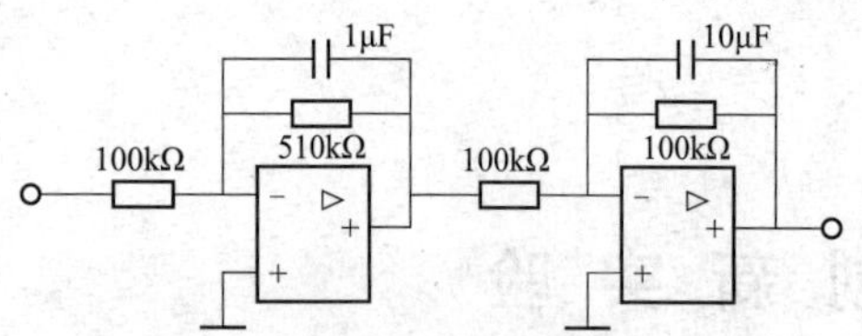

图 12-2　被控二阶对象的模拟电路图

2. 常规 PID 控制算法

常规 PID 控制位置式算法为

$$u(k)=k_{\mathrm{p}}\left\{e(k)+\frac{T}{T_{\mathrm{i}}}\sum_{i=1}^{k}e(i)+\frac{T_{\mathrm{d}}}{T}\left[e(k)-e(k-1)\right]\right\}$$

对应的 Z 传递函数为

$$\mathrm{D}(z)=\frac{U(z)}{E(z)}=K_{\mathrm{P}}+K_{\mathrm{i}}\frac{1}{1-z^{-1}}+K_{\mathrm{d}}(1-z^{-1})$$

式中：K_{p} 为比例系数；K_{i} 为积分系数，$K_{\mathrm{i}}=K_{\mathrm{p}}\dfrac{T}{T_{\mathrm{i}}}$；$T$ 为采样周期；K_{d} 为微分系数；$K_{\mathrm{d}}=K_{\mathrm{p}}\dfrac{T_{\mathrm{d}}}{T}$。

其增量形式为

$$u(k)=u(k-1)+K_{\mathrm{p}}[e(k)-e(k-1)]+K_{\mathrm{i}}e(k)+K_{\mathrm{d}}[e(k)-2e(k-1)+e(k-2)]$$

3. 积分分离 PID 控制算法

系统中引入积分分离算法时，积分分离 PID 算法要设置分离阈 E_0。

当 $|e(kT)|\leqslant|E_0|$ 时，采用 PID 控制，以保持系统的控制精度，

当 $|e(kT)|>|E_0|$ 时，采用 PD 控制，可使 σ_{p} 减小。

积分分离 PID 控制算法为

$$u(k)=K_{\mathrm{p}}e(k)+K_{\mathrm{e}}K_{\mathrm{i}}\sum_{j=0}^{k}e(\mathrm{j}T)+K_{\mathrm{d}}[e(k)-e(k-1)]$$

式中：K_{e} 为逻辑系数。

当 $|e(k)|\leqslant|E_0|$ 时，$K_{\mathrm{e}}=1$

当 $|e(k)|>|E_0|$ 时，$K_{\mathrm{e}}=0$

对应的控制框图为

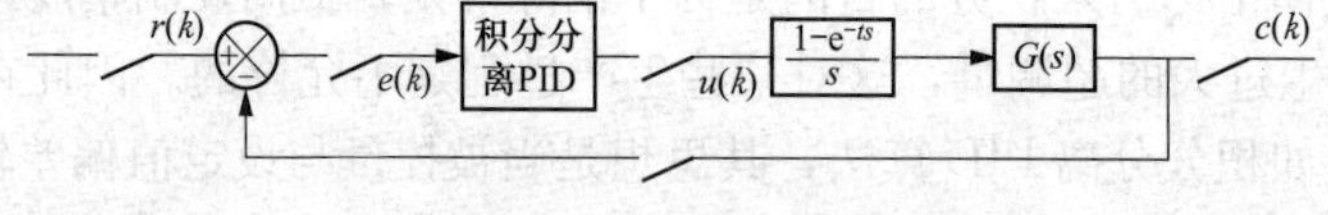

图 12-3　上位机控制框图

图 12-3 中信号的离散化是由数据采集卡的采样开关来实现。

4. 数字 PID 控制器的参数整定

在模拟控制系统中，参数整定的方法较多，常用的实验整定法有临界比例度法、阶跃响应曲线法、试凑法等。数字控制器参数的整定也可采用类似的方法，如扩充的临界比例度法、扩充的阶跃响应曲线法、试凑法等。下面简要介绍扩充阶跃响应曲线法。

扩充阶跃响应曲线法只适合于含多个惯性环节的自平衡系统。用扩充阶跃响应曲线法整定 PID 参数的步骤如下：

（1）数字控制器不接入控制系统，让系统处于开环工作状态下，将被调量调节到给定值附近，并使之稳定下来。

（2）记录被调量在阶跃输入下的整个变化过程，如图 12-4 所示。

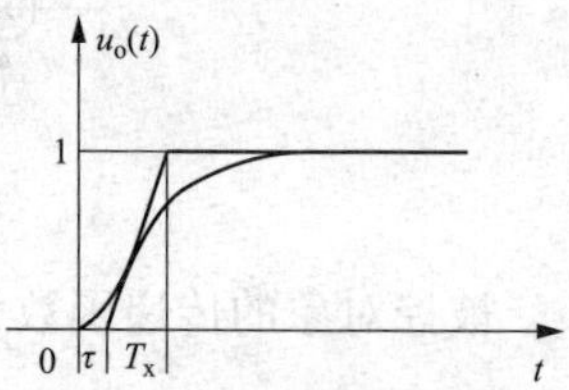

图 12-4　被调量在阶跃输入下的变化过程

(3) 在曲线最大斜率处作切线，求得滞后时间 τ 和被控对象时间常数 T_x，以及它们的比值 T_x/τ，然后查表 12-1 确定控制器的 K_p、T_i、T_d 及采样周期 T。

表 12-1　PID 控制器参数整定表

控制度	控制律	T	K_p	T_i	T_d
1.05	PI	0.1τ	$0.84T_x/\tau$	3.4τ	—
	PID	0.05τ	$1.15T_x/\tau$	2.0τ	0.45τ
1.2	PI	0.2τ	$0.78T_x/\tau$	3.6τ	—
	PID	0.16τ	$1.0T_x/\tau$	1.9τ	0.55τ
1.5	PI	0.5τ	$0.68T_x/\tau$	3.9τ	—
	PID	0.34τ	$0.85T_x/\tau$	1.62τ	0.82τ

扩充阶跃响应曲线法通过测取响应曲线的 τ、T_x 参数获得一个初步的 PID 控制参数，然后在此基础上通过部分参数的调节（试凑）使系统获得满意的控制性能。

五、实验步骤

1. 实验接线

(1) 按图 12-2 连接一个二阶被控对象闭环控制系统的电路。用导线将该电路的输入端连接到微控制器控制模块的“AO1”，电路的输出端与微控制器控制模块的“AI1”和数据采集卡的“AI1”相连。

(2) 待检查电路接线无误后，打开电源总开关。

2. 程序运行

(1) 打开上位机软件的“数字 PID 调节器算法的研究”界面。

(2) 打开“实验 01 数字 PID 控制 \ 位置式 PID”的工程文件，阅读并理解程序。然后编译、下载程序。

(3) 点击上位机软件中的“锁零”按钮，点击“开始”按钮；点击微控制器模块的复位按键，点击上位机软件中的“解锁”按钮，用虚拟示波器观察图 12-2 输出端的响应曲线。结束本次实验后，按下锁零按钮使其处于“锁零”状态。

(4) 参考步骤 (2)、(3)，用同样的方法分别运行增量式 PID 和积分分离 PID 实验程序，用虚拟示波器观察输出端的响应曲线。

(5) 实验结束后，退出实验软件，关闭电源。

注意：①程序每次开始运行时会先延时一段时间（一般 5s 左右），目的是让电容有充足的放电时间，使实验不受影响；②每次重新进行实验时要先按下锁零按钮，再对单片机进行复位，然后弹起锁零按钮进行实验。

六、实验报告要求

(1) 绘出实验中二阶被控对象在各种不同的 PID 控制下的响应曲线。

(2) 编写积分分离 PID 控制算法的程序。

(3) 分析常规 PID 控制算法与积分分离 PID 控制算法在实验中的控制效果。

实验 2　串级控制算法的研究

一、实验目的

(1) 熟悉串级控制系统的原理、结构特点。

（2）熟悉并掌握串级控制系统两个控制器参数的整定方法。

二、实验设备

（1）THKKL-B 型模块化自控原理实验系统实验平台，实验模块 CC01、CC02。

（2）PC 机 1 台（含软件“THKKL-B”、“keil uVision4”）。

（3）USB 数据线。

三、实验内容

（1）设计一个具有二阶被控对象的串级控制系统，并完成数-模混合仿真。

（2）学习用逐步逼近法整定串级控制系统所包含的内、外两环中 PI 控制器的参数。

四、实验原理

计算机串级控制系统的原理框图如图 12-5 所示。

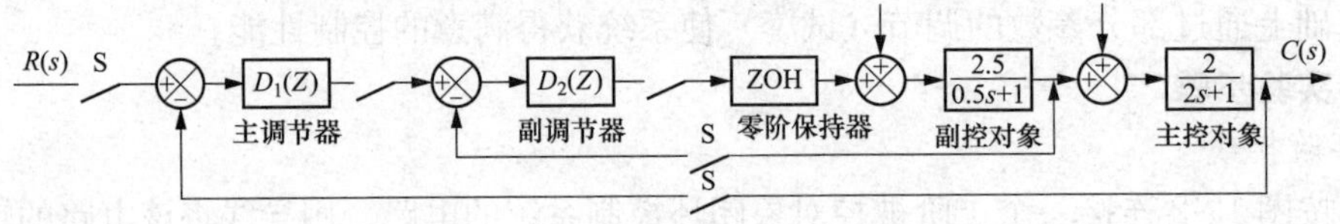

图 12-5　串级控制系统的原理框图

串级控制系统的主要特点是在结构上有两个闭环。位于里面的闭环称为副环或副回路，它的给定值是主调节器的输出，即副回路的输出量跟随主调节器的输出而变化。副回路的主要作用是：①能及时消除产生在副回路中的各种扰动对主控参量的影响；②增大了副对象的带宽，从而加快了系统的响应。在外面的那个闭环称为主环或主回路，它的控制作用是不仅实现主控参量 $c(t)$ 最终等于给定值 $r(t)$，而且使 $c(t)$ 具有良好的动态性能。

图 12-5 中信号的离散化是通过数据采集卡的采样开关来实现的，$D_1(Z)$、$D_2(Z)$ 是由计算机实现的数字调节器，而其控制规律用得较多的通常是 PID 调节规律。

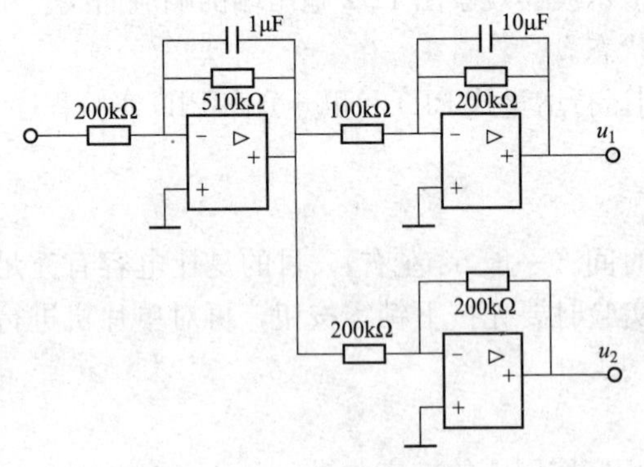

图 12-6　二阶受控对象的模拟电路图

1. 被控对象的传递函数及模拟电路

被控对象的传递函数为

$$G(s)=\frac{5}{(0.5s+1)(2s+1)}$$

其模拟电路图如图 12-6 所示。

2. 常规的 PI 控制算法

常规的 PI 控制律为

$$u(t)=K_{\mathrm{p}}\left[e(t)+\frac{1}{T_{\mathrm{i}}}\int_0^t e(\tau)\mathrm{d}\tau\right]$$

对于用一阶差分法离散后，可以得到常规数字 PI 的控制算法为

$$u(k)=u(k-1)+P[e(k)-e(k-1)]+Ie(k)$$

这里 P、I 参数分别为 $P=K_{\mathrm{p}}$，$I=K_{\mathrm{p}}\dfrac{T}{T_{\mathrm{i}}}$

3. 逐步逼近整定法的整定步骤

（1）外环断开，把内环当作一个单闭环控制系统，并按单闭环控制系统的 PID 控制器参数的整定方法，整定内环 PID 控制器的参数。

（2）将内环 PID 控制器参数置于整定值上，闭合外环。如把内环当作外环中的一个等效环节，则外环又成为一个单闭环控制系统，再按单闭环控制系统的 PID 控制参数的整定方法（如扩充响应曲线法），整定外环 PID 控制器的参数。

（3）将外环 PID 控制参数置于整定值上，闭合外环，再按以上方法整定内环 PID 控制器的参数。至此，完成了一次逼近循环。如控制系统性能已满足要求，参数整定即告结束。否则，就回到步骤（2）。如此循环下去，逐步逼近，直到控制系统的性能满足要求为止。

五、实验步骤

1. 实验接线

（1）根据图 12-6，连接一个二阶被控对象闭环控制系统的模拟电路。用导线将该电路的输入端连接到微控制器控制模块的“AO1”，电路的“u1”输出端与微控制器控制模块的“AI1”和数据采集卡的“AI1”相连；“u2”输出端与微控制器控制模块的“AI2”和数据采集卡的“AI2”相连。

（2）待检查电路接线无误后，打开电源总开关。

2. 程序运行

（1）打开上位机软件的“串级控制算法的研究”界面。

（2）打开“实验 02 串级控制”的工程文件，阅读并理解程序。然后编译、下载程序。

（3）点击上位机软件中的“锁零”按钮，点击“开始”按钮；点击微控制器模块的复位按键，点击上位机软件中的“解锁”按钮，用虚拟示波器观察 u1、u2 输出端的响应曲线。可以利用逐步逼近法整定串级控制系统的主调节器和副调节器相应的 P、I、D 参数。在整定过程中，注意观察参数的变化对系统动态性能的影响。

（4）将串级控制的程序语句“LTC1446（op1＊1000，0）;”中的 op1（加副控制器时）输出改为 op（不加副控制器时）输出，然后重复操作步骤（3），并比较加副控制器前后被控参数的控制效果。

（5）实验结束后，退出实验软件，关闭电源。

注意：每次重新进行实验时要先按下锁零按钮，再对单片机进行复位，然后弹起锁零按钮进行实验。

六、实验报告要求

（1）绘出实验中二阶被控对象的模拟电路图。

（2）根据串级控制器的算法编写程序。

（3）绘制实验中被控对象的输出波形。

实验 3　解耦控制算法的研究

一、实验目的

（1）学习并熟悉多变量耦合系统的结构及特点。

（2）掌握一种常用的多变量系统解耦控制算法的设计和实现方法。

二、实验设备

（1）THKKL-B 型模块化自控原理实验系统实验平台，实验模块 CC01、CC03。

（2）PC 机 1 台（含软件“THKKL-B”、“keil uVision4”）。

(3) USB 数据线。

三、实验内容

(1) 用前馈补偿解耦法设计一已知的双输入，双输出有耦合被控对象的解耦控制系统，并完成它的混合仿真。

(2) 熟悉解耦控制系统的控制器参数调试方法。

(3) 对系统引入解耦装置前后的性能作比较。

四、实验原理

在现代工业设备（过程）中，其输入量和输出量往往是多个，且它们相互间有耦合作用，相互影响。对于这类多变量有耦合的被控对象如按单输入-单输出系统的设计，一般难于实现良好的控制效果。为此，在按单回路系统设计前，先设计一个解耦装置，以消除对象输入-输出间不需要的耦合关系，使各个控制量只控制自己针对的那个被控制量，对其他的被控制量不产生任何影响，这就是解耦控制的基本设计思路，它的数学理论是矩阵对角化。图 12-7 为一个双输入-双输出有耦合的被控对象结构图。

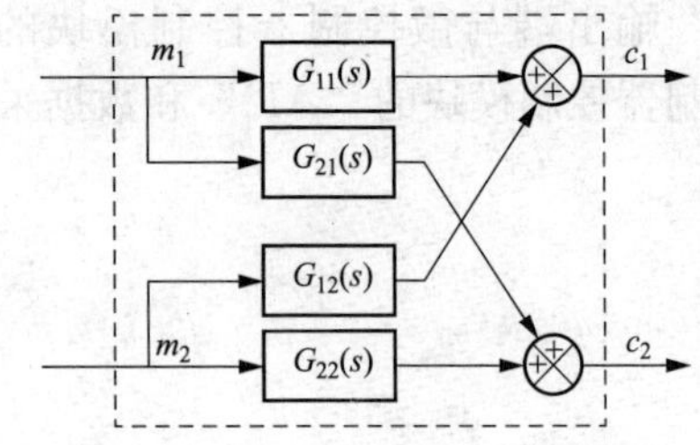

图 12-7 双输入-双输出有耦合的被控对象结构框图

图中 c_1、c_2 为系统的两个受控量，m_1、m_2 为它们的控制量。由图可看知，m_1 除影响 c_1 外，对 c_2 也有影响；同样 m_2 对 c_2、c_1 均有影响。系统中存在的这种耦合关系往往导致系统不能正常工作。

解耦装置常用的设计方法有对角线矩阵法、单位矩阵法、前馈补偿法。这里用前馈补偿法进行设计，对应系统的框图如图 12-8 所示。

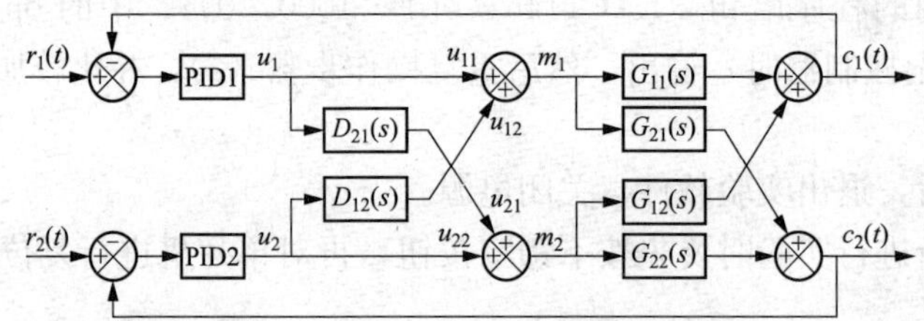

图 12-8 加入解耦装置后系统的框图

由图 12-8 不难看出，为了消除上述耦合的影响，所设的解耦装置应满足下列的关系式

$$u_1 D_{21}(s) G_{22}(s) + u_1 G_{21}(s) = 0, \quad m_1 = u_1 + u_{12} \tag{12-1}$$

$$u_2 D_{12}(s) G_{11}(s) + u_2 G_{12}(s) = 0, \quad m_2 = u_2 + u_{21} \tag{12-2}$$

由式（12-1）、式（12-2）可得

$$D_{21}(s) = -\frac{G_{21}(s)}{G_{22}(s)} \tag{12-3}$$

$$D_{12}(s) = -\frac{G_{12}(s)}{G_{11}(s)} \tag{12-4}$$

故解耦装置的传递函数阵为

$$D(s) = \begin{bmatrix} 1 & D_{12}(s) \\ D_{21}(s) & 1 \end{bmatrix} = \begin{bmatrix} 1 & -\dfrac{G_{12}(s)}{G_{11}(s)} \\ -\dfrac{G_{21}(s)}{G_{22}(s)} & 1 \end{bmatrix}$$

经前馈补偿解耦以后，双输入-双输出连续控制系统框图将等价于如图 12-9 所示的两个相互独立的单闭环控制系统。

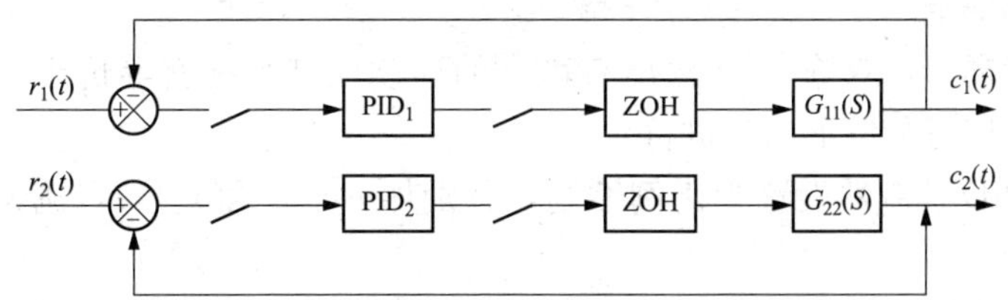

图 12-9　加解耦装置后受控系统的等价框图

1. 双输入-双输出有耦合的被控对象及解耦装置的设计

双输入-双输出有耦合的被控对象模拟电路如图 12-10 所示。

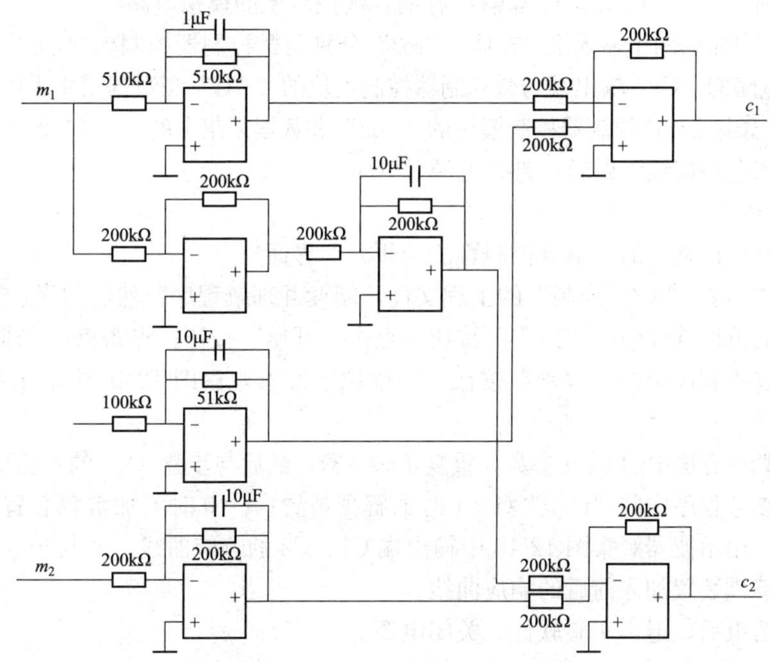

图 12-10　双输入-双输出有耦合的被控对象的模拟电路图

由图 12-7 和图 12-10 可得

$$G_{11}(s)=\frac{1}{0.5s+1},\quad G_{12}(s)=\frac{0.5}{0.5s+1} \tag{12-5}$$

$$G_{21}(s)=\frac{1}{2s+1},\quad G_{22}(s)=\frac{1}{2s+1} \tag{12-6}$$

于是由式（12-3）～式（12-6）可得

$$D_{21}(s)=-\frac{G_{21}(s)}{G_{22}(s)}=1$$

$$D_{12}(s)=-\frac{G_{12}(s)}{G_{11}(s)}=-0.5$$

故解耦装置的实际传递函数为

$$D(s)=\begin{bmatrix}1 & D_{12}(s)\\ D_{21}(s) & 1\end{bmatrix}=\begin{bmatrix}1 & -0.5\\ 1 & 1\end{bmatrix}$$

2. 控制器参数调试

经前馈补偿解耦后，双输入-双输出有耦合的连续控制系统就等价于两个相互独立的单闭环控制系统，调试可分以下两步进行：

(1) 将两个PID控制器设置为比例控制，分别加 $r_1(t)$ 和 $r_2(t)$，调试解耦参数，测试解耦效果。

(2) 在解耦效果满足要求后，两个PID控制器的参数就可以分别按两个相互独立的单闭环控制系统各自去整定。

五、实验步骤

1. 实验接线

(1) 根据图12-10连接双输入-双输出有耦合被控对象的模拟电路。

用导线将该电路的两个输入端“m1”、“m2”分别与微控制器控制模块的“AO1”“AO2”输出端相连；电路的“C1”输出端与微控制器控制模块的“AI1”和数据采集卡的“AI1”输入端相连；“C2”输出端与微控制器控制模块的“AI2”和数据采集卡的“AI2”输入端相连。

(2) 待检查电路接线无误后，打开电源总开关。

2. 程序运行

(1) 打开上位机软件的“串级控制算法的研究”界面。

(2) 打开“实验03解耦控制”的工程文件，阅读并理解程序。然后编译、下载程序。

(3) 点击上位机软件中的“锁零”按钮，点击“开始”按钮；点击微控制器模块的复位按键，点击上位机软件中的“解锁”按钮，用虚拟示波器观察图12-10中输出端C1、C2的响应曲线。

(4) 修改PID算法中的P、I参数，重复步骤(3)，然后与步骤(3)的实验结果相比较。

(5) 更改参考程序中的“i=0”(i=1时加解藕装置；i=0时不加解藕装置)，再重新编译、下载程序。用示波器观察图12-10中输出端C1、C2的响应曲线。并与步骤(3)的操作相比较，对比解耦装置加入前后的响应曲线。

(6) 实验结束后，退出实验软件，关闭电源。

注意：每次重新进行实验时要先按下锁零按钮，再对单片机进行复位，然后弹起锁零按钮进行实验。

六、实验报告

(1) 画出双输入-双输出被控对象的电路图。

(2) 根据解耦装置及PID控制器的算法编写程序。

(3) 画出解耦装置加入前后被控对象两输出端的响应曲线。

(4) 推导前馈补偿法设计解耦装置的传递函数矩阵。

实验4 模糊控制系统的研究

一、实验目的

(1) 熟悉模糊控制的基本原理，掌握二维模糊控制器的设计与其实现方法。

（2）用实验平台构成一个数-模混合控制系统，研究二维模糊控制器的特性和参数变化对系统瞬态响应的影响。

二、实验设备

（1）THKKL-B 型模块化自控原理实验系统实验平台，实验模块 CC01、CC04。

（2）PC 机 1 台（含软件“THKKL-B”、“keil uVision4”）。

（3）USB 数据线。

三、实验内容

（1）以具有纯滞后的二阶系统为被控对象，设计一个二维模糊控制器。

（2）完成二维模糊控制器特性的研究，以及对不同对象的适应性研究。

四、实验原理

模糊控制系统是一种自动控制系统，它是以模糊数学、模糊语言形式的知识表示和模糊逻辑推理为理论基础，采用计算机控制技术构成的一种具有闭环结构的数字控制系统。

模糊控制系统的主要部件是模糊化过程、知识库（及数据库和规则库）、推理决策和精确化计算。具有二维模糊控制器的模糊控制系统框图如图 12-11 所示。

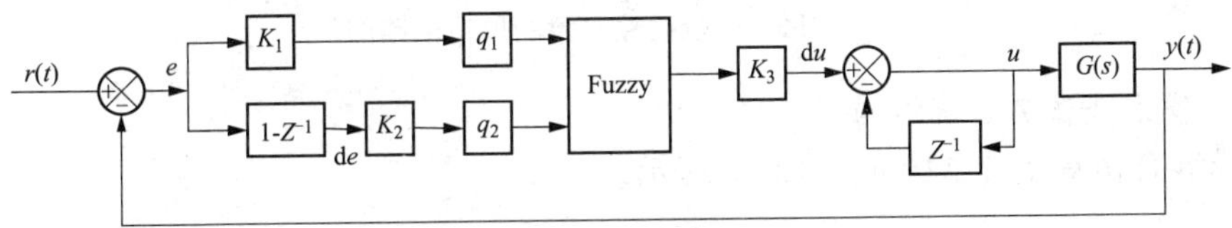

图 12-11　二维模糊控制系统框图

图中所示的模糊控制器 Fuzzy 是系统的核心组成部分，它的输入量为 e 和 de，在输入模糊控制器前先把它们模糊量化，以供模糊控制器的模糊决策用，即根据 e、de 和模糊控制规则 $\boldsymbol{R}$（模糊关系矩阵），求得模糊控制量 U_{ij}，即

$$U_{ij}=(e_i\times de_j)\boldsymbol{R}$$

显然，上式在实际应用于中是有难度的，因为 $\boldsymbol{R}$ 是一个高阶矩阵，其运算要花费大量的时间，从而导致系统的实时性能差。为此在实际应用中常采用查表法。

查表法是通过离线计算，建立一张模糊控制表，并将其存放在计算机内存中。当模糊控制器工作时，计算机只需根据实时采样得到的误差 e 和误差变化 de 的量化值找出当前时刻的控制输出量化值，并将此量化值乘以比例因子 K_3，就是所求得的实际控制量 $u(k)$。

1. 实验选择的典型被控对象及模拟电路

（1）具有纯滞后的二阶系统，其传递函数为

$$G(s)=\frac{2}{(0.1s+1)(s+1)}\mathrm{e}^{-\tau s}=G_2(s)$$

其中不含纯滞后部分的参考模拟电路为图 12-12。

（2）具有纯滞后的一阶系统，其传递函数为

$$G(s)=\frac{10}{(0.2s+1)}\mathrm{e}^{-\tau s}=G_1(s)$$

其中不含纯滞后部分的参考模拟电路图 12-13。

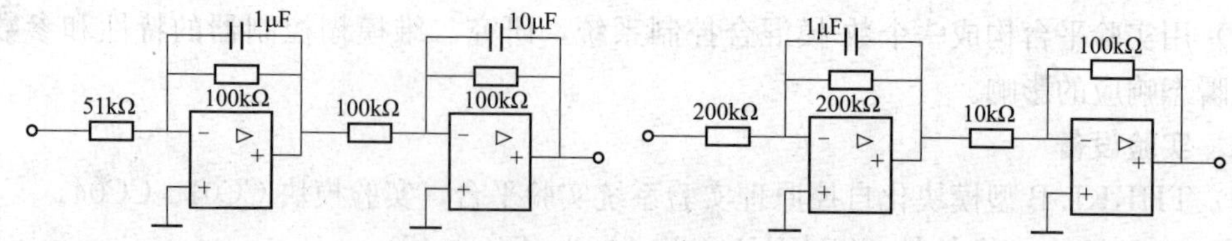

图 12-12 二阶被控对象的模拟电路图　　图 12-13 一阶被控对象的模拟电路图

(3) 具有纯滞后的三阶系统，其传递函数为

$$G(s)=\frac{10}{(0.2s+1)(0.5s+1)(2s+1)}\mathrm{e}^{-\tau s}=G_3(s)$$

其中不含纯滞后部分的参考模拟电路图 12-14。

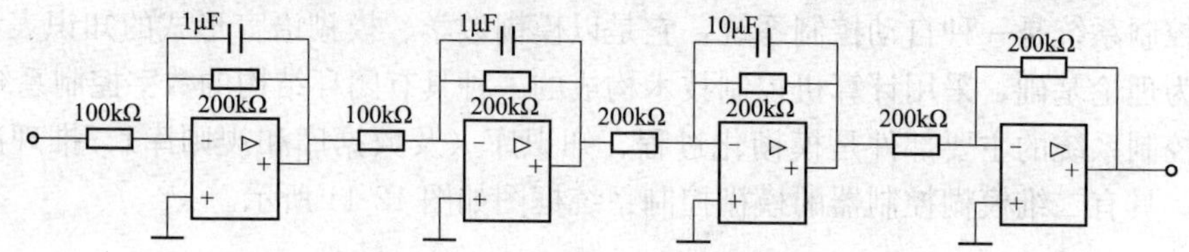

图 12-14 三阶被控对象的模拟电路图

2. 数—模混合仿真系统结构图

数—模混合仿真系统结构如图 12-15 所示。

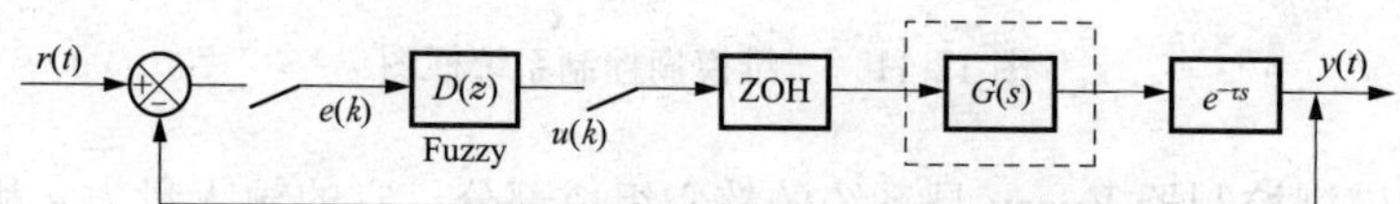

图 12-15 计算机控制系统结构图

图中除虚线部分由电路模拟外，其他部分均由上位机和数据采集系统实现。

3. 二维模糊控制表的建立

具有二维模糊控制系统的控制规则表如表 12-2。

表 12-2 二维模糊控制系统的控制规则表

e \ de	−4	−3	−2	−1	0	1	2	3	4
−4	−4	−4	−4	−3	−2	−2	−2	−1	0
−3	−4	−3	−3	−3	−2	−2	−1	0	1
−2	−4	−3	−2	−2	−2	−1	0	1	2
−1	−3	−2	−2	−2	−1	0	1	2	3
0	−2	−2	−2	−1	0	1	2	3	4
1	−2	−1	−1	0	1	2	2	3	4
2	−2	−1	0	1	2	2	2	3	4
3	−1	0	1	2	3	3	3	4	4
4	0	1	2	3	4	4	4	4	4

五、实验步骤

1. 实验接线

（1）根据图 12-12 连接一个被控二阶对象的模拟电路。

（2）用导线将该电路的输入端与微控制器控制模块的“AO1”输出端相连，电路的输出端与微控制器控制模块的“AI1”和数据采集卡的“AI1”输入端相连。

（3）检查电路接线无误后，打开电源开关，并按下锁零按钮使其处于“锁零”状态。

2. 程序运行

（1）打开上位机软件的“模糊控制系统”界面。

（2）打开“实验 04 模糊控制”的工程文件，阅读并理解程序。然后编译、下载程序。

（3）点击“开始”按钮，重新打开微控制器控制模块的电源（或点击复位按钮），弹起锁零按钮使其处于“解锁”状态。用虚拟示波器观察图 12-12 输出端的响应曲线；适量改变程序中 K_3（精确化系数）值。用示波器观察图 12-12 输出端响应曲线的变化。

（4）二维模糊控制的控制特性研究。

1）根据图 12-13 连接一个被控一阶对象的模拟电路，并用导线将该电路的输入端与微控制器控制模块的“AO1”输出端相连；电路的输出端与微控制器控制模块的“AI1”和数据采集卡的“AI1”输入端相连。重复操作实验步骤（3），用示波器观察图 12-13 输出端的响应曲线，并分析二维模糊控制器对一阶被控对象的适应性。

2）根据图 12-14 连接一个被控三阶对象的模拟电路，并用导线将该电路的输入端与微控制器控制模块的“AO1”输出端相连；电路的输出端与微控制器控制模块的“AI1”和数据采集卡的“AI1”输入端相连。重复操作实验步骤（3），用示波器观察图 12-14 输出端的响应曲线，并分析二维模糊控制器对三阶被控对象的适应性。

（5）实验结束后，退出实验软件，关闭电源。

注意：每次重新进行实验时要先按下锁零按钮，再对单片机进行复位，然后弹起锁零按钮进行实验。

六、实验报告要求

（1）根据二维模糊控制系统的控制规则表编写程序。

（2）绘出模糊控制系统的输出响应曲线，并分析对不同对象时的适应性。

实验 5　具有单神经元控制器的控制系统

一、实验目的

（1）学习并理解单神经元控制器的原理和实现方法。

（2）用数-模混合的方法研究单神经元控制器的自适应特性，并观察参数的改变对控制特性的影响。

二、实验设备

（1）THKKL-B 型模块化自控原理实验系统实验平台，实验模块 CC01、CC04。

（2）PC 机 1 台（含软件“THKKL-B”、“keil uVision4”）。

（3）USB 数据线。

三、实验内容

(1) 以具有纯滞后的二阶环节为被控对象，设计一个单神经元控制器。

(2) 完成单神经元控制器自适应特性的研究，以及对不同对象的适应性研究。

四、实验原理

1. 单神经元控制器

具有单神经元控制器的系统框图如图 12-16 所示。

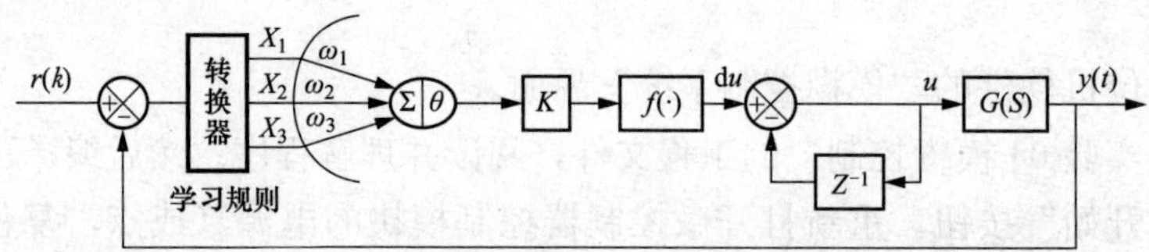

图 12-16　具有单神经元控制器的系统框图

图中转换器的输入为设定值 $r(k)$，它与输出 $y(k)$ 的差值为 $e(k)=r(k)-y(k)$。转换器的输出为神经元学习控制所需要的输入状态变量 $x_1(k)$、$x_2(k)$ 和 $x_3(k)$，它们由下式定义

$$x_1(k)=r(k)-y(k)=e(k)$$
$$x_2(k)=e(k)-e(k-1)$$
$$x_3(k)=e(k)-2e(k-1)+e(k-2)$$

图中 ω_i 为神经元各输入状态变量对应的权系数；神经元的阈值 θ 为零；K 为比例系数，神经元输出激发函数 $f(\cdot)$ 取线性截断函数，它的函数表达式为

$$f(x)=\begin{cases} U_{\mathrm{m}}, & x\geqslant U_{\mathrm{m}} \\ x, & -U_{\mathrm{m}}<x<U_{\mathrm{m}} \\ -U_{\mathrm{m}}, & x\leqslant U_{\mathrm{m}} \end{cases}$$

因此，单神经元控制器的输出控制量为

$$u(k)=u(k-1)+\Delta u(k)=u(k-1)+f\Big(K\sum_{i=1}^{3}\omega_i(k)x_i(k)\Big)$$

单神经元的自适应功能是通过改变权系数 ω_i 来实现的，学习的规则是如何调整权系数 ω_i，它是神经元控制器的核心。学习的算法是以最优二次型性能为目标函数，把权系数 ω_i 的调整引入到二次型性能指标中，以实现对误差 e 的约束控制。

二次型的目标函数为

$$J(k)=\frac{1}{2}\sum_{i=1}^{k}[r(i)-y(i)]^2=\frac{1}{2}\sum_{i=1}^{k}e^2(i)$$

为了保证权系数修正以 $J(k)$ 相对于 $\omega_i(k)$ 的负梯度方向进行，必须满足

$$\omega_i(k+1)=\omega_i(k)-\eta_i\frac{\partial J(k)}{\partial\omega_i(k)}$$

式中：η_i 为学习速率，$1>\eta_i>0$。

综上所述，可得出单神经元控制算法为

$$e(k)=r(k)-y(k)$$
$$x_1(k)=e(k)$$
$$x_2(k)=e(k)-e(k-1)$$

$$x_3(k)=e(k)-2e(k-1)+e(k-2)$$

$$\Delta u(k)=f\left(K\sum_{i=1}^{3}\omega_i(k)x_i(k)\right)$$

$$u(k)=u(k-1)+\Delta u(k)$$

$$\omega_i(k+1)=\omega_i(k)-\eta_i e(k)\frac{x_2(k)}{\Delta u(k)}Kx_1(k)$$

$$\omega_i(k+1)=\frac{\omega_i(k+1)}{\sum_{i=1}^{3}|\omega_i(k+1)|}$$

2. 说明

本神经元自适应算法的稳定条件为

$$0<\eta_i<2\,(AA^{\mathrm{T}})^{-1}$$

其中　$A=\left(\frac{\partial e(k)}{\partial\omega(k)}\right)^{\mathrm{T}}=\left(\frac{\partial J(k)}{\partial\omega_1(k)}\quad\frac{\partial J(k)}{\partial\omega_2(k)}\quad\frac{\partial J(k)}{\partial\omega_3(k)}\right)$

该单神经元控制器实际上就是一类在线自适应 PID 控制，从

$$\begin{aligned}\Delta u(k)&=f\left(K\sum_{i=1}^{3}\omega_i(k)x_i(k)\right)\\&=K[\omega_1(k)x_1(k)+\omega_2(k)x_2(k)+\omega_3(k)x_3(k)]\end{aligned}$$

而增量形式的 PID 算式为

$$\Delta u(k)=K\{\omega_1(k)e(k)+\omega_2(k)[e(k)-e(k-1)]+\omega_3(k)[e(k)-2e(k-1)+e(k-2)]\}$$

由上述形式相比较得

$$K\omega_1(k)=K_{\mathrm{p}}\frac{T}{T_{\mathrm{i}}}\quad（积分系数）$$

$$K\omega_2(k)=K_{\mathrm{p}}\quad（比例系数）$$

$$K\omega_3(k)=K_{\mathrm{p}}\frac{T_{\mathrm{d}}}{T}\quad（微分系数）$$

3. 控制系统结构

单神经元控制系统框图如图 12-17 所示。

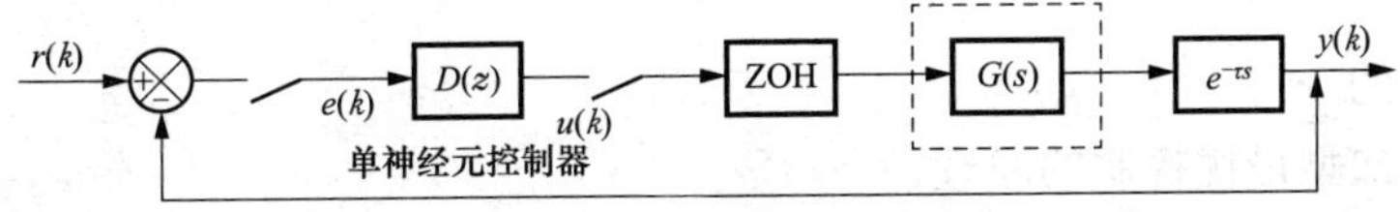

图 12-17　单神经元控制系统框图

图中除虚线部分由电路模拟外，其他部分均由上位机和数据采集系统实现。

五、实验步骤

1. 实验接线

(1) 根据图 12-12 连接一个被控二阶对象的模拟电路。

(2) 用导线将该电路的输入端与微控制器控制模块的“AO1”输出端相连，电路的输出端与微控制器控制模块的“AI1”和数据采集卡的“AI1”输入端相连。

(3) 待检查电路接线无误后，打开电源开关，并按下锁零按钮使其处于“锁零”状态。

2. 程序运行

(1) 打开上位机软件的“具有单神经元控制器的控制系统”界面。

(2) 打开“实验 05 单神经元控制”的工程文件，阅读并理解程序。然后编译、下载程序。

(3) 点击“开始”按钮，重新打开微控制器控制模块的电源（或点击复位按钮），弹起锁零按钮使其处于“解锁”状态。用示波器观察图 12-12 输出端的响应曲线；适量改变程序变量 p 和 K 的值，用示波器观察图 12-12 输出端响应曲线的变化。

(4) 神经元控制的控制特性研究。

1) 根据图 12-13，连接一个被控一阶对象的模拟电路，并用导线将该电路的输入端与微控制器控制模块的“AO1”输出端相连；电路的输出端与微控制器控制模块的“AI1”和数据采集卡的 AI1”输入端相连。重复操作实验步骤（3），用示波器观察图 12-13 输出端的响应曲线，并分析神经元控制对一阶被控对象的适应性。

2) 根据图 12-14，连接一个被控三阶对象的模拟电路，并用导线将该电路的输入端与微控制器控制模块的“AO1”输出端相连；电路的输出端与微控制器控制模块的“AI1”和数据采集卡的“AI1”输入端相连。重复操作实验步骤（3），用示波器观察图 12-14 输出端的响应曲线，并分析神经元控制对三阶被控对象的适应性。

(5) 实验结束后，退出实验软件，关闭电源。

注意：①为了观察到较好的实验效果，对一阶和三阶对象神经元控制的适应性研究实验中，可适当修改 n 的大小；②每次重新进行实验时要先按下锁零按钮，再对单片机进行复位，然后弹起锁零按钮进行实验。

六、实验报告要求

(1) 画出二阶被控对象的电路图。

(2) 根据神经元控制算法编写程序。

(3) 绘制单神经元控制系统的输出响应曲线，并分析它对不同对象时的适应性。

(4) 分析学习速率 η_i 和 K 值的改变对系统输出响应的影响。

实验 6 二次型状态调节器

一、实验目的

(1) 理解二次型最优控制的原理。

(2) 熟悉二次型线性调节器的设计方法与上位机程序的编写。

二、实验设备

(1) THKKL-B 型模块化自控原理实验系统实验平台，实验模块 CC01。

(2) PC 机 1 台（含软件“THKKL-B”、“keil uVision4”）。

(3) USB 数据线。

三、实验内容

(1) 设受控系统的状态方程为

$$x(k+1)=\begin{bmatrix}0.9974 & 0.0539\\ -0.1078 & 1.1591\end{bmatrix}x(k)+\begin{bmatrix}0.0013\\ 0.0539\end{bmatrix}u(k)$$

求最优控制 $u^*(k)$，使下述的性能指标为最小

$$J=\frac{1}{2}x^{T}(N)Fx(N)+\frac{1}{2}\sum_{k=0}^{N-1}[x^{T}(k)Qx(k)+u^{T}(k)RU(k)]$$

式中：$F=0$；$Q=\begin{bmatrix}0.25 & 0.00\\ 0.00 & 0.05\end{bmatrix}$；$R=0.05$。

即 $$J=\frac{1}{2}\sum_{k=0}^{N-1}0.25x_1^2(k)+0.05x_2^2(k)+0.05u^2(k)$$

(2) 离线计算状态反馈增益矩阵 K 的稳态值，$K=[k_1\quad k_2]$。

(3) 由实验确定系统的初始状态 $x(0)=[2\quad 1]^T$ 的最优控制 $\dot{u}(k)$ 和最优状态轨线 $\dot{x}(k)$。

四、实验原理

1. 二次型最优控制原理

(1) 设受控对象的状态方程为

$$x(k+1)=Ax(k)+Bu(k)$$

寻求最优控制 $u^*[x(k)]$，使下述的性能指标

$$J=\frac{1}{2}x^{T}(N)Fx(N)+\frac{1}{2}\sum_{k=0}^{N-1}[x^{T}(k)Qx(k)+u^{T}(k)Ru(k)]$$

为最小的最优控制 $\dot{u}(k)$。

式中：F 和 Q 为实对称正半定矩阵；R 为实对称正定矩阵。

(2) 根据二次型最优控制的原理可求得 k 级的最优控制 $\dot{u}(N-k)$ 和最优性能指标 $\dot{J}_{N-k,N}$ 分别为

$$\dot{u}(N-k)=-[R+B^{T}P(N-k+1)B]^{-1}B^{T}P(N-k+1)AX(N-k)=K(N-k)x(N-k)$$

$$\dot{J}_{N-k,N}=\frac{1}{2}x^{T}(N-k)P(N-k)x(N-k)$$

式中

$$K(N-k)=-(R+B^{T}P(N-k+1)B)^{-1}B^{T}P(N-k+1)A \tag{12-7}$$

$$P(N-k)=[A+BK(N-K)]^{T}P(N-k+1)[A+BK(N-k)]+K^{T}(N-k)RK(N-k)+Q \tag{12-8}$$

2. 控制系统设计

(1) 根据 $P(N)=F$，利用式 (12-7)、式 (12-8)，并令 $k=1$，求得

$K(N-1)$ 和 $P(N-1)\rightarrow K(N-2)$、$P(N-2)$、…

一直迭代到 k 阵的各元素均趋于定值，然后把它们存入内存，供实时控制用。在本实验中 $k_1=-0.5522$，$k_2=-5.9668$。

(2) 计算 $\dot{u}(N-k)=K(N-k)x(N-k)$。

(3) 引入状态反馈后的状态方程

$$\begin{aligned}x(k+1)&=Ax(k)+Bu(k)\\&=(A+BK)x(k)\end{aligned}$$

$$\dot{u}(k)=Kx(k)=k_1x_1(k)+k_2x_2(k)$$

式中：k 为常数矩阵。

利用 $x(0)$，就可计算出 $\dot{x}(k)$ 和 $\dot{u}(k)$。

（4）最优控制框图如图 12-18 所示。

二阶离散线性调节器的最优控制轨迹曲线如图 12-19 所示。

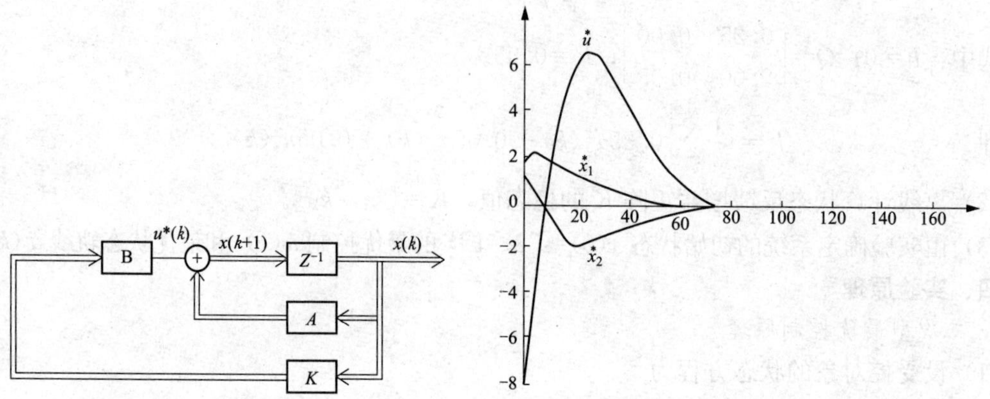

图 12-18　最优控制框图　　图 12-19　二阶离散线性调节器的最优控制轨迹曲线

五、实验步骤

1. 实验接线

用导线将微控制器控制模块的“AO1”和“AI1”与数据采集卡的“AI1”输入端相连，“AO2”和“AI2”与数据采集卡的“AI2”输入端相连。

2. 程序运行

（1）打开上位机软件的“二次型状态调节器”界面。

（2）打开“实验 06 二次型状态调节器”的工程文件，阅读并理解程序。然后编译、下载程序。

（3）用示波器观察微控制器控制模块的输出端曲线。

（4）将程序中语句“LTC1446（uk＊1000，x1x＊1000）;”中的“x1x”变量改为“x2x”变量，再用示波器观察微控制器控制模块的输出端曲线。

（5）实验结束后，退出实验软件，关闭电源。

六、实验报告要求

（1）根据二阶离散线性调节器的最优控制算法编写程序。

（2）绘出二阶离散线性调节器的最优控制轨迹曲线。

实验 7　单闭环直流调速系统

一、实验目的

（1）掌握用 PID 控制规律的直流调速系统的调试方法。

（2）了解 PWM 调制、直流电机驱动电路的工作原理。

二、实验设备

（1）THKKL-B 型模块化自控原理实验系统实验平台，实验模块 CC01、CC05。

（2）PC 机 1 台（含“自控原理软件”、“keil uVision4”）。

（3）USB 接口线。

三、实验原理

直流电机在应用中有多种控制方式，在直流电机的调速控制系统中，主要采用电枢电压控制电机的转速与方向。直流电机控制系统如图 12-20 所示，由霍耳传感器将电机的速度转换成电信号，经数据采集卡变换成数字量后送到计算机与给定值比较，所得的差值按照一定的规律（通常为 PID）运算，然后经数据采集卡输出控制量，供执行器来控制电机的转速和方向。

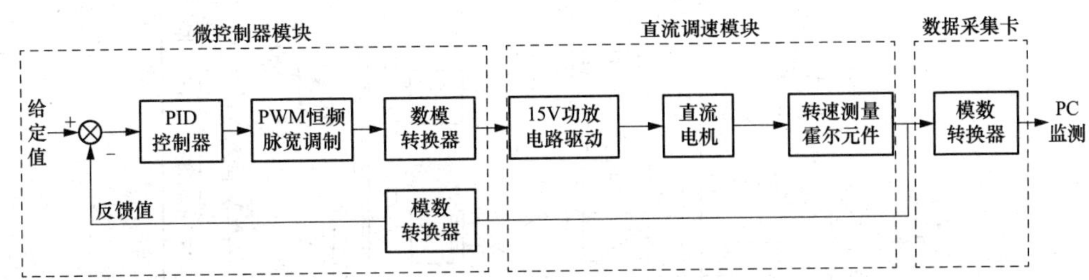

图 12-20　直流电机控制系统

（1）功放电路。功率放大器是电机调速系统中的重要部件。直流电机 PWM 输出的信号一般比较小，不能直接去驱动直流电机，它必须经过功放后再接到直流电机的两端。该实验装置中采用直流 15V 的直流电压功放电路驱动。

（2）PWM 的工作原理。如图 12-21 所示为 SG3525 核心的控制电路，SG3525 是美国 Silicon General 公司生产的专用 PWM 控制集成芯片，其内部电路结构及各引脚如图 12-22 所示，它采用恒频脉宽调制控制方案，其内部包含有精密基准源、锯齿波振荡器、误差放大器、比较器、分频器和保护电路等。调节 u_r 的大小，在 A、B 两端可输出两个幅度相等、频率相等、相位相互错开 180°、占空比可调的矩形波（即 PWM 信号）。它适用于各开关电源、斩波器的控制。

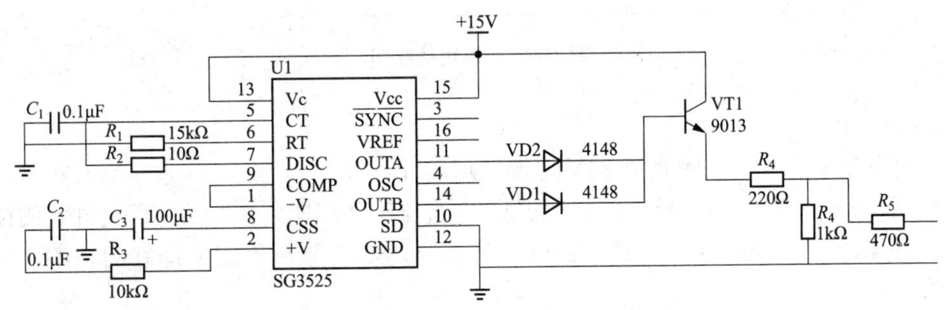

图 12-21　PWM 的控制电路

（3）反馈接口。在直流电机控制系统中，在直流电机的轴上贴有一块小磁钢，电机转动带动磁钢转动。磁钢的下面有一个霍尔元件，当磁钢转到时霍尔元件感应输出。

四、实验步骤

1. 实验接线

用导线将直流电机模块“控制信号输入”的“+”输入端接到微控制器控制模块的

"AO1"，同时将"霍耳输出"端接到微控制器控制模块的"INT1"和数据采集卡的"AI1"处；将"DC24V 输入"的"+"与实验平台直流稳压电源的 24V 的"+"连接，将"DC24V 输入"的"−"与实验平台直流稳压电源的 24V 的"−"连接，如图 12-23 所示。

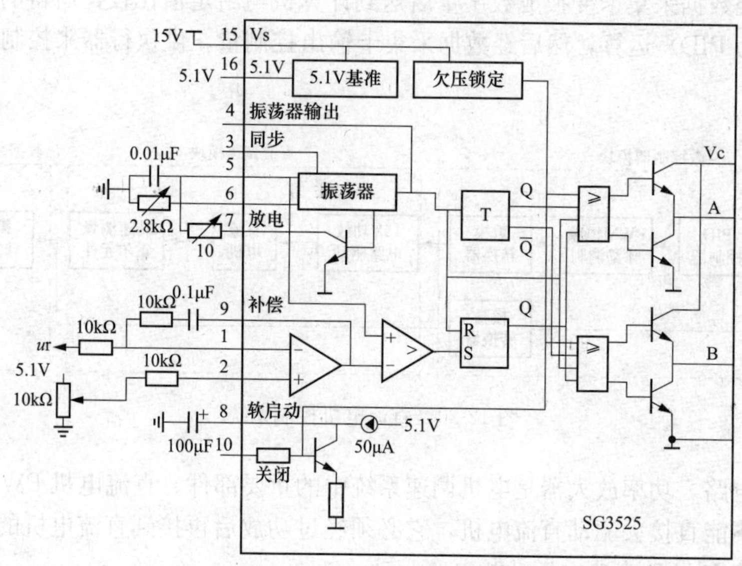

图 12-22 SG3525 内部结构

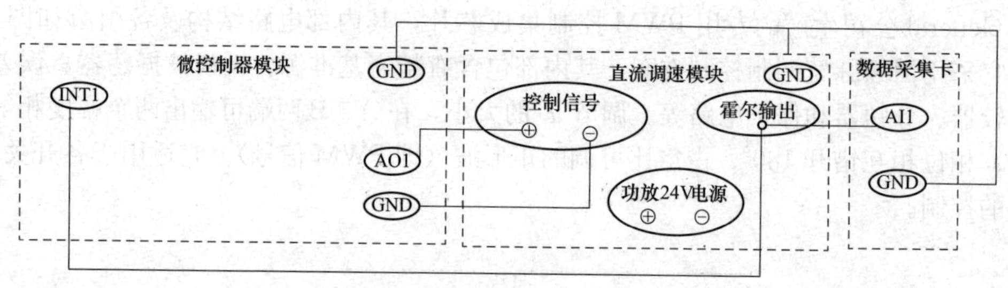

图 12-23 模块接线图

2. 程序运行

（1）打开电源开关，关闭直流 24V 电源，启动计算机。

（2）用"Keil uVision4"软件打开"实验 07 直流闭环调速系统"的工程文件，阅读并理解程序，并编译生成 . hex 文件，用"stc-isp-15xx-v6. 85I"软件下载编译好的程序，具体步骤详见注 1 和注 2。

（3）打开自控原理软件的"单闭环直流调速系统"界面，打开直流 5、15V 电源，点击"开始"按钮，打开直流 24V 电源，重新打开微控制器控制模块的电源（或点击复位按钮）。观察直流电机的转速变化曲线。

（4）重新配置 P、I、D 的参数，并再次运行算法程序，观察直流电机的运行情况。

（5）实验结束后，退出实验软件，关闭实验箱电源。

注意：编辑程序操作如下。

1）用"Keil uVision4"软件打开相应工程文件，如"ex13. uvproj"，如图 12-24 所示。

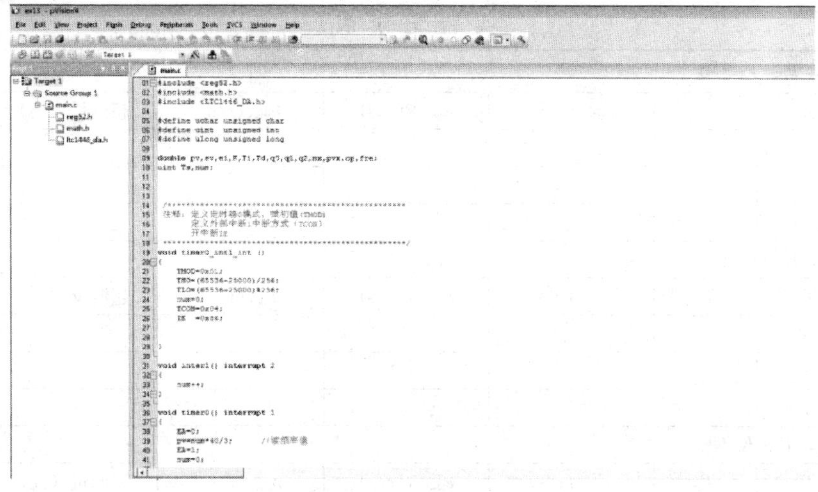

图 12-24　程序编辑界面

2）修改参数，编辑程序。

3）点击“Rebuild”，生成新的“ex13. hex”编译文件。

注 2：下载编译好的程序操作如下。

1）确认 24V，15V，5V 钮子开关位于“关”位置，点击电脑右下角“弹出 TH-VMS Device”。

2）用通讯线连接 PC 机与“微控制器控制模块”串口。

3）打开“stc-isp-15xx-v6. 85I”软件，选择芯片“STC89C52RC/LE52RC”和串口号，“打开程序文件”，如“ex13. hex”。

4）点击“下载/编程”，显示“正在检测目标单片机...”。

5）打开面屏上＋－5V 电源，打开微控制器模块上电源钮子开关，出现如图 12-25 所示界面。

6）关闭“微控制器模块”上电源钮子开关，关闭 5V 钮子开关。

7）恢复连接 PC 机与“数据采集卡”串口，开始实验操作。

五、实验报告要求

（1）画出直流电机控制系统框图。

（2）给出不同 P、I、D 参数下的直流电机的转速变化曲线，完成表 12-3。

单片机型号: STC89C52RC/LE52RC.
固件版本号: 6.6.4C.
当前芯片的硬件选项为:.
· 当前的时钟频率: 11.318MHz.
· 系统频率为12T(单倍速)模式.
· 振荡器的放大增益不降低.
· 当看门狗启动后，任何复位都可停止看门狗.
· MCU 内部的扩展RAM可用.
· ALE 脚的功能选择仍然为ALE功能脚.
· P1.0 和P1.1与下次下载无关.
· 下次下载用户程序时，不擦除用户EEPROM区.
单片机型号：STC89C52RC/LE52RC.
固件版本号：6.6.4C.
正在重新握手…成功　[0.655″].
当前的波特率：115200
正在擦除目标区域…完成！　[0.328″].
正在下载用户代码…完成！　[0.811″].
正在设置硬件选项…完成！　[0.016″].
更新后的硬件选项为:.
· 当前的时钟频率：11.318MHz.
· 系统频率为12T(单倍速)模式.
· 振荡器的放大增益不降低.
· 当看门狗启动后，任何复位都可停止看门狗.
· MCU 内部的扩展RAM可用.
· ALE 脚的功能选择仍然为ALE功能脚.
· P1.0 和P1.1与下次下载无关.
· 下次下载用户程序时，不擦除用户EEPROM区.
单片机型号：STC89C52RC/LE52RC.
固件版本号：6.6.4C.
操作成功！

图 12-25　程序下载成功界面

表 12-3　　实验记录表

(1) K 变化，T_i、T_d 不变

K	T_i	T_d	$n_{(\infty)}$(r/s)	$e_{ss(\infty)}$(r/s)	n_{max}(r/s)	超调量（%）	t_s(s)
50	3	0					
5							
0.5							

(2) T_i 变化，K、T_d 不变

K	T_i	T_d	$n_{(\infty)}$(r/s)	$e_{ss(\infty)}$(r/s)	n_{max}(r/s)	超调量（%）	t_s(s)
5	13	0					
	3						
	1						

(3) T_d 变化，T_i、K 不变

K	T_i	T_d	$n_{(\infty)}$(r/s)	$e_{ss(\infty)}$(r/s)	n_{max}(r/s)	超调量（%）	t_s(s)
5	3	0					
		0.1					
		100					

(3) 分析 P、I、D 控制参数对直流电机运行的影响。

实验 8　步进电机转速控制系统

一、实验目的

(1) 了解步进电机的工作原理。

(2) 理解步进电机的转速控制方式和调速方法。

二、实验设备

(1) THKKL-B 型模块化自控原理实验系统实验平台，实验模块 CC01、CC06。

(2) PC 机 1 台（含软件“THKKL-B”、“keil uVision4”）。

(3) USB 数据线。

三、实验原理

1. 步进电机工作原理

步进电机是一种能将电脉冲信号转换成机械角位移或线位移的执行元件，它实际上是一种单相或多相同步电机。电脉冲信号通过环形脉冲分配器，励磁绕组按照顺序轮流接通直流电源。由于励磁绕组在空间中按一定的规律排列，轮流和直流电源接通后，就会在空间形成一种阶跃变化的旋转磁场，使转子转过一定角度（称为步距角）。在正常运行情况下，电机转过的总角度与输入的脉冲数成正比；电机的转速与输入脉冲频率保持严格的对应关系，步进电机的旋转同时与相数、分配数、转子齿轮数有关；电机的运动方向由脉冲相序控制。

因为步进电机不需要 A/D 转换，能够直接将数字脉冲信号转化成为角位移，它被认为是理想的数控执行元件。故广泛应用于数控机床、打印绘图仪等数控设备中。

不过步进电机在控制的精度、速度变化范围、低速性能方面都不如传统的闭环控制的直流伺服电动机。在精度不是需要特别高的场合，可以使用步进电机，以发挥其结构及驱动电路简单、可靠性高和成本低的特点。伴随着不同数字化技术的发展以及步进电机本身技术的

提高，步进电机将会在更多的领域得到应用。

现在比较常用的步进电机有反应式步进电机、永磁式步进电机、混合式步进电机和单相式步进电机等。其中反应式步进电机的转子磁路是由软磁材料制成，定子上有多相励磁绕组，利用磁导的变化产生转矩。现阶段反应式步进电机应用最广泛。

2. 步进电机驱动电路原理

步进电机和普通电机的区别主要就在于其脉冲驱动的形式，必须使用专用的步进电机驱动控制器。正是这个特点，步进电机可以和现代的数字控制技术相结合。

如图 12-26 所示，步进电机驱动一般由脉冲发生单元、脉冲分配单元、功率驱动保护单元和反馈单元组成。除功率驱动保护单元以外，其他部分越来越趋向于用软件来实现。

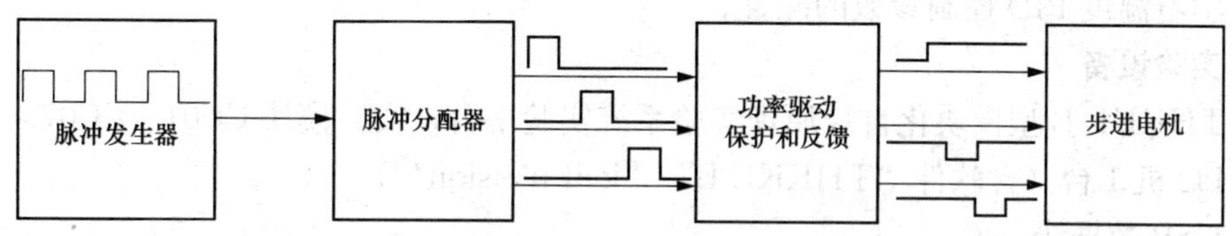

图 12-26　步进电机系统的驱动框图

3. 软件控制方法（并行控制）

并行控制是指用硬件或软件方法实现脉冲分配器的功能，它输出的多相脉冲信号，经功率放大后驱动电机的各相绕组，其框图如图 12-27 所示。

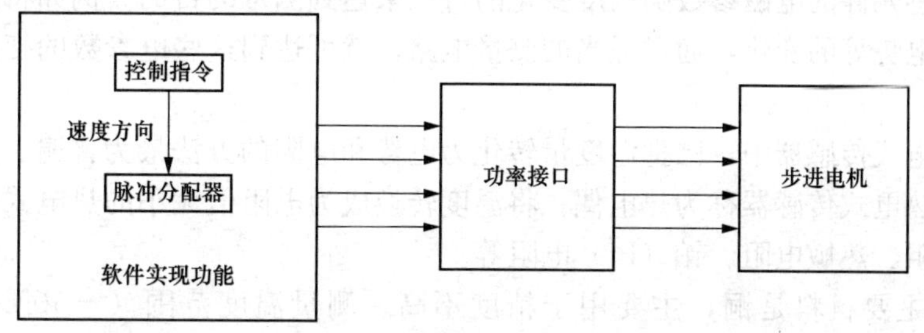

图 12-27　步进电机软件控制框图

该实验系统中的脉冲分配器由软件实现的，由数据采集卡中的 DO1～DO4 作为并行驱动驱动，驱动四相反应式步进电机。

四、实验步骤

1. 实验接线

将微控制器控制模块中的 DO～D3 分别接到步进电机单元的 A、B、C 和 D 输出端。

2. 程序运行

（1）打开电源开关，启动计算机，运行所有实验软件。

（2）打开“实验 08 步进电机控制”的工程文件，阅读并理解程序。然后编译、下载程序。

（3）观察步进电机的运行情况。

（4）更改延时时间，再次编译、下载程序，观察步进电机的运行情况。

（5）实验结束后，退出实验软件，关闭实验电源。

五、实验报告要求

(1) 画出步进电机转速控制系统框图。

(2) 根据实验程序编写四相八拍方式的程序。

实验9 单闭环温度恒值控制系统

一、实验目的

(1) 理解温度闭环控制的基本原理。

(2) 了解温度传感器的使用方法。

(3) 学习温度PID控制参数的配置。

二、实验设备

(1) THKKL-B型模块化自控原理实验系统实验平台，实验模块CC01、CC07。

(2) PC机1台（含软件“THKKL-B”、“keil uVision4”）。

(3) USB数据线。

三、实验原理

(1) 温度驱动部分。实验中温度的驱动部分采用了直流15V的驱动电源，控制电路和驱动电路的原理与本章“实验7”相同，直流24V经过PWM调制后加到加热器的两端。

(2) 温度测量端（温度反馈端）。温度测量端（反馈端）一般为热电式传感器，热电式传感器利用传感元件的电磁参数随温度变化的特性来达到测量的目的。例如将温度转化成为电阻、磁导或电势等的变化，通过适当的测量电路，就可达到这些电参数的变化来表达温度的变化。

在各种热电式传感器中，已把温度量转化为电势和电阻的方法最为普遍。其中将温度转换成为电阻的热电式传感器称为热电偶；将温度转换成为电阻值大小的热电式传感器称为热电阻，如铜电阻、热敏电阻、铂（Pt）电阻等。

铜电阻的主要材料是铜，主要用于精度不高、测量温度范围（－50℃～150℃）不大的地方。铂电阻的材料主要是铂，铂电阻物理、化学性能在高温和氧化性介质中很稳定，它能用作工业测温元件和作为温度标准。铂电阻与温度的关系在0℃～630.74℃以内。

$$R_t = R_0(1 + at + bt^2)$$

式中：R_t 为温度为 t℃时的温度；R_0 为温度为0℃时的电阻；t 为任意温度；a、b 为温度系数。

本实验系统中使用了Pt100作为温度传感器。

在实际的温度测量中，常用电桥作为热电阻的测量电路。在如图12-28中采用铂电阻作为温度传感器。当温度升高时，电桥处于不平衡，在a、b两端产生与温度相对应的电位差；该电桥为直流电桥。

(3) 温度控制系统与“实验7 单闭环直流调速系统”相类似，虽然控制对象不同，被控参数有差别，但对于计算机闭环控制系统的结构，却是大同小异，都有相同的工作原理，共同的结构及特点。

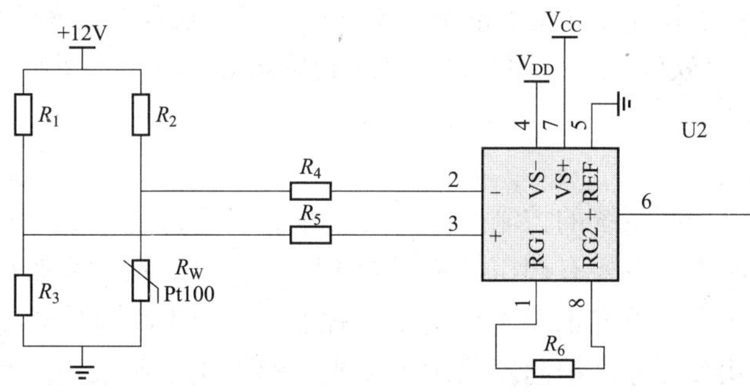

图 12-28　温度测量及放大电路

四、实验步骤

1. 实验接线

用导线将温度控制模块“控制信号输入”的“＋”输入端接到微控制器控制模块的“AO1”，同时将“反馈输出”端接到微控制器控制模块的“AI1”和数据采集卡的“AI1”处；将“DC24V 输入”的“＋”与实验平台直流稳压电源的 24V 的“＋”连接，将“DC24V 输入”的“—”与实验平台直流稳压电源的 24V 的“—”连接。将温度控制模块“GND”和数据采集卡的“GND”处连接。

2. 程序运行

（1）打开电源开关，打开电源开关，启动计算机，运行所有实验软件。

（2）打开“实验 09 温度闭环控制”的工程文件，阅读并理解程序。然后编译、下载程序。

（3）打开上位机软件的“单闭环温度恒值控制系统”界面，点击“开始”按钮，重新打开微控制器控制模块的电源（或点击复位按钮）。观察温度的变化曲线。

（4）当控制温度稳定在设定值后，断开控制信号，重新配置 P、I、D 的参数，下载程序，打开风扇，等被控对象温度冷却后，再次启动程序，并观察运行结果。

（5）实验结束后，退出实验软件，关闭实验箱电源。

注意：温度变送器的输出端电压的 20 倍即为当前温度值。为了更好地观测温度曲线，本实验中可将时间轴刻度设置到 1min/格。

五、实验报告要求

（1）画出温度控制系统框图。

（2）分析 P、I、D 控制参数对温度加热器中温度控制的影响。

实验 10　单容水箱液位定值控制系统

一、实验目的

（1）理解单容水箱液位定值控制的基本方法及原理。

（2）了解压力传感器的使用方法。

（3）学习 PID 控制参数的配置。

二、实验设备

（1）THKKL-B 型模块化自控原理实验系统实验台，实验模块 CC01。

（2）THBDY-1 单容水箱液位控制系统（或 THBSY-1 双容水箱液位控制系统）。

（3）PC 机 1 台（含软件“THKKL-B”、“keiluVision4”）。

（4）USB 数据线。

三、实验原理

单容水箱液位定值控制系统的控制对象为一阶单容水箱，使用 24V 微型直流水泵供水。

直流微型水泵控制方式主要有调压控制以及 PWM 控制，在本实验中采用 PWM 控制直流微型水泵的转速来实现对单容水箱液位的定值控制。PWM 调制与晶体管功率放大器的工作原理参考实验 7 的相关部分。控制器采用了工业过程控制中所采用的最广泛的控制器——PID 控制器。通过计算机模拟 PID 控制规律直接变换得到的数字 PID 控制器，它是按偏差的比例（P）、积分（I）、微分（D）组合而成的控制规律。

水箱液位定值控制系统一般由电流传感器构成大电流反馈环。在高精度液位控制系统中，电流反馈是必不可少的重要环节。这里为了方便测量与观察反馈信号，通常把电流反馈信号转化为电压信号：反馈端输出端串接一个 250Ω 的高精度电阻。

本实验电压与液位的关系为

$$H_{液位}=(V_{反馈}-1)\times 12.5 \quad (单位:\mathrm{cm})$$

水箱液位控制系统框图如图 12-29 所示。

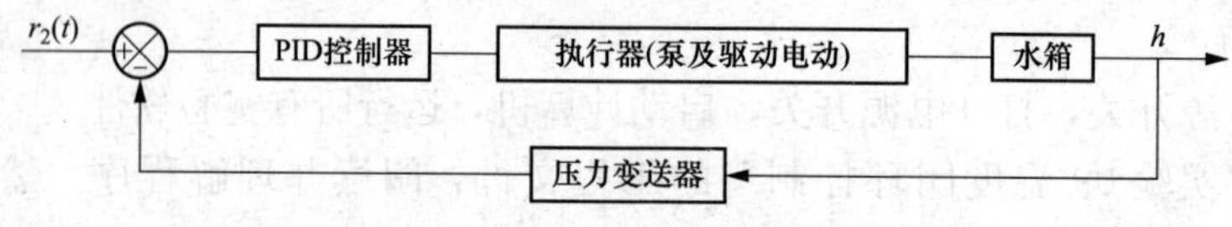

图 12-29 水箱液位控制系统框图

四、实验步骤

1. 压力变送器调零

（1）将水箱中打满水，然后再全部放到储水箱中。

（2）旋开压力变送器的后盖，用小一字螺丝刀调节压力变送器中电路板上有“Z”标识的调零电位器，让压力变送器的输出电压为 1V。

（3）再次向水箱中打水，并观察水箱液位与压力变送器输出电压的对应情况，其对应关系为：$H_{液位}=(V_{反馈}-1)\times 12.5$，当液位为 10cm 时，输出电压应为 1.8V。

（4）如果步骤（3）中水箱液位与压力变送器的输出电压不对应，那么可适度调节压力变送器中电路板上有“S”标识的增益电位器（在实际应用中，增益电位器的调节要慎用）；重复步骤（1）、（2）、（3）直到液位与电压对应为止。

2. 实验接线

（1）将水箱面板上的“LT－”与微控制器控制模块的“GND”和数据采集卡的“GND”连接，水箱面板上的“LT＋”与微控制器控制模块的“AD1”和数据采集卡的“AD1”连接。

（2）将水箱面板上的“输入－”与微控制器控制模块的“GND”连接，水箱面板上的“输入＋”与微控制器控制模块的“DA1”连接。

（3）将水箱面板上的“输出－”与“水泵电源－”连接，水箱面板上的“输出＋”与“水泵电源＋”连接。

（4）进水阀门全开，水箱出水口阀门开到整个阀门开度的 10%左右。

3. 程序运行

（1）打开电源开关，启动计算机。

（2）打开“实验 10 单容水箱液位控制”的工程文件，阅读并理解程序。然后编译、下载程序。

（3）打开上位机软件的“单容水箱液位定值控制系统”界面，重新打开微控制器控制模块的电源（或点击复位按钮），点击“开始”按钮，观察液位的变化。

（4）当水箱液位稳定在设定值后，断开控制信号，重新配置 P、I、D 参数或改变信号的采集周期，再次启动程序，并观察运行结果。

（5）实验结束后，退出实验软件，关闭实验箱电源。

注意：直流水泵电源的正反接，可以控制水泵正反转，最好保证水泵处于正转状态。

五、报告要求

（1）画出水箱控制系统框图。

（2）分析 P、I、D 控制参数对水箱控制系统的影响。

（3）分析水箱控制系统的出水口开度大小对水箱控制系统的影响。

实验 11　双容水箱液位定值控制实验

一、实验目的

（1）了解双容水箱液位的特性。

（2）掌握双容水箱液位控制系统调节器参数的整定与投运方法。

（3）研究调节器相关参数的改变对系统动态性能的影响。

（4）研究 P、PI、PD 和 PID 四种调节器分别对液位系统的控制作用。

（5）掌握双容液位定值控制系统采用不同控制方案的实现过程。

二、实验设备

（1）THKKL-B 型模块化自控原理实验系统实验台，实验模块 CC01。

（2）THBSY-1 双容水箱液位控制系统。

（3）PC 机 1 台（含软件“THKKL-B”、“keil uVision4”）。

（4）USB 数据线。

三、实验原理

本实验以双容水箱串联作为被控对象，一级水箱的液位高度为系统的被控制量。要求一级水箱液位稳定至给定量，将压力传感器 LT1 检测到的左水箱液位信号作为反馈信号，在与给定量比较后的差值通过调节器控制水泵供水强度，以达到控制一级水箱液位的目的。本实验系统结构图及液位控制系统框图如图 12-30、图 12-31 所示。

四、实验步骤

1. 压力变送器调零

（1）将水箱中打满水，然后再全部放到储水箱中。

（2）旋开压力变送器的后盖，用小一字螺丝刀调节压力变送器中电路板上有“Z”标识的调零电位器，让压力变送器的输出电压为 1V。

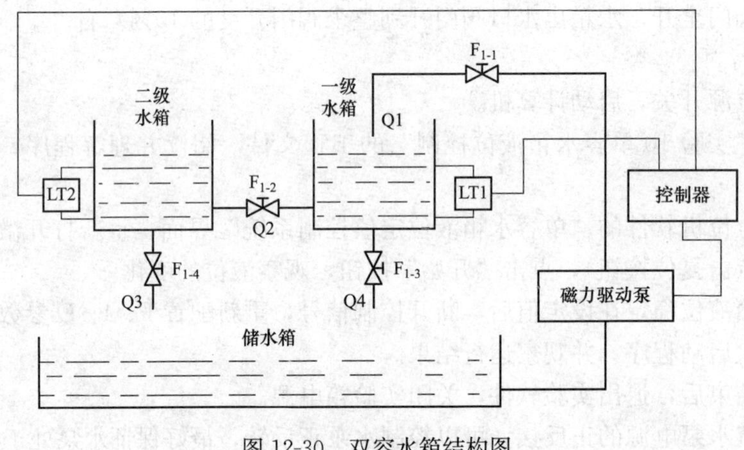

图 12-30　双容水箱结构图

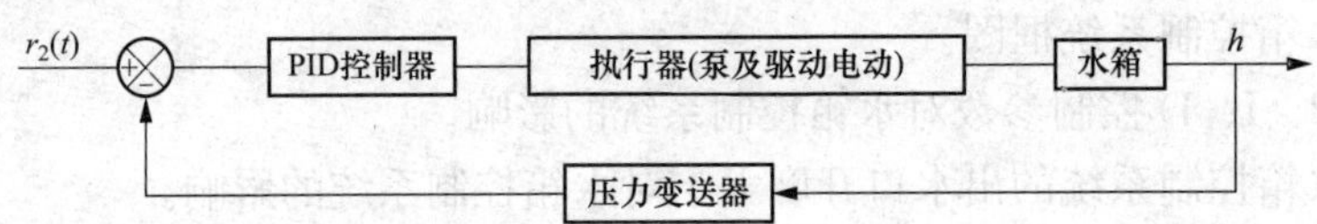

图 12-31　液位控制系统框图

(3) 再次向水箱中打水，并观察水箱液位与压力变送器输出电压的对应情况，其对应关系为 $H_{液位}=(V_{反馈}-1)\times 12.5$，当液位为 10cm 时，输出电压应为 1.8V。

(4) 如果步骤 (3) 中水箱液位与压力变送器的输出电压不对应，那么可适度调节压力变送器中电路板上有"S"标识的增益电位器（在实际应用中，增益电位器的调节要慎用）；重复步骤 (1)、(2)、(3) 直到液位与电压对应为止。

2. 实验接线及准备

(1) 将水箱面板上的"LT1－"与微控制器控制模块的"GND"和数据采集卡的"GND"连接，水箱面板上的"LT1＋"与微控制器控制模块的"AD1"和数据采集卡的"AD1"连接。

(2) 将水箱面板上的"输入－"与微控制器控制模块的"GND"相连接，水箱面板上的"输入＋"与微控制器控制模块的"DA1"相连接。

(3) 将水箱面板上的"输出－"与"水泵电源－"连接，水箱面板上的"输出＋"与"水泵电源＋"连接。

(4) 进水阀门全开，连通手动阀门全开。水箱的出水口阀门顺时针旋至底，然后逆时针将阀门调节至临界出水状态，再以阀门手柄中某一分格线为基准，将一级水箱出水阀门逆时针旋转 3 小格，将二级水箱出水阀门逆时针旋转 4 小格。

3. 程序运行

(1) 打开电源开关，启动计算机。

(2) 打开"实验 11 双容水箱液位控制"的工程文件，阅读并理解程序。然后编译、下载程序。

(3) 打开上位机软件的"双容水箱液位定值控制系统"界面，重新打开微控制器控制模块的电源（或点击复位按钮），点击"开始"按钮，观察液位的变化。

（4）当水箱液位稳定在设定值后，断开控制信号，重新配置 P、I、D 参数或改变信号的采集周期，再次启动程序，并观察运行结果。

（5）实验结束后，退出实验软件，关闭电源。

五、报告要求

（1）画出水箱控制系统框图。

（2）分析 P、I、D 控制参数对水箱控制系统的影响。

（3）分析水箱控制系统的出水口开度大小对水箱控制系统的影响。

实验 12 无线电能传输系统频率特性分析实验

一、实验目的

（1）了解无线电能传输系统的工作频率的变化对两端电流、传输功率和效率的影响。

（2）掌握无线电能传输系统功率效率等参数的测试方法。

二、实验设备

（1）无线电能传输系统一套。

（2）示波器一台，含电流探头、电压探头各 2 个。

（3）函数信号发生器一台。

（4）型号 TH2828 的 RLC 电桥一台。

三、实验内容

（1）观测无线电能传输系统在欠耦合和过耦合时系统两端电流的频率特性。

（2）寻找欠耦合和过耦合时，系统所有的谐振频率点，观察频率分裂现象。

（3）探究功率最大和效率最优谐振点随耦合度变化的规律。

四、实验原理

1. SS 型（串联—串联）无线电能传输系统的频率特性

以 SS 型无线电能传输系统为例探究其频率特性，其线性等效电路图如图 12-32 所示。

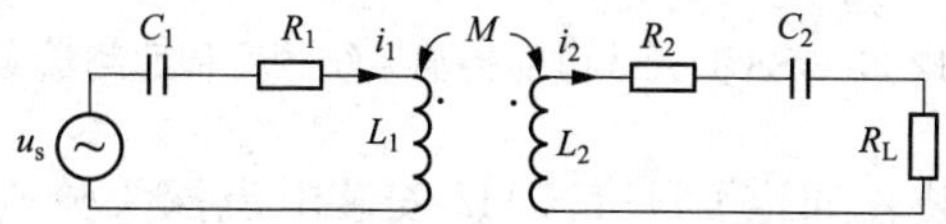

图 12-32 SS 型无线电能传输系统的线性等效电路图

此电路的网孔电流方程为

$$\begin{cases}\left(R_1+\mathrm{j}\omega L_1+\dfrac{1}{\mathrm{j}\omega C_1}\right)\dot{I}_1-\mathrm{j}\omega M\dot{I}_2=\dot{U}_s \\ -\mathrm{j}\omega M\dot{I}_1+\left(R_2+R_L+\mathrm{j}\omega L_2+\dfrac{1}{\mathrm{j}\omega C_2}\right)\dot{I}_2=0\end{cases} \tag{12-9}$$

其中电感值 L_1、L_2 和互感值 M 可通过线圈参数计算。

$$L=\mu_0 N^2 r\ln\left(\frac{8r}{a}-2\right) \tag{12-10}$$

$$M=\frac{\pi\mu_0\sqrt{N_1N_2}r_1^2r_2^2}{2d^3} \tag{12-11}$$

式中：μ_0 为真空磁导率；N 为线圈匝数；r 为线圈半径；a 为线圈线径；d 为两线圈间距。

实验中要求两线圈中轴线对齐。之后求得耦合系数 $k=L/M$。系统的谐振频率为

$$f_0=\frac{1}{2\pi\sqrt{L_1C_1}}=\frac{1}{2\pi\sqrt{L_2C_2}} \tag{12-12}$$

通过求解方程式（12-9），可以得出系统的电流的频率特性 $\dot{I}_1(\omega)$，$\dot{I}_2(\omega)$，进而计算出电流的幅值—频率特性与相位—频率特性，和功率、效率等参数的频率特性。

2. 频率分裂现象与多谐振点

当两线圈距离较近时，即耦合系数 k 较大时，系统处于过耦合状态，此时会出现频率分裂现象，致使电流的幅值—频率特性曲线出现多峰值现象，另外也存在多个谐振点使得 U_s 与 i_1 同相。而距离较远时，系统处于欠耦合状态，电流的幅值—频率特性曲线只有一个峰值。频率分裂现象会对系统传输功率和效率造成影响。区分过耦合与欠耦合的条件为式（12-13）

$$k^2Q_1Q_2>1 \tag{12-13}$$

式中：Q_1 与 Q_2 为两端的品质因数。

满足此条件则为过耦合，否则为欠耦合。

五、实验步骤

(1) 用电桥测量 L_1、C_1、L_2 值，调节 C_2 使得两端谐振，并求出谐振频率 f_0，再根据图 12-33 搭建 SS 型无线电能传输系统的电路。

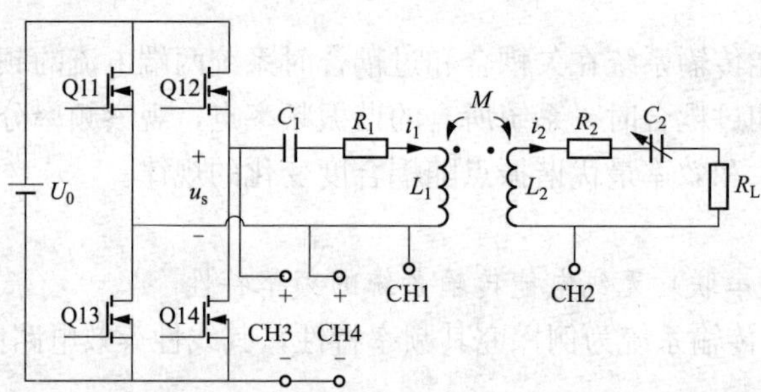

图 12-33　SS 型无线电能传输系统频率特性测量实验

(2) 示波器探头的安装：通道 CH1、CH2 安装电流探头分别测量电流 i_1、i_2，测量二者的最大值和相位差；通道 CH3、CH4 安装电压探头，测量逆变器出口电压 u_s，接法如图 12-33 所示，设置示波器的波形显示为 CH1、CH2 与 MATH，其中 MATH 设置为 CH3-CH4。

(3) 将线圈之间的距离设置为 50cm，计算此时的耦合系数。

(4) 将信号发生器的输出设置为 0～5V 的方波，频率从 $0.9f_0$～$1.1f_0$ 调节，调节间隔为 100Hz。每次调节频率时，记录一次两端电流的幅值和相位差，同时记录 u_1 与 i_1 同相位时的所有频率值，即为谐振频率点，保存此时的示波器波形图。

(5) 绘制两端电流的幅值—频率特性曲线、相位差—频率特性曲线，观察两端电流的频率分裂现象。

(6) 将线圈之间的距离设置为 20cm，计算此时的耦合系数，再重复步骤（4）、(5)。

（7）计算两种耦合状态下的效率与功率的频率特性曲线。

（8）比较两种耦合状态下各种频率特性曲线，谐振点个的数，验证式（12-13）。

六、实验报告要求

（1）绘制实验步骤中所提到的各种频率特性图。

（2）记录所有谐振点的谐振频率，电流和电压的波形图。

七、实验思考题

（1）是否所有参数（两端电流、功率、效率）在过耦合条件下都存在频率分裂现象？试证明。

（2）若耦合度太小或接收端突然断路会有什么不良后果？试给出保护方法。

实验 13　无线电能传输系统最优负载分析实验

一、实验目的

（1）了解无线电能传输系统的负载 R_L 值功率与效率的影响。

（2）实现无线电能传输系统的最优负载的选取。

二、实验设备

（1）无线电能传输系统一套，包含绕线式可调电阻（0～100Ω，100W）。

（2）示波器一台，含电流探头、电压探头各 2 个。

（3）函数信号发生器一台。

（4）型号 TH2828 的 RLC 电桥一台。

三、实验内容

（1）观测无线电能传输系统在负载变化时功率和效率的变化趋势。

（2）寻找无线电能传输系统的最优负载。

（3）探究无线电能传输系统最优负载与线圈间距的关系。

四、实验原理

以 SS 型无线电能传输系统为例探究其频率特性，其电路图如图 12-34 所示，线性等效电路图如图 12-35 所示，可以将图中整流器入口处的负载电阻 R_L 等效为线性等效电阻 R_L'，其中

$$R_L' = \frac{8}{\pi^2} R_L \tag{12-14}$$

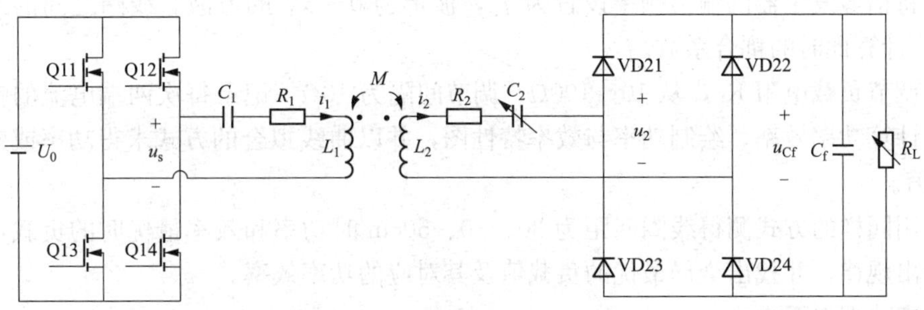

图 12-34　SS 型无线电能传输系统的电路图

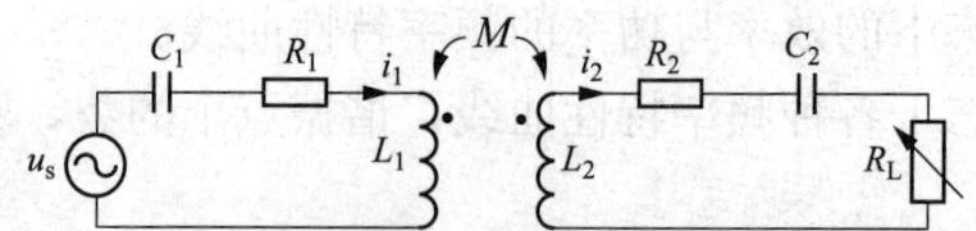

图 12-35　SS型无线电能传输系统的线性等效电路图

通过列写网孔电流方程，可以求得谐振条件下（$f=f_0$）系统的功率与效率的负载特性(其中各参数值的计算可参考实验12)

$$P_L=\frac{\omega^2 M^2 u_s^2 R_L'}{[\omega^2 M^2+R_1(R_2+R_L')]^2} \tag{12-15}$$

$$\eta=\frac{\omega^2 M^2}{\omega^2 M^2+R_1(R_2+R_L')}\frac{R_L'}{R_2+R_L'} \tag{12-16}$$

对式（12-15）、式（12-16）求以R_L'为自变量的导数即可得到最大功率或效率以及与之对应的最优负载电阻值。该最优值会受到线圈之间距离的影响（即受互感的影响），因此可以对式（12-15）、式（12-16）求以（R_L'，M）为自变量的二元函数的导数，以求得其全局功率或最优值。上述导数表达式比较复杂，可以通过数值法和MATLAB实现求导。

五、实验步骤

(1) 用电桥测量L_1、C_1、L_2值，调节C_2使得两端谐振，并求出谐振频率f_0，再根据图12-35搭建SS型无线电能传输系统的电路。

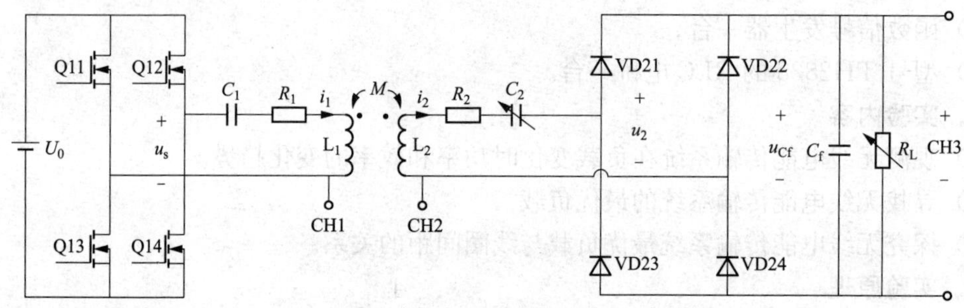

图 12-36　SS型无线电能传输系统负载测量实验

(2) 示波器探头的安装：通道CH1、CH2安装电流探头分别测量电流i_1、i_2，方向如图12-35所示，通道CH3安装电压探头，测量负载电压u_L，接法如图12-36所示，设置示波器的波形显示为CH1、CH2与CH3。

(3) 将信号发生器的输出频率设置为f_0，波形为0～5V的方波。线圈之间的距离设置为20cm，计算此时的耦合系数。

(4) 调节负载电阻R_L，从10～100Ω，调节间隔为10Ω，记录每次两端电流的幅值负载电压值，计算功率效率，绘制功率与效率特性图，并以曲线拟合的方式求得功率或效率最大时的R_L值。

(5) 用同样的方式测得线圈间距为30、40、50cm时功率和效率最优时的负载，比较其数值并得出规律，并找出全局最优的负载值及其对应的功率效率。

六、实验报告要求

(1) 绘制各种距离下的功率和效率的负载特性曲线图。

(2) 绘制功率和效率最大时的负载随线圈间距变换的曲线图。

七、实验思考题

(1) 在其他条件相同时，功率最大时的负载值和效率最大时的负载值是否有可能相等？若无可能，在工程实际中应该如何协调最大功率与效率之间的关系？试举例说明。

(2) 能否设计负载变换电路将实际负载变换为最优负载？

(3) 为何本实验中要用整流器将负载电压变为直流？

实验 14　自激振荡式无线电能传输系统实验

一、实验目的

(1) 了解自激振荡的控制方法。

(2) 实现自激振荡式无线电能传输系统的电路仿真。

(3) 应用描述函数法分析自激振荡。

二、实验设备

(1) PC 机一台。

(2) PSIM 仿真软件。

(3) MATLAB 软件。

三、实验内容

(1) 搭建自激振荡式无线电能传输系统观测无线电能传输系统的仿真模型。

(2) 自激振荡频率的仿真测量。

(3) 自激振荡频率随距离的变化特性探究。

四、实验原理

以自激振荡式 SS 型无线电能传输系统为例，通过 PSIM 仿真，探究其自激振荡频率随距离变化的特性其电路图如图 12-37 所示，其线性等效电路图如图 12-38 所示。本电路中通过电流互感器、过零比较器来检测发射端电流 i_1 的相位，并反馈给逆变器，使得 i_1 正向过零时 u_s 为正，反之 u_s 为负，从而实现自激振荡。

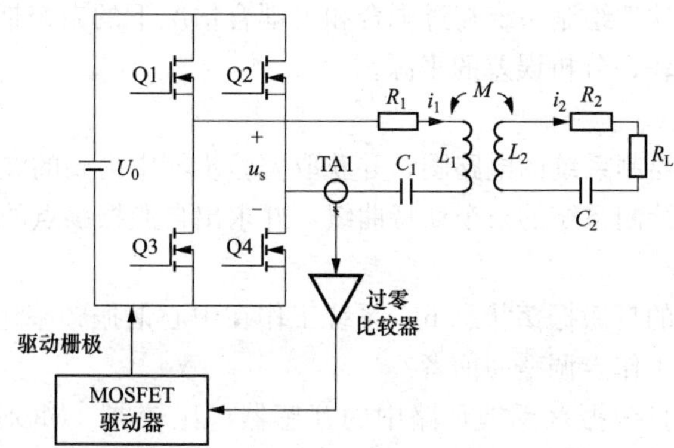

图 12-37　自激振荡式 SS 型无线电能传输系统的电路图

用描述函数法可以分析自激振荡特性。首先将逆变器等效为方波输出，如图 12-38 所示。再列写电路的复频域方程，见式(12-17)，即可求得以 u_s 为输入，i_1 为输出的传递函数

$G_1(s)$，见式(12-18)。再绘制图 12-37 的控制系统框图如图 12-39 所示，图中用理想继电环节表示逆变器，其描述函数为从 0 到$-\infty$，即负实轴。

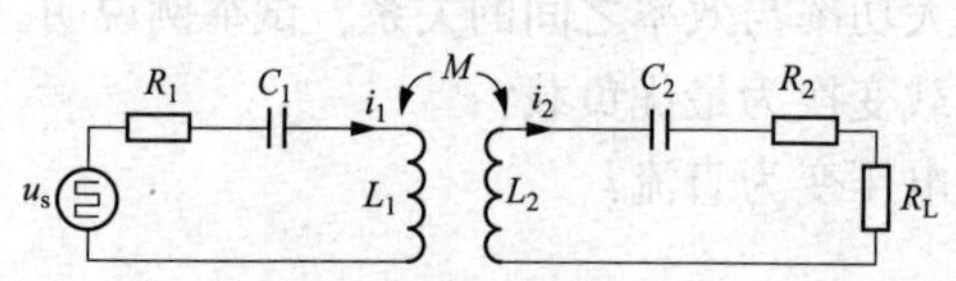

图 12-38 SS 型无线电能传输系统的线性等效电路图

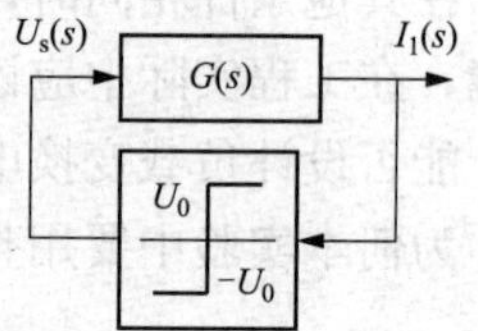

图 12-39 控制系统框图

电路的复频域方程为

$$\begin{cases} \left(R_1 + sL_1 + \dfrac{1}{sC_1}\right)I_1(s) - sMI_2(s) = u_s \\ -sMI_1(s) + \left(R_2 + R_L + sL_2 + \dfrac{1}{sC_2}\right)I_2(s) = 0 \end{cases} \tag{12-17}$$

$$G_1(S) = \frac{C_1C_2L_2s^3 + C_1C_2(R_2+R_L)s^2 + C_1s}{(C_1C_2L_1L_2 - C_1C_2M^2)s^4 + [C_1C_2L_1(R_2+R_L) + C_1C_2L_2R_1]s^3 + [C_1L_1 + C_2L_2 + C_1C_2R_1(R_2+R_L)]s^2 + [C_1R_1 + C_2(R_2+R_L)]s + 1} \tag{12-18}$$

然后绘制 $G_1(s)$ 的奈奎斯特图，并求出其与描述函数的交点，即为自激振荡点，其中奈奎斯特图与负实轴从下到上的交点为稳定的自激振荡点，其余为不稳定的。从图中可以获取各自激振荡点的频率、电流幅值等。当系统参数改变时，如因距离变化而引起的耦合系数 k 的改变，自激振荡点可能会发生变化。尤其是系统从过耦合过渡到欠耦合时，自激振荡点的数量也会发生变化。

五、实验步骤

(1) 用 PSIM 软件搭建自激振荡式的无线电能传输电路图，参考图 12-37，元件参数使用实验 12 和实验 13 中所测得的参数。

(2) 测量不同耦合系数下电流 i_1 的频率，比较其与谐振频率 f_0，并在过耦合和欠耦合两种情况下各记录一张 i_1、i_2、u_s 的波形图。

(3) 用 MATLAB 软件绘制系统在过耦合和欠耦合情况下的奈奎斯特图，求出自激振荡频率，并和仿真值做比较，分析误差的来源。

六、实验报告要求

(1) 用 PSIM 软件绘制系统的电路图，并获取实验步骤中提到的波形图。

(2) 用 MATLAB 绘制系统的奈奎斯特曲线，并求出自激振荡点的参数。

七、实验思考题

(1) 在过耦合情况的自激振荡状态下，系统工作在中心谐振频率还是频率分裂点的频率上？若为后者，如何让工作点调整回前者？

(2) 实际电路中，自激振荡反馈环路中的互感器、比较器、MOSFET 驱动器和 MOSFET 均有延迟的存在，该延迟是否对自激振荡频率造成影响？试仿真验证自激振荡反馈环路的延迟作用为自激振荡频率的影响（使用 PSIM 中的延迟环节实现）。若会产生影响，能否设计延迟补偿的方法消除该影响？